U0223627

国家出版基金资助项目
俄罗斯数学经典著作译丛

数论理论

SHULUN LILUN

●[苏]A. K. 苏什凯维奇 著
●《数论理论》翻译组 译

HITP
哈爾濱工業大學出版社
HARBIN INSTITUTE OF TECHNOLOGY PRESS

内 容 提 要

本书是根据苏联哈尔科夫大学出版社出版的苏什凯维奇(A. K. Сушкевич)于 1954 年所著《数论初等教程》(теория чисел-элементарный курс)译出的.

本书共分为七章,分别介绍了数的可约性、欧几里得算法与连分数、同余式、平方剩余、元根与指数、关于二次形式的一些知识、俄国和苏联数学家在数论方面的成就.本书可作为综合大学及师范学院数学系的数论教科书,也可供自修数论的读者和中学教师参考阅读.

图书在版编目(CIP)数据

数论理论/(苏)A. K. 苏什凯维奇著;《数论理论》翻译组译.—哈尔滨:哈尔滨工业大学出版社,2024.5

(俄罗斯数学经典著作译丛)

ISBN 978-7-5767-1326-8

Ⅰ.数…　Ⅱ.①A…②数…　Ⅲ.①数论　Ⅳ.①O156

中国国家版本馆 CIP 数据核字(2024)第 073681 号

SHULUN LILUN

策划编辑　刘培杰　张永芹
责任编辑　聂兆慈
封面设计　孙茵艾
出版发行　哈尔滨工业大学出版社
社　　址　哈尔滨市南岗区复华四道街 10 号　邮编 150006
传　　真　0451-86414749
网　　址　http://hitpress.hit.edu.cn
印　　刷　辽宁新华印务有限公司
开　　本　787 mm×1 092 mm　1/16　印张 12.75　字数 238 千字
版　　次　2024 年 5 月第 1 版　2024 年 5 月第 1 次印刷
书　　号　ISBN 978-7-5767-1326-8
定　　价　68.00 元

(如因印装质量问题影响阅读,我社负责调换)

◎ 目录

数的可约性

第一

§1 关于可约性的初等定理(一)

在下文中 $a,b,c,\cdots,x,y,\cdots,\alpha,\beta,\cdots$ 这些字母将只用来表示整数,它可能是正的或负的、已知的或未知的、常数或变数. 从初等算术我们知道,整数的和、差、积仍然是整数,但是两个整数的商只有在特殊情形下才是整数. 对于整数我们来证明下面的基本定理.

定理 1 若 a 及 b 是两个任意的整数且 $b \neq 0$,则总可以找到这样的整数 q 及 r,使

$$a = bq + r \tag{1}$$

其中,$0 \leqslant r < |b|$[①],r 及 q 是唯一确定的.

证 先假设 $a > b > 0$. 我们来考察数 b 的倍数,即下面的一些数:$1 \cdot b = b, 2 \cdot b, 3 \cdot b, \cdots$,一般写作 $k \cdot b$. 根据阿基米德公理,对于足够大的 k,有 $k \cdot b > a$. 因此,总存在这样一个自然数 q,使得恰好有 $bq \leqslant a$,而且 $b(q+1) > a$. 我们记 $a - bq = r$,显然,$r \geqslant 0$;由此 $a = bq + r$,而 $b(q+1) = bq + b > a$,即 $bq + b > bq + r$. 于是 $r < b$. 对于这个情形定理已被证明.

若 $a = b > 0$,则 $q = 1, r = 0$;若 $b > a > 0$,则 $q = 0, r = a$;若 $a < 0, b > 0$,则有 $|a| = bq + r$,因此 $a = b(-q) - r$. 对于 $r = 0$,公式(1) 已成立. 对于 $r > 0$,我们记 $b - r = r_1$,$0 < r_1 < b$,$r = b - r_1$,并得

① 通常我们用 $|x|$ 表示数 x 的绝对值,也就是当 $x > 0$ 时,$|x| = x$;当 $x < 0$ 时,$|x| = -x$;而 $|0| = 0$.

$$a = b(-q) - b + r_1 = b(-q-1) + r_1$$

因为 $0 < r_1 < b$,所以这是与公式(1) 相同的式子.

最后,对于 $b < 0$,根据已经证明的结论,我们有

$$a = |b| q + r \quad (0 \leqslant r < |b|)$$

因此

$$a = b(-q) + r$$

即仍然得到公式(1).

现在证明 q 及 r 是唯一确定的.

假定我们由两种方法得到

$$a = bq + r = bq_1 + r_1$$

其中,$0 \leqslant r < |b|$,$0 \leqslant r_1 < |b|$,于是

$$bq - bq_1 = r_1 - r$$

$$b(q - q_1) = r_1 - r$$

在这里等式右边绝对值小于 $|b|$,但是左边能被 b 除尽. 因此,$r_1 - r = 0$,$r_1 = r$,$q_1 = q$,于是定理 1 已经完全被证明了.

注意　对于所给(正)的 a 和 b,数 q 及 r 的求法乃是自然数的通常的“带余数除法”,它在初等算术中已讲过了. 在这里我们严格地证明了对于任意整数 a 及 b,数 q 及 r 是存在的. q 是以 b 除 a 所得的不完全商数,r 是所得的余数.

以 b 除等式(1) 的两边,我们得到

$$\frac{a}{b} = q + \frac{r}{b} \tag{2}$$

在这里左边(当 $|a| \geqslant b > 0$ 时) 是假分数,但是 $\frac{r}{b}$ 总是真分数. 公式(2) 表示从假分数中分出整数部分,q 是分数 $\frac{a}{b}$ 的整数部分,记为

$$q = \left[\frac{a}{b}\right] = E\left(\frac{a}{b}\right)$$

注意　在一般情形,若 x 是任意实数(有理数或无理数,正数或负数),则称适合 $[x] \leqslant x < [x] + 1$ 的整数 $[x]$ 或 $E(x)$ 为其整数部分,当 x 是整数时 $[x] = x$.

相仿地就引用记号:$\{x\} = x - [x]$. $\{x\}$ 是数 x 的分数部分,$\{x\}$ 总是非负的. 最后,用 (x) 表示数 x 到与 x 最近的整数的距离,即 x 和与 x 最近的整数之差的绝对值,也就是数 $\{x\}$ 及 $1 - \{x\}$ 中最小的.

当 $r = 0$ 时的情形是值得注意的,这时公式(1) 变成 $a = bq$ 或 $\frac{a}{b} = q$. 在这个情形下就说:a 被 b 除尽(即除尽无余),b 是数 a 的约数或因数;a 是数 b 的倍数.

§2　关于可约性的初等定理(二)

定理 2　若 a 被 b 除尽,而 b 被 c 除尽,则 a 也被 c 除尽.

证　这可由乘法的结合律导出:由 $a=bq,b=cq_1$,因此

$$a=(cq_1)q=c(qq_1)$$

定理 2 表示所谓可约性的"传递律".

定理 3　若 $a_1,a_2,\cdots,a_k$ 都被 c 除尽,而 $x_1,x_2,\cdots,x_k$ 是任意的(整)数,则 $a_1x_1+a_2x_2+\cdots+a_kx_k$ 也被 c 除尽.

证　这可由分配律导出

$$a_1=cb_1,a_2=cb_2,\cdots,a_k=cb_k$$

由此 $a_1x_1+a_2x_2+\cdots+a_kx_k=c(b_1x_1+b_2x_2+\cdots+b_kx_k)$.

定理 4　若 a 被 b 除尽,则一般情况下 $\pm a$ 被 $\pm b$ 除尽,特别地 $|a|$ 被 $|b|$ 除尽.

证　$a=bq=(-b)(-q),-a=b(-q)=(-b)q$.

定理 5　每一个数自己被自己除尽.

证　$a=a\cdot 1$.

定理 6　± 1 是任何数的约数,除了 ± 1 没有别的数有这样的性质.

证　$a=1\cdot a=(-1)(-a)$. 若 a 是任何数的约数,则 1 也被 a 除尽,但是 1 只能被 ± 1 除尽.

定理 7　0 被任何数除尽,除零外没有别的数具有这样的性质.

证　$0=a\cdot 0$. 若 $a\neq 0$,则 a 不可能被 $a+1$ 除尽.

定理 4 使其在可约性问题中可以只限于正数. 因此在本章中我们所用的文字不仅表示整数,而且仅表示正整数. 譬如说,谈到数的可约性时,我们所注意的是它的正约数. 一般说来,在可约性问题中,数 a 及 $-a$ 的作用相同;这样的数(相差一个符号或相差一个因数 -1) 称为相联数.

§3　最小公倍数

设 $a_1,a_2,\cdots,a_n$ 是所给的(正整) 数,它们的乘积 $a_1a_2\cdots a_n$ 能被它们当中每一个所除尽,也就是它们的公倍数. 这样的公倍数有无数个,因为对于任意的整数 k 来说,$ka_1a_2\cdots a_n$ 也是所给诸数的公倍数;数 0 也是它们的公倍数. 因此,存

在一个这些数的最小的正的倍数，这就是所谓的最小公倍数，我们用 m 来表示它.

或用记号 $m=M(a_1,a_2,\cdots,a_n)=\{a_1,a_2,\cdots,a_n\}$ 来表示最小公倍数.

显然，$0<m\leqslant a_1a_2\cdots a_n$.

设 m_1 是同样这些数 $a_1,a_2,\cdots,a_n$ 的任一别的公倍数，则我们用 m 除 m_1 并由定理 1 得到

$$m_1=mq+r \quad (0\leqslant r<m)$$

于是 $r=m_1-mq$，按照定理 3 我们导出：r 也是这些数 $a_1,a_2,\cdots,a_n$ 的公倍数. 但是 $r<m$，而 m 是最小公倍数，所以 $r=0$，从而我们得到下面的定理.

定理 8 在若干个所给数的所有公倍数当中，总可以找到这样的一个公倍数，它是其他公倍数的约数，这就是最小公倍数.

§4 最大公约数

任意 n 个（正数）数总是有一个等于 1 的公约数. 如果除 1 以外（最好是说成除 ± 1 以外）它们没有别的公约数，那么这样的诸数称为是互素的. 但是除 1 外，所给诸数还可以有公约数，这一事实是可能发生的（例如，若它们全是偶数，则 2 也是它们的公约数）. 不论在怎样的情形下，所给一些数的公约数的个数总是有限的，因为它们中的每一个（按绝对值）都不可能大于所给诸数中的最小的. 设 $d',d'',d''',\cdots$ 是所给诸数的所有（正）公约数，而

$$d=M(d',d'',d''',\cdots)$$

所给诸数 $a_1,a_2,\cdots,a_n$ 中的每一个都是所有约数 $d',d'',d''',\cdots$ 的公倍数，因而（按定理 8）也都能被 d 除尽. 可见 d 也是所给诸数的公约数，也就是 d 包含在诸数 $d',d'',d''',\cdots$ 的集合之中. 同时，d 显然是所有这些约数中的最大者，因为 d 能被它们中的每一个所除尽. 我们用记号

$$d=D(a_1,a_2,\cdots,a_n)=(a_1,a_2,\cdots,a_n)$$

表示最大公约数. 因而有下面的定理.

定理 9 在所给诸数的所有公约数中存在这样一个公约数：它能被这些数的其他公约数所除尽，这就是所给诸数的最大公约数.

定理 10 当且仅当商数 $\frac{a_1}{d},\frac{a_2}{d},\cdots,\frac{a_n}{d}$ 互素时，数 d 才是诸数 $a_1,a_2,\cdots,a_n$ 的最大公约数.

证 (1) 设 $d=D(a_1,a_2,\cdots,a_n)$，并设商数 $\frac{a_1}{d},\frac{a_2}{d},\cdots,\frac{a_n}{d}$ 有公约数 $\delta>1$，则

商数$\frac{a_1}{d\delta},\frac{a_2}{d\delta},\cdots,\frac{a_n}{d\delta}$都是整数,即$a_1,a_2,\cdots,a_n$有公约数$d\delta>d$,但这是与$d$为最大公约数相矛盾的.

(2) 现在设诸数$\frac{a_1}{d},\frac{a_2}{d},\cdots,\frac{a_n}{d}$互素,设$d$不是最大公约数,则按定理9,$D(a_1,a_2,\cdots,a_n)$有形式$d\delta$,其中$\delta>1$. 从而$\frac{a_1}{d\delta}=\frac{a_1}{d}:\delta,\frac{a_2}{d\delta}=\frac{a_2}{d}:\delta,\cdots,\frac{a_n}{d\delta}=\frac{a_n}{d}:\delta$都是整数,即$\delta>1$是诸数$\frac{a_1}{d},\frac{a_2}{d},\cdots,\frac{a_n}{d}$的公约数,这是与这些数互素相矛盾的.

定理 11 若$d=D(a_1,a_2,\cdots,a_n)$,则$D(a_1k,a_2k,\cdots,a_nk)=dk$,$D\left(\frac{a_1}{k},\frac{a_2}{k},\cdots,\frac{a_n}{k}\right)=\frac{d}{k}$(只有在$k$是诸数$a_1,a_2,\cdots,a_n$的一个公约数时,后式才成立).

证 这个定理可由$\frac{\alpha_\lambda}{d}=\frac{\alpha_\lambda k}{dk}=\frac{\alpha_\lambda:k}{d:k}$,根据定理10得到.

§5 关于互素的数与可约性的较深定理(一)

我们来研究所给的是两个数a及b的情形. 设$m=M(a,b)$,按定理8,ab能被m除尽. 记

$$\frac{ab}{m}=d$$

于是

$$\frac{a}{d}=\frac{m}{b},\frac{b}{d}=\frac{m}{a}$$

右边是整数,从而左边也是整数,因此d是两数a及b的公约数. 设d'是它们的另外任一公约数,则

$$\frac{ab}{d'}=a\cdot\frac{b}{d'}=b\cdot\frac{a}{d'}$$

即$m'=\frac{ab}{d'}$是两数a及b的公倍数. 按定理8,m'应被m除尽,即

$$\frac{m'}{m}=\frac{ab}{d'}:\frac{ab}{d}=\frac{d}{d'}$$

因为这是整数,即d能被d'除尽,所以(参阅定理9)d是两数a及b的最大公约数.

因而有下面的定理.

定理 12 若 $m=M(a,b)$，$d=D(a,b)$，则

$$ab=md \tag{3}$$

当 $d=1$ 时从式(3) 直接导出下面的推论.

推论 当且仅当两数 a 及 b 的最小公倍数等于它们的乘积时，两数 a 及 b 互素.

注意，若所给的数多于两个，则这个推论并不真实：互素的几个数的最小公倍数也可能不等于它们的乘积. 例如：$D(6,4,9)=1$，但是 $M(6,4,9)=36<6\times 4\times 9$.

在下文中我们还要回到这个问题上来(参阅定理 17).

§6 关于互素的数与可约性的较深定理(二)

定理 13 为了求几个数的最大公约数，可以先求其中任意两数的最大公约数，然后求这个所得的数与所给数中任何第三个数的最大公约数，其次再求第二次所得的数与所给数中任何第四个数的最大公约数，依此类推. 最后所得的公约数也就是全部所给数的最大公约数.

证 只要对于三个所给数 a,b,c 来证明这个定理就够了. 对于许多个所给数，这个定理的证明是相仿的. 因此，设 $D(a,b)=e$，$D(e,c)=d$，按定理 2，a 及 b 都能被 d 除尽，即 d 是 a,b,c 的公约数. 设 d' 是 a,b,c 的任何别的公约数，则(按定理 9)e 能被 d' 除尽，从而(按同样的定理 9)，d 也能被 d' 除尽，即 d 是 a,b,c 的最大公约数. 公式的形式为

$$D(a,b,c)=D(D(a,b),c)$$

对于最小公倍数也有相仿的定理.

定理 14 为了求几个数的最小公倍数，可以先求其中任意两数的最小公倍数，然后求这个所得的数与所给数中第三个数的最小公倍数，依此类推. 最后所得的公倍数也就是全部所给数的最小公倍数.

这个定理也是只要对于三个所给数 a,b,c 来证明就够了. 证明完全和定理 13 的证明相仿(不过不用定理 9 而应该引用定理 8)，我们把它留给读者去做.

我们也可以用公式来表示这个定理

$$M(a,b,c)=M(M(a,b),c)$$

这样一来，求几个数的最大公约数(或最小公倍数) 的问题便化成了求仅仅两个数的最大公约数(或最小公倍数) 问题. 至于求两个数的最大公约数的具体方法我们在下一章中就要讲到.

§7 关于互素的数与可约性的较深定理(三)

定理 15 若 ab 能被 c 除尽,而 a 与 c 互素,则 b 必能被 c 除尽.

证 ab 既能被 a 除尽又能被 c 除尽,因而(按定理 8),也能被它们的最小公倍数除尽,按定理 12 的推论,这个最小公倍数等于它们的乘积,即 $M(a,c)=ac$. 因此,$\frac{ab}{ac}=\frac{b}{c}$ 是一个整数.

定理 16 若 a 与 c 互素,则

$$D(ab,c)=D(b,c)$$

证 设 $D(b,c)=d$,则 ab 也能被 d 除尽. 反之,设 $D(ab,c)=d$,则 $D(a,d)=1$,因为否则(按定理 2)a 与 c 就不可能是互素的. 因此,ab 能被 d 除尽,而 a 与 d 互素;由定理 15,在这个情形下 b 也能被 d 除尽. 定理也就被证明了.

注意定理 15 乃是定理 16 当 $d=c$ 时的特殊情形.

如果不仅 $D(a,c)=1$,而且 $D(b,c)=1$,则由定理 16 知

$$D(ab,c)=1$$

下面的推论成立.

推论 1 若 c 与 a 互素,c 与 b 也互素,则 c 与乘积 ab 也互素.

这个推论可直接推广到几个因数的情形.

推论 2 若诸数 $a_1,a_2,\cdots,a_m$ 中每一个与诸数 $b_1,b_2,\cdots,b_n$ 中每一个互素,则乘积 $a_1a_2\cdots a_m$ 与 $b_1b_2\cdots b_n$ 也互素.

若 $a_1=a_2=\cdots=a_m$ 且 $b_1=b_2=\cdots=b_n$,则得下面的推论.

推论 3 若 a 与 b 互素,则 a 的任何乘幂也与 b 的任何乘幂互素[①].

§8 关于互素的数与可约性的较深定理(四)

我们现在来研究,在怎样的情形下几个数的最小公倍数等于它们的乘积. 设所给的是三个数 a,b,c. 按定理 14,为了求$M(a,b,c)$,我们先求 $M(a,b)$;若 $M(a,b)<ab$,则 $M(a,b,c)<abc$. 因此,应该有 $M(a,b)=ab$,故而(按定理 12

① 当然,这里所指的是所有这些乘幂的方次数都是正整数.

的推论)$D(a,b)=1$.

其次，我们有 $M(a,b,c)=M(ab,c)$. 要使这个式子等于 abc，就应该有 $D(ab,c)=1$，从而显然 $D(a,c)=1$，$D(b,c)=1$. 这样一来，三数 a,b,c 中每两个是互素的，换句话说，三数 a,b,c"两两互素".

反之，现在如果已知三数 a,b,c 两两互素，在这个情形下 $M(a,b)=ab$. 由定理 16 的推论 1，则 ab 与 c 也互素，即

$$M(a,b,c)=M(ab,c)=abc$$

这也可以直接推广到几个数的情形.

因而我们有下面的定理.

定理 17　当且仅当几个数两两互素时，它们的最小公倍数才等于它们的乘积.

推论　若数 c 能被诸数 $a_1,a_2,\cdots,a_n$ 中每一个所除尽，而这几个数两两互素，则 c 也能被乘积 $a_1a_2\cdots a_n$ 所除尽.

这可由定理 17 及定理 8 直接导出.

§9　某些应用

(1) 设 x 是整数. 我们证明：若 $\sqrt[m]{x}$ 不是整数，则这个根数不可能是有理数. 假定 $\sqrt[m]{x}=\frac{a}{b}$，其中 $\frac{a}{b}$ 是不可约分数，即 $D(a,b)=1$，则 $x=\frac{a^m}{b^m}$，并且按定理 16 的推论 3，分数 $\frac{a^m}{b^m}$ 也是不可约分数，因而当 $b>1$ 时不可能等于整数 x.

一般言之，具有整系数而且最高次项的系数等于 1 的 n 次代数方程不可能有有理分数根.

设这样的方程是

$$x^n+a_1x^{n-1}+a_2x^{n-2}+\cdots+a_n=0 \tag{4}$$

并且 $x=\frac{a}{b}$ 是它的有理根，同时 $D(a,b)=1$. 将这个 x 值代入方程(4) 并用 b^{n-1} 乘两边，我们得到

$$\frac{a^n}{b}+a_1a^{n-1}+a_2ba^{n-2}+\cdots+a_nb^{n-1}=0$$

在这里，当 $b>1$ 时第一项是分数(仍按定理 16 的推论 3)，但是所有其余各项都是整数，如此相加绝不可能等于零. 因此，必然要有 $b=1$，即 $x=a$ 是整根.

注意　式(4) 型方程的根若非有理数，则称之为代数整数.

(2) 我们来讨论二项式系数

$$\binom{b}{a}=\frac{b(b-1)(b-2)\cdots(b-a+1)}{1\times2\times3\times\cdots\times a}$$

其中 $b\geqslant a$,我们有

$$\binom{b}{b}=1,\ \binom{b}{1}=b$$

另外有记号

$$\binom{b}{0}=1$$

当 $a>b$ 时

$$\binom{b}{a}=0$$

由直接计算容易导出公式

$$\binom{b}{a}=\binom{b-1}{a}+\binom{b-1}{a-1} \tag{5}$$

由此我们用完全归纳法导出：$\binom{b}{a}$ 总是整数. 其次,有

$$\binom{b}{a}=\frac{b}{a}\binom{b-1}{a-1} \tag{6}$$

设 $b>a$ 且 $D(a,b)=1$. 由公式(6)知 $b\cdot\binom{b-1}{a-1}$ 能被 a 除尽,从而,按定理 15,$\binom{b-1}{a-1}$ 能被 a 除尽. 故而由公式(6)推知：$\binom{b}{a}$ 能被 b 除尽.

因此,当 a 与 b 互素时,$\binom{b}{a}$ 能被 b 除尽.

§10　素数,素因数分解式

在所有的整数中间,数 ±1 及 0 与众不同;±1 只有一个约数 1[①];0 能被任何整数除尽,即有无数个约数. 此外任何整数 a 至少有两个约数:1 及 $|a|$. 如果它除这两个约数外再没有别的任何(整)约数,那么就称它为素数;否则称它为

① 我们所考虑的只是正的约数.

合数.

若 p 是素数,而 a 是别的任何(整)数,则两数 a 及 p 的最大公约数或为 p 或为 1,这是因为 p 无别的约数. 由此得到下面的定理.

定理 18 任何整数或者能被已知素数 p 除尽,或者与 p 互素.

从而由定理 15 导出下面的定理.

定理 19 设有两个或几个数,当且仅当其中至少一个能被素数 p 除尽时,其乘积才能被 p 除尽.

素数的这个十分重要的性质可以作为素数的新定义. 因为逆定理也容易看出是对的:若当且仅当两个数中至少有一个能被 p 除尽时其乘积才能被 p 除尽,则 p 必为素数.

实际上,设 $p=ab$,但是 p 就是 ab,而 ab 能被 p 除尽,即其中一个因数. 例如 a 能被 p 除尽,即有 $a=\pm p, b=\pm 1$,p 不可能有别的分解式,故为素数.

显然,合数 $a(a\neq 0)$ 有有限个约数. 设 q 是数 a 的大于 1 的最小约数,则容易看出 q 是素数,因为数 q 的任何约数 $k>1$ 也将是 a 的约数,但 q 却是数 a 的最小约数.

定理 20 任何整数除 1 外至少有一个素约数.

于是,设 a 能被素数 p 除尽,即 $a=pa_1$. 按定理 20,a_1 也有素约数 q,即 $a_1=qa_2$,因此,$a=pqa_2$. 相仿地,a_2 有素约数 r,$a_2=ra_3$,$a=pqra_3$;依此类推. 显然,$a>a_1>a_2>\cdots$. 但是小于确定数 a 的正整数只有有限个. 意即:某一个 a_k 将等于 1,而 a_{k-1} 是素数. 于是,每一个合数都是有限个素数的乘积:$a=pqr\cdots$.

我们来证明数 a 的这种表示法是唯一的. 假定我们有两种表示法

$$a=pqr\cdots=p_1q_1r_1\cdots \tag{7}$$

其中,$p,q,r,\cdots,p_1,q_1,r_1,\cdots$ 都是素数. 由式(7) 看出,$p_1q_1r_1\cdots$ 能被 p 除尽,因此,按定理 19,因数 $p_1,q_1,r_1,\cdots$ 中必有一个能被 p 除尽. 设这个因数是 p_1,因为 p_1 是素数,故有 $p_1=p$,即式(7) 两边都含 p,约去 p 即得

$$qr\cdots=q_1r_1\cdots$$

相仿地我们知道,q 也必定等于诸数 $q_1,r_1,\cdots$ 中的一个,例如 $q=q_1$;依此类推. 因此有下面的定理.

定理 21(基本定理) 任何整数都能分解成素因数的乘积,并且只有一个分解法.

最后,在因数 $p,q,r,\cdots$ 中也可能有相同的;把相同的因数合并起来,便得下面形式的分解式

$$a=p^{\alpha}q^{\beta}r^{\gamma}\cdots$$

其中,$p,q,r,\cdots$ 是不同的素数,而 $\alpha,\beta,\gamma,\cdots$ 是大于或等于 1 的自然数.

§11 埃拉托塞尼筛子

把一个已知数实际分解成素因数乘积的问题是数学难题之一，至今还没有一个实用的分解法.现在只能运用实验法去分解.这个问题的特殊情形是去检验已知数是否是素数.因此就有这样的问题:求在所给区间内的一切素数.埃拉托塞尼(在公元前3世纪)早已应用下述的方法来求小于所给限度A的一切素数.写出从2到数A的一切整数;在所得的表上划掉2以后的每第二个数,3以后的每第三个数(同时以前已经划掉的那些数也应该计算在内),5以后的每第五个数,7以后的每第七个数,等等.我们注意:利用这样的划法,在每一步骤之后,所留下来的第一个未曾划掉的数一定是素数,也就是下一个素数;在它之后应该重新开始去划.在所有这样划过之后,留在表上的未被淘汰的那些数也就是小于A的一切素数.因为事实上我们把小于A的一切合数统统都已经划掉了.

这个所谓"埃拉托塞尼筛子"的方法虽然简单,但是也有缺点:若数A很大,则这个方法便十分冗长,因而也很不实用.

关于这个方法我们还要注意两点:

(1)只要在开始时留下2(唯一的偶素数),以后光写小于A的所有奇数,并且照上面所说的划法进行,即划掉3以后的每第三个数,5以后的每第五个数,依此类推,也就够了.

(2)上述步骤进行到大于或等于$\sqrt{A}$的第一个素数时就可以停止了:这时一直到A本身为止所有留下来未曾划掉的数全是素数.这是由下述定理得来的.

定理22 任何合数a必然能被某一个小于或等于$\sqrt{a}$的数除尽.

证 设$a=bc$,若a不是完全平方数,则两数b,c中一个大于$\sqrt{a}$,而另一个小于$\sqrt{a}$;若a是完全平方数,则可能得到$b=c=\sqrt{a}$.

在确定一个已知数是否是素数,或者在分解一个数成素因数的乘积时,这个定理可减少实验的步骤.

关于埃拉托塞尼筛子的举例:

设$A=100$,我们有

2,3,5,7,~~9~~,11,13,~~15~~,17,19,~~21~~,23,~~25~~,~~27~~,29,31
~~33~~,~~35~~,37,~~39~~,41,43,~~45~~,47,~~49~~,~~51~~,53,~~55~~,~~57~~,59,61,~~63~~,~~65~~
67,~~69~~,71,73,~~75~~,~~77~~,79,~~81~~,83,~~85~~,~~87~~,89,~~91~~,~~93~~,~~95~~,97,~~99~~

在这里$\sqrt{A}=10$. 因此,应该划去 3 以后每第三个数,5 以后每第五个数,7 以后每第 7 个数,并且到此为止. 所有留下来未曾划掉的数都是素数. 我们看出,在开头一百个数中有二十五个素数.

§ 12　关于素数无限集合的定理

所有的素数总共到底有多少? 远在公元前 300 年欧几里得(Euclid) 就已经证明了这样的定理.

定理 23　素数的集合是无限的.

欧几里得的证明　我们取从 2 开始到某一素数 p 为止的所有素数的乘积再加上 1,则

$$P=(2\times 3\times 5\times 7\times \cdots \times p)+1$$

数 P 不能被 $2,3,\cdots,p$ 中任何一个除尽,因为第一项能被这些数除尽,而第二项却不能被它们除尽(因第二项等于 1). 因此,P 能被大于 p 的素数所除尽(否则 P 本身就是素数),也就是说,对于任意素数 p,总存在比它更大的素数,即素数的序列是无限的.

注意　加 1 于乘积 $2\times 3\times 5\times \cdots \times p$ 可改为从这个乘积减 1,也可改为将从 2 到 p 的所有素数分配成两个乘积再取这两个乘积的和或差

$$P_1=(p_1p_2\cdots p_k)\pm (q_1q_2\cdots q_l)$$

除了 $|P_1|=1$ 以外,数 $|P_1|$ 是大于 p 的素数,否则必能被大于 p 的素数除尽. ($|P_1|<P$,P_1 的符号是负的情形也可能发生.)

欧拉的证明　设 p_λ 是素数,我们有

$$\frac{1}{1-\frac{1}{p_\lambda}}=1+\frac{1}{p_\lambda}+\frac{1}{p_\lambda^2}+\cdots=\sum_{k=0}^{\infty}\frac{1}{p_\lambda^k} \tag{8}$$

这个级数是具有公比$\frac{1}{p_\lambda}<1$ 的正项几何级数,所以是收敛的.

我们假定素数的集合是有限的,设 $p_1,p_2,\cdots,p_n$ 是全部的素数. 对于$\lambda=1,2,\cdots,n$,我们写出级数(8) 并将所得的 n 个公式边边连乘. 按无穷级数论中熟知的定理,有限个正项收敛级数的乘积的求法正如求有限和的乘积一样,用每个因子的每一项去乘其余每个因子的每一项. 这样所得的级数也是收敛的正项级数,因此,它的各项可以排成任何次序. 这个级数的一般项有形式

$$\frac{1}{p_1^{\alpha_1}p_2^{\alpha_2}\cdots p_n^{\alpha_n}} \tag{9}$$

其中，$\alpha_1, \alpha_2, \cdots, \alpha_n$ 是大于或等于 0 的任意整方次数. 但是，既然我们假定素数只有 n 个：$p_1, p_2, \cdots, p_n$，那么按定理 21，任何正整数都可以表示成形式 $p_1^{\alpha_1} p_2^{\alpha_2} \cdots p_n^{\alpha_n}$，并且这个表示法是唯一的. 因此，式(9) 有形式 $\frac{1}{m}$，其中 m 是任意的自然数，而级数(8) 的乘积可以表示成形式

$$\sum_{m=1}^{\infty} \frac{1}{m}$$

意思是说，这个级数是收敛的. 但是由无穷级数论知道，这个所谓"调和"级数乃是发散的，于是我们在这里得到矛盾. 因此，关于素数的集合是有限的这一假定是不对的，因而这个集合乃是无限的.

注意　欧拉的证法所用的方法在于，这里引用了数学分析的概念与定理. 这就是所谓解析数论的方法(解析法的最简单的例子). 数论的这一分支在它的研究中应用着微积分，并且利用数学分析来证明关于数的，特别是关于素数的极艰深的定理.

§13　欧拉公式

我们再讲一个应用解析法于数论的例子，也就是来推导一个欧拉公式，这个公式与上面提到的关于素数集合是无限的定理的证明有联系.

设 p_λ 是任意素数，$k > 1$，则有

$$\frac{1}{1-\frac{1}{p_\lambda^k}} = 1 + \frac{1}{p_\lambda^k} + \frac{1}{p_\lambda^{2k}} + \frac{1}{p_\lambda^{3k}} + \cdots \tag{10}$$

我们取不超过已知数 N 的所有素数，设其为 $p_1 = 2, p_2 = 3, p_3 = 5, \cdots, p_n$. 我们就这些素数写出公式(10) 并把这些公式边边连乘. 因为式(10) 的右边是正项收敛级数，所以在右边我们可以按照通常的和来连乘并按递减的次序来排列乘积的各项. 故

$$\prod_{\lambda=1}^{n} \frac{1}{1-\frac{1}{p_\lambda^k}} = 1 + \frac{1}{2^k} + \frac{1}{3^k} + \frac{1}{4^k} + \cdots + \frac{1}{N^k} + \frac{1}{N_1^k} + \frac{1}{N_2^k} + \cdots \tag{11}$$

因为 $p_1, p_2, \cdots, p_n$ 是小于 N 的所有素数，所以显然公式(11) 右边的前 N 项都已写出. 其次 $N < N_1 < N_2 < \cdots$，但是在一般情形下 $N_1 \geqslant N+1, N_2 \geqslant N_1+1, \cdots$，即在 N 以后的自然数并非全部会在 $N_1, N_2, \cdots$ 中出现.

可是当 $k > 1$ 时级数 $1 + \frac{1}{2^k} + \frac{1}{3^k} + \cdots$ 是收敛的，因而对于任意小的 $\varepsilon > 0$

总可以找到这样的自然数 N，使

$$\frac{1}{(N+1)^k}+\frac{1}{(N+2)^k}+\cdots<\varepsilon$$

即，更加有

$$\frac{1}{N_1^k}+\frac{1}{N_2^k}+\frac{1}{N_3^k}+\cdots<\varepsilon$$

因此，当 p_n 的下标 n 无限增加时，也就是 N 无限增加；这时我们从公式(11) 知无穷乘积 $\prod\limits_{\lambda=1}^{\infty}\dfrac{1}{1-\dfrac{1}{p_\lambda^k}}$ 是收敛的并且因此得到下面的定理.

定理 24

$$\prod_{\lambda=1}^{\infty}\frac{1}{1-\dfrac{1}{p_\lambda^k}}=\sum_{m=1}^{\infty}\frac{1}{m^k} \tag{12}$$

这就是欧拉公式. 按本质来说它表示：任何自然数可唯一地表示成素数的乘积.

从公式(11) 我们还导出一个重要的推论. 注意当 $k=1$ 时公式(11) 也是正确的(这时公式(10) 正确，从而推知公式(11) 也正确)，因此

$$\prod_{\lambda=1}^{n}\frac{1}{1-\dfrac{1}{p_\lambda}}>\sum_{m=1}^{N}\frac{1}{m} \tag{13}$$

现在设 N 无限增加，则 n 也将无限增加. 但是当 $N\to\infty$ 时在式(13) 的右边我们得到调和级数，这是熟知的发散级数. 因此，无穷乘积 $\prod\limits_{\lambda=1}^{\infty}\dfrac{1}{1-\dfrac{1}{p_\lambda}}$ 也是发散的，也就是级数 $-\sum\limits_{\lambda=1}^{\infty}\ln\left(1-\dfrac{1}{p_\lambda}\right)$ 发散，并且它的和趋于 $+\infty$.

但当 $\eta<1$ 时

$$-\ln(1-\eta)=\eta+\frac{\eta^2}{2}+\frac{\eta^3}{3}+\cdots<\eta+\eta^2+\eta^3+\cdots=\frac{\eta}{1-\eta}<2\eta$$

这便是说，级数 $2\sum\limits_{\lambda=1}^{\infty}\dfrac{1}{p_\lambda}$，亦即级数 $\sum\limits_{\lambda=1}^{\infty}\dfrac{1}{p_\lambda}$ 是发散的.

定理 25 级数 $\dfrac{1}{2}+\dfrac{1}{3}+\dfrac{1}{5}+\dfrac{1}{7}+\dfrac{1}{11}+\cdots=\sum\dfrac{1}{p}$ 是发散的，其中 p 遍历所有的素数.

§14 论素数的分布(一)

我们已经看出，在从 1 到 100 的区间内(在“开头 100 个数”中)有 25 个素数. 素数的分布情况如表 1 所示：

表 1

从	到	素数个数
101	200	21
201	300	16
301	400	16
401	500	17
501	600	14
601	700	16
701	800	14
801	900	15
901	1 000	14

在第一个 1 000 中，即从 1 到 1 000 共计 168 个素数.

在第二个 1 000 中，即从 1 001 到 2 000 共计 135 个素数.

在第三个 1 000 中，即从 2 001 到 3 000 共计 127 个素数.

在第四个 1 000 中，即从 3 001 到 4 000 共计 120 个素数.

在第五个 1 000 中，即从 4 001 到 5 000 共计 119 个素数.

在第六个 1 000 中，即从 5 001 到 6 000 共计 114 个素数.

在第七个 1 000 中，即从 6 001 到 7 000 共计 117 个素数.

在第八个 1 000 中，即从 7 001 到 8 000 共计 107 个素数.

在第九个 1 000 中，即从 8 001 到 9 000 共计 110 个素数.

在第十个 1 000 中，即从 9 001 到 10 000 共计 112 个素数.

从 1 到 10 000 共计 1 229 个素数.

从上面我们看出素数在每 100 个数和每 1 000 个数中很不规则地分布着，但是大概说来，如果从前面 100 到后面 100 或者从前面 1 000 到后面 1 000 对照起来看，那么素数的个数是在逐渐地减少. 关于素数在自然数序列中的分布问题乃是数论上一个复杂的问题. 著名的俄国数学家切比雪夫(P. L. Chebyshev)

曾经证明小于 x 的素数个数由下列函数近似地给出

$$\int_2^x \frac{\mathrm{d}x}{\ln x}$$

(关于这点详见第七章). 这个积分是特种的超越函数 —— 所谓“积分对数”—— 它不可能用初等函数(代数函数,三角函数,指数函数及对数函数) 来表示.

去求在其中至少有一个素数的界限,这个问题是很有趣的. 1845 年贝特朗(Bertrand) 发表了他的推测:当 $2a > 7$ 时至少有一个素数位于 a 与 $2a-2$ 之间. 切比雪夫在 1852 年证明了这个推测. 另外的推测也有人发表,例如杰波夫曾推测:在 n^2 与$(n+1)^2$ 之间至少有两个素数.

高斯(Gauss) 曾发现:在第 26 379 个 100 中一个素数也没有,然而在第 27 050 个 100 中却含有 17 个素数,比第 3 个 100 中的还要多. 一般言之,根本不包含素数的随便多大的区间是可能找到的. 例如,若 p 是任意素数,而 $P=2\times 3\times 5\times 7\times \cdots \times p$ 是到 p 为止的全部素数之乘积,则 $P+2, P+3, P+4, \cdots, P+p$ 全部是合数.

因为相邻两数中必有一个是偶数,所以相邻两数为素数的唯一情形就是 2 及 3 这两个数. 但是形如 $p, p+2$ 的两数(即相邻奇数) 却可能两个都是素数. 例如:11,13;17,19;29,31;41,43;59,61;71,73;101,103;107,109 这样的数对称为“孪生素数”. 在很大的数中也能找到这样的数对,例如:109 619,109 621;10 009 871,10 009 873;1 000 061 087,1 000 061 089. 于是又推测:“孪生素数”有无数对,可是这个推测至今还未能证明.

1919 年布朗(Brown) 证明了一个美妙的定理:若“孪生” 素数有无数对,则就一切孪生素数的数对 $p, p+2$ 所作的无穷级数 $\sum\left(\frac{1}{p}+\frac{1}{p+2}\right)$ 是收敛的.(我们试回忆,就一切素数 p 所作的无穷级数 $\sum \frac{1}{p}$ 却是发散的,这在定理25 中已证明.)

有趣的是,在 1930 年由苏联数学家谢嘉(Б. И. Сегал) 所发表的布朗定理的推广. 我们取彼此相差一个确定偶数 $2m$(一般是任意的) 的全体素数对 p, $p+2m$,按所有这样的数对构造(有穷或无穷) 级数 $\sum\left(\frac{1}{p}+\frac{1}{p+2m}\right)$,这个级数是收敛的.

我们还要提一下所谓哥德巴赫问题. 哥德巴赫(C. Goldbach),是从 1725 年到 1742 年间在彼得堡科学院工作的数学家. 1742 年 6 月 7 日,他在致欧拉的信中曾经指出:“任何大于1的数想必都是三个素数的和.”1742 年6月30 日,欧拉答复他:“任何偶数都是两个素数的和,虽然我还不能证明它,但我确信无疑地认为这是完全正确的定理.”

这个有名的哥德巴赫猜想虽经许多数论专家努力钻研寻求解决办法,但都没有成功,而这个问题却在1937年被杰出的苏联数学家维诺格拉多夫(I. M. Vinogradov)解决了.他证明了:充分大的任何奇数一定可以表示成三个素数之和.

§15 论素数的分布(二)

关于素数的另一个问题就是去求变数 x 的一个函数,使当 x 取一切自然数的值时就给出素数来(纵然不是所有的素数).欧拉早已选配了一个这样的有理函数,他的例子是 $f(x)=x^2+x+41$.当 $x=0,1,2,\cdots,39$ 时,这个函数给出素数,但当 $x=40$ 时,$f(40)=1\ 681=41^2$.已经找到的函数还有 x^2+x+17(当 $x=0,1,2,\cdots,15$ 时有素数的值);$2x^2+29$(当 $x=0,1,2,\cdots,28$ 时有素数的值).

定理 26 无论怎样的具有整系数的 x 的整有理函数总不可能对于 x 的任何自然数值都等于素数[①].

证 设当 $x=a$(自然数)时,$f(x)=f(a)=\pm p$(p 是素数).因为若

$$f(x)=a_0x^m+a_1x^{m-1}+\cdots+a_m$$

则

$$f(a+zp)-f(a)=a_0[(a+zp)^m-a^m]+a_1[(a+zp)^{m-1}-a^{m-1}]+\cdots+a_{m-1}zp$$

右边每一项都能被 p 除尽,$f(a)$ 也能被 p 除尽,所以对于任意整数 z,$f(a+zp)$ 能被 p 除尽.因此,$f(a+zp)=\pm p$,且对于无数个 z 的值总有 $f(a+zp)^2-f(a)^2=0$,也就是恒有 $f(x)=f(a)$.(因为 $x=a+zp$ 对于任意的 z 可以等于任意的数.)

费马(Fermat)曾发表他的猜想:(对于自然数 n)形如 $2^{2^n}+1$ 的数总是素数.但是这个臆测已经证明是不正确的:当 $n=0,1,2,3,4$ 时这样的数的确是素数;但是,欧拉在1732年就曾证明当 $n=5$ 时,$2^{2^5}+1=4\ 294\ 967\ 297=641\times 6\ 700\ 417$.

---

① 在这里,当然除了函数恒等于一个素数($f(x)=p=$ 常数)的情形.

当 $n=12$ 时，$2^{2^{12}}+1$ 能被 $7\times 2^{14}+1=114\ 689$ 除尽；当 $n=23$ 时，$2^{2^{23}}+1$ 能被 $5\times 2^{25}+1=167\ 772\ 161$ 除尽. 彼尔武申(I. M. Pervushin) 在 1878 年就分辨出这些情形. $2^{2^{23}}+1$ 含有 2 525 223 位. 如果用普通铅字把这个数排印出来就会成 5 km 长的一行，或者成为普通篇幅 1 000 页的一个巨册.

塞尔霍夫在 1886 年曾证明：当 $n=36$ 时，$2^{2^{36}}+1$ 不是素数，它能被 $5\times 2^{39}+1=2\ 748\ 779\ 069\ 441$ 除尽. 柳卡算出：$2^{2^{36}}+1$ 一数的位数比二百亿还要多，印成一行比赤道还要长.

数 $2^{61}-1=2\ 305\ 843\ 009\ 213\ 693\ 951$ 是素数这件事彼尔武申在 1883 年就证明了，这个数曾有很长一段时间被认为是已知素数中的最大的. 现在我们才知道数 $2^{89}-1$ 及 $2^{107}-1$ 也是素数. 到目前为止已知素数中最大的是

$$2^{127}-1=170\ 141\ 183\ 460\ 469\ 231\ 731\ 687\ 303\ 715\ 884\ 105\ 727$$

我们还要提出一个与素数有关的重要定理：若 a 及 b 是互素的整数，而变数 x 通过整数值，则式 $ax+b$ 无数次取得素数值. 狄利克雷(Dirichlet) 在 1837 年用解析数论的方法证明了这个定理. $ax+b$ 是具有首项 b 和公差 a 的算术级数的通项. 因此，狄利克雷定理说明了首项及公差彼此是互素的算术级数，其诸项中必有无数个是素数.

这个定理的特殊情形：对于 $a=4$，存在无数个形如 $4n+1$ 的素数和无数个形如 $4n+3$ 的素数($4n+3$ 可以改写成 $4n-1$)；对于 $a=3$，存在无数个形如 $3n+1$ 的素数和无数个形如 $3n+2$(或 $3n-1$) 的素数. 我们注意，因为(除 2 以外) 素数都是奇数，所以在 $3n\pm 1$ 一式中，n 应该取偶数，从而 $3n+1$ 可以用 $6n+1$ 一式来代替，而 $3n-1$ 可以用 $6n-1$(或 $6n+5$) 一式来代替.

§16 整数的约数(一)

设 $m=p^{\alpha}q^{\beta}r^{\gamma}\cdots$ 是正数 m 分解成素因数乘积的分解式；设 d 是数 m 的约数. 于是，(参看定理 2 及 19) 显然，除 m 所含因数以外，d 不可能有其他的素因数，并且 d 的每个素因数的方次数，不可能大于在 m 中所含该因数的方次数. 因此，d 有形式

$$d=p^{\kappa}q^{\lambda}r^{\mu} \tag{14}$$

这里 $0\leqslant\kappa\leqslant\alpha, 0\leqslant\lambda\leqslant\beta, 0\leqslant\mu\leqslant\gamma,\cdots$

相反地，形如式(14) 的任何数显然是 m 的约数.

因而有下面的定理.

定理 27 形如 $m=p^{\alpha}q^{\beta}r^{\gamma}\cdots$ 的数 m 能被 d 除尽必须且只须 d 有式(14) 的

形式(附带指出 $\kappa,\lambda,\mu,\cdots$ 的条件).

由此容易去求已知数 m 的一切约数的个数(包含1及数 m 本身在内);这就是,在式(14)中 κ 可取 $\alpha+1$ 个值,λ 可取 $\beta+1$ 个值,μ 可取 $\gamma+1$ 个值,依此类推.同时 $\kappa,\lambda,\mu,\cdots$ 的不同组合也就给出不同的数 d.共有 $(\alpha+1)(\beta+1)(\gamma+1)\cdots$ 个不同的组合.

因此有下面的定理.

定理 28 已知数 $m=p^{\alpha}q^{\beta}r^{\gamma}\cdots$ 可能的约数总共有 $\tau(m)=(\alpha+1)(\beta+1)\cdot(\gamma+1)\cdots$ 个.

$\tau(m)$ 是仅仅对于 m 的正整数值所定义的函数,这样的函数称为数论函数.注意 $\tau(m)$ 只与方次数 $\alpha,\beta,\gamma,\cdots$ 有关,而与素因数 $p,q,r,\cdots$ 本身无关.

若 $d=p^{\kappa}q^{\lambda}r^{\mu}\cdots$,则 $\dfrac{m}{d}=p^{\alpha-\kappa}q^{\beta-\lambda}r^{\gamma-\mu}\cdots$;这就是所谓数 m 对于 d 的补约数.

若 $m=d^{k}$,则显然 $\alpha=\kappa k,\beta=\lambda k,\gamma=\mu k,\cdots$;反过来也对.

因此有下面的定理.

定理 29 当且仅当 $\alpha,\beta,\gamma,\cdots$ 全部能被 k 除尽时,数 $m=p^{\alpha}q^{\beta}r^{\gamma}\cdots$ 恰好是一个整数的 k 次幂.

在特殊情形有下面的推论.

推论 当且仅当 $\alpha,\beta,\gamma,\cdots$ 全部是偶数时,数 m 恰好是完全平方数.

§17 整数的约数(二)

现在我们来求已知数 m 所有约数的和.为此我们来研究乘积

$$(1+p+p^{2}+\cdots+p^{\alpha})(1+q+q^{2}+\cdots+q^{\beta})(1+r+r^{2}+\cdots+r^{\gamma})\cdots \tag{15}$$

其中每一个因子都是几何级数诸项的和.对于这些和应用初等代数中熟知的公式,我们求得乘积(15)等于

$$\frac{p^{\alpha+1}-1}{p-1}\cdot\frac{q^{\beta+1}-1}{q-1}\cdot\frac{r^{\gamma+1}-1}{r-1}\cdot\cdots$$

另一方面,应用熟知的多项式连乘的规则,我们求得式(15)有形式

$$\sum_{\kappa,\lambda,\mu,\cdots}p^{\kappa}q^{\lambda}r^{\mu}\cdots$$

其中 $\kappa=0,1,2,\cdots,\alpha$;$\lambda=0,1,2,\cdots,\beta$;$\mu=0,1,2,\cdots,\gamma$;$\cdots$;即式(15)等于数 m 所有约数的和.

因此有下面的定理.

定理 30 数 $m=p^{\alpha}q^{\beta}r^{\gamma}\cdots$ 所有约数的和是

$$S(m)=\frac{p^{\alpha+1}-1}{p-1}\cdot\frac{q^{\beta+1}-1}{q-1}\cdot\frac{r^{\gamma+1}-1}{r-1}\cdot\cdots$$ [①]

例如，$m=60=2^2\times3\times5$；在这里

$$\tau(60)=3\times2\times2=12$$

$$S(60)=\frac{2^3-1}{2-1}\times\frac{3^2-1}{3-1}\times\frac{5^2-1}{5-1}=7\times4\times6=168$$

实际上，数 60 的约数如下

1,2,3,4,5,6,10,12,15,20,30,60

它们的和等于 168.

数 m 本身也是它自己的一个约数. 数 m 的所有其他的约数称为数 m 的真约数，所有真约数的和是 $S(m)-m$.

若两数 a,b 中每一个的真约数之和正好等于另一个，则称这样的两数为互完数(或相亲数). 对于互完数，$S(a)-a=b,S(b)-b=a$，即 $S(a)=S(b)=a+b$.

一数若等于自己的真约数之和，则称为完全数. 对于这类数，$S(m)-m=m$，或 $S(m)=2m$.

关于互完数及完全数的概念在古希腊的毕达哥拉斯学派中早已被引用了(公元前 6 世纪). 毕达哥拉斯学派已知道一对互完数 220,284 和三个完全数 6,28,496. 后来古希腊的数学家们又发现了完全数:8 128. 往后的完全数，较近已发现的有:33 550 336,8 589 869 056. 直到现在完全数中连一个奇数也没有发现过，但是又不曾证明它们是不存在的.

欧拉(Euler) 曾发现 65 对互完数. 其中一对就是 $18\,416=2^4\times1\,151$ 及 $17\,296=2^4\times23\times47$.

§18 数 m! 的因数分解

我们现在来讨论这样的问题：求能除尽数 $m!=1\times2\times\cdots\times m$ 的素数 p 的最高次幂. 基于这个目的，我们首先证明辅助定理.

辅助定理 要求 m 除以 ab 所得的不完全商数，可以先将 m 除以 a，再将所

---

① 有些人也用记号 $\int(m)$ 表示这个函数，并称为 m 按约数所取的数值积分. 欧拉就曾引用这样的记法.

得的不完全商数除以b.这个第二次除法所得的不完全商数也就是m除以ab所得的不完全商数.这个辅助定理用公式表示出来即

$$\left[\frac{m}{ab}\right]=\left[\frac{\left[\frac{m}{a}\right]}{b}\right]\text{①}$$

证 首先,设$m=aq+r$,$q=\left[\frac{m}{a}\right]$,$0\leqslant r<a$,即$0\leqslant r\leqslant a-1$.其次,设$q=bq_1+r_1$,$q_1=\left[\frac{q}{b}\right]$,$0\leqslant r_1\leqslant b-1$.将$q$的表达式代入$m$的等式,得

$$m=a(bq_1+r_1)+r=(ab)q_1+(ar_1+r)$$

在这里,$0\leqslant ar_1+r\leqslant a(b-1)+a-1=ab-1$,即$0\leqslant ar_1+r<ab$,而这就意味着$ar_1+r$是$m$被$ab$除所得的余数,$q_1$是所得的不完全商数(参看定理1).因为$q_1=\left[\frac{\left[\frac{m}{a}\right]}{b}\right]$,所以辅助定理得以证明.

注意 所证的辅助定理当$a=b$时也是正确的.

现在设p是已知的素数,当$p>m$时显然$m!$不能被p除尽.当$p<m$时$m!$中含有因数$p,2p,3p,\cdots,\left[\frac{m}{p}\right]p$.除这些以外,$m!$中再没有别的能被$p$除尽的因数了.这些因数相乘就得到乘积

$$p\cdot 2p\cdot 3p\cdot\cdots\cdot\left[\frac{m}{p}\right]p=\left[\frac{m}{p}\right]!\ p^{\left[\frac{m}{p}\right]}$$

因此$m!$能被$p^{\left[\frac{m}{p}\right]}$除尽,并且除此以外还被含于$\left[\frac{m}{p}\right]!$中的数$p$的乘幂所除尽.但是,在这里应用同样的论证我们发现:$\left[\frac{m}{p}\right]!$所含能被$p$除尽的诸因数相乘就得到乘积

$$p\cdot 2p\cdot 3p\cdot\cdots\cdot\left[\frac{\left[\frac{m}{p}\right]}{p}\right]p=\left[\frac{m}{p^2}\right]!\ p^{\left[\frac{m}{p^2}\right]}$$

因为按上述的辅助定理我们有

$$\left[\frac{\left[\frac{m}{p}\right]}{p}\right]=\left[\frac{m}{p^2}\right]$$

现在我们把同样的论证应用到$\left[\frac{m}{p^2}\right]!$,它的能被$p$除尽的诸因数相乘得乘

① 注:所有这些数我们不仅认为是整数,而且还认为是正整数.

积

$$p\cdot 2p\cdot 3p\cdot\cdots\cdot\left[\frac{\left[\frac{m}{p^2}\right]}{p}\right]p=\left[\frac{m}{p^3}\right]!\ p^{\left[\frac{m}{p^3}\right]}$$

因为

$$\left[\frac{\left[\frac{m}{p^2}\right]}{p}\right]=\left[\frac{m}{p^3}\right]$$

依此类推,直到使 $p^{\lambda}>m$ 的方次数 λ 以前为止.

因而有下面的定理.

定理 31 $m!$ 中所含作为因数的素数 p 的最大方次数是

$$\left[\frac{m}{p}\right]+\left[\frac{m}{p^2}\right]+\left[\frac{m}{p^3}\right]+\cdots+\left[\frac{m}{p^k}\right]$$

其中,$p^k\leqslant m$,而 $p^{k+1}>m$.若 p 已经大于 m,则 $m!$ 根本就不能被 p 除尽.

例如,求能除尽 50! 的数 2 的最高次幂.

我们有 $\frac{50}{2}+\left[\frac{50}{4}\right]+\left[\frac{50}{8}\right]+\left[\frac{50}{16}\right]+\left[\frac{50}{32}\right]=47$.(因为 $\frac{50}{2}$ 是整数,所以我们直接写 $\frac{50}{2}$,而不写 $\left[\frac{50}{2}\right]$.)

因此,50! 能被 2^{47} 除尽.

注意 依次取 p 为小于 m 的一切素数,就可以分解 $m!$ 成素因数的乘积.

习　　题

1. 证明:当且仅当 $\frac{m}{a_1},\frac{m}{a_2},\cdots,\frac{m}{a_n}$ 互素时,m 是诸数 $a_1,a_2,\cdots,a_n$ 的最小公倍数.

(提示:从反面证明,应用 §3,定理 8.)

2. 证明

$$M(a_1k,a_2k,\cdots,a_nk)=kM(a_1,a_2,\cdots,a_n)$$

$$M\left(\frac{a_1}{k},\frac{a_2}{k},\cdots,\frac{a_n}{k}\right)=\frac{1}{k}M(a_1,a_2,\cdots,a_n)$$

后一式在 k 为诸数 $a_1,a_2,\cdots,a_n$ 的公约数的条件下成立.(证明与 §4,定理 11 的证明相仿.)

3. 验证:$\binom{12}{7}$ 能被 12 除尽,$\binom{8}{5}$ 能被 8 除尽,$\binom{14}{9}$ 能被 14 除尽(§7).

4. 由试验(注意定理22)检查诸数437,509,811,1 849,953,1 079,10 519,17 357,2 027中哪些是素数,哪些是合数,并把合数分解成素因数(§10).

答:素数为509,811,953,2 027.

5. 应用埃拉托塞尼筛子于从2到500的区间(§11).

6. 对于$p=5,7,11,13$求出数$P=(2\times3\times5\times\cdots\times p)\pm1$,检验其中哪些是素数,哪些是合数,并把合数分解成素因数的乘积(§12).

答:合数为$2\times3\times5\times7-1=209=11\times19$;$2\times3\times5\times7\times11\times13+1=30\ 031=59\times509$;其余的都是素数.

7. 求小于500的所有孪生素数(§14).

答:从数11开始,共有22对.

8. 用实验的方法求将数64,100,466表示成两个素数之和的所有表示法(§14).

答:64有5个这样的表示法;100有6个表示法;466有12个表示法.

9. 检查一下:在500以下有多少素数具有形式$4n+1$,多少形如$4n+3$,多少形如$3n+1$,多少形如$3n+2$(§15).

答:有44个形如$4n+1$的数.

50个形如$4n+3$的数.

45个形如$3n+1$的数.

50个形如$3n+1$的数.

10. 对于$m=1,2,3,\cdots,20$,计算$\tau(m)$(§16).

11. 求$\tau(96)$,$\tau(168)$,$\tau(255)$(§16).

答:12,16,8.

12. 证明:除m为完全平方数的情形以外,$\tau(m)$总是偶数(§16).

13. 对于$m=1,2,3,\cdots,20$,计算$S(m)$(§17).

14. 求$S(25)$,$S(48)$,$S(72)$,$S(100)$(§17).

答:31,124,195,217.

15. 用$S_k(m)$代表数$m=p^\alpha q^\beta r^\gamma\cdots$所有约数的$k$次幂之和,导出公式

$$S_k(m)=\frac{p^{(\alpha+1)k}-1}{p^k-1}\cdot\frac{q^{(\beta+1)k}-1}{q^k-1}\cdot\frac{r^{(\gamma+1)k}-1}{r^k-1}$$

提示:考虑乘积

$$(1+p^k+p^{2k}+\cdots+p^{\alpha k})(1+q^k+q^{2k}+\cdots+q^{\beta k})(1+r^k+r^{2k}+\cdots+r^{\gamma k})\cdots$$

16. 求$S_2(12)$,$S_2(16)$,$S_3(8)$(§17).

答:210,341,585.

17. 证明定理:设几个数已经分解成素因数的乘积,要求它们的最大公约

数,必须写出全部所给数的公共素因数,再在每一个素因数上,附以它在所给诸数的分解式中所具有的最小方次数.

这些素因数乘幂的积也就是所给诸数的最大公约数.

(提示:注意 §16 的定理 27.)

18. 证明定理:设几个数已经分解成素因数的乘积,要求它们的最小公倍数,则所给数中只要有一个数的分解式含有的素因数就必须把它写出来,再在每一个素因数上,附以它在所给诸数的分解式中所具有的最大方次数.

所有这些素数乘幂的积也就是所给诸数的最小公倍数.

19. 用分解成素因数乘积的办法来求:$D(2\ 737,9\ 163,9\ 639)$ 及 $M(2\ 737,9\ 163,9\ 369)$(参看第 17 及 18 题).

答:119,17 070 669.

20. 分解 100! 成素因数的乘积(§18).

21. 求能除尽数 250! 的 3,7,11,23 诸数的最高乘幂(§18).

答:3^{123};7^{40};11^{24};23^{10}.

欧几里得算法与连分数

第二章

§19 欧几里得算法

具体探求两数的最大公约数，有一个毋庸分解所给两数成素因数的方法，就是辗转相除法或欧几里得算法．设 r 及 r_1 是所给的（正整）数，且 $r > r_1$．首先，以 r_1 除 r，并用 q_1 表示商，用 r_2 表示余数；其次，以 r_2 除 r_1，并用 q_2 表示商，用 r_3 表示余数；再次，以 r_3 除 r_2，依此类推．我们有 $r_1 > r_2 > r_3 > \cdots \geqslant 0$．因此，在最后，施行了几次除法，我们一定会得到等于零的余数：$r_{n+1} = 0$．这样一来，我们得到等式（参看 §1 的式(1)）

$$\begin{cases} r = q_1 r_1 + r_2 \\ r_1 = q_2 r_2 + r_3 \\ r_2 = q_3 r_3 + r_4 \\ \vdots \\ r_{n-2} = q_{n-1} r_{n-1} + r_n \\ r_{n-1} = q_n r_n \end{cases} \tag{16}$$

一方面，从式(16) 的第一个等式看来，两数 r 及 r_1 的任何公约数也是数 r_2 的约数（参看 §2，定理3）；从式(16) 的第二个等式看来，这个约数也是数 r_3 的约数，依此类推；最后，从式(16) 的倒数第二个等式我们发现，r 与 r_1 的公约数（从而也就是 $r_2, r_3, \cdots$ 的公约数）也一定是数 r_n 的约数．

另一方面，首先式(16) 的最后一个等式表明 r_n 除尽 r_{n-1}；其次（按照 §2，定理3）倒数第二个等式表明 r_n 除尽 r_{n-2}，依此类推；最后，从式(16) 的第二个及第一个等式我们发现，r_n 除尽 r_1 及 r．因此，r_n 是两数 r 及 r_1 的公约数，并能被它们的任何别的公约数所除尽. 这样的公约数也就是 r 及 r_1 的最大公约数(参看 §4,定理 9). 因此有下面的定理.

定理 32 欲求两数的最大公约数,应该用所给两数的较小数除较大数;倘有余数,则当继续以余数除较小数;再以第二余数(第二次除法的余数)除第一余数;以第三余数除第二余数,依此类推,直到余数等于零时为止. 最后一次除法的除数(即最后一个不等于零的余数)便是所给两数的最大公约数.

例如,所给两数是 $r=76\ 501$,$r_1=29\ 719$,我们得到

$$76\ 501=2\times 29\ 719+17\ 063$$
$$29\ 719=1\times 17\ 063+12\ 656$$
$$17\ 063=1\times 12\ 656+4\ 407$$
$$12\ 656=2\times 4\ 407+3\ 842$$
$$4\ 407=1\times 3\ 842+565$$
$$3\ 842=6\times 565+452$$
$$565=1\times 452+113$$
$$452=4\times 113$$

可见

$$D(76\ 501,29\ 719)=113$$

欲求两数的最小公倍数,可用定理 12(§5)

$$M(r,r_1)=\frac{r\cdot r_1}{D(r,r_1)}=\frac{r}{D(r,r_1)}\cdot r_1=r\cdot\frac{r_1}{D(r,r_1)}$$

在上例中我们得到

$$M(76\ 501,29\ 719)=\frac{76\ 501\times 29\ 719}{113}=20\ 119\ 763$$

最后,欲求几个数的最大公约数或最小公倍数,可用定理 13 及 14(§6).

§20 连 分 数

在公式(16)中,用 r_1 除第一式的两边,用 r_2 除第二式的两边,用 r_3 除第三式的两边,依此类推,我们得到

$$\frac{r}{r_1}=q_1+\frac{r_2}{r_1}$$
$$\frac{r_1}{r_2}=q_2+\frac{r_3}{r_2}$$

$$\frac{r_2}{r_3}=q_3+\frac{r_4}{r_3}$$

$$\vdots$$

$$\frac{r_{n-2}}{r_{n-1}}=q_{n-1}+\frac{r_n}{r_{n-1}}$$

$$\frac{r_{n-1}}{r_n}=q_n$$

由此

$$\frac{r}{r_1}=q_1+\frac{1}{\frac{r_1}{r_2}}=q_1+\cfrac{1}{q_2+\cfrac{1}{\frac{r_2}{r_3}}}=q_1+\cfrac{1}{q_2+\cfrac{1}{q_3+\cfrac{1}{\frac{r_3}{r_4}}}}$$

$$\vdots$$

因此,可将$\frac{r}{r_1}$表示如下

$$\frac{r}{r_1}=q_1+\cfrac{1}{q_2+\cfrac{1}{q_3+\cfrac{1}{q_4+\cfrac{}{\ddots\quad+\cfrac{1}{q_n}}}}}$$

右边即所谓连分数,它由 q_1, $+\frac{1}{q_2}$, $+\frac{1}{q_3}$,… 各节所组成,也可缩写如下

$$\frac{r}{r_1}=(q_1,q_2,q_3,\cdots,q_n)$$

$q_1,q_2,q_3,\cdots,q_n$ 称为连分数的部分分母.

这样一来,我们已经分解$\frac{r}{r_1}$成连分数了.若所给的是真分数$\frac{r_1}{r}$,则我们显然得到这样的分解式

$$\frac{r_1}{r}=\frac{1}{\frac{r}{r_1}}=\cfrac{1}{q_1+\cfrac{1}{q_2+\cfrac{}{\ddots\quad+\cfrac{1}{q_n}}}}=(0,q_1,q_2,\cdots,q_n)$$

(在括号内必须写个 0 在第一位上).

最后,若所给的是负分数,则恒可表示成

$$-k+\frac{r_1}{r}$$

式中 k 是正的整数,而$\frac{r_1}{r}$是正的真分数.因此

$$-k+\frac{r_1}{r}=(-k,q_1,q_2,\cdots,q_n)$$

式中除第一节外其他各节都是正的.因此有下面的定理.

定理 33 任何有理数可以分解成唯一形式的连分数,其中所有部分分母都是整数,并且从第二个起全是正的(第一个可能大于 0,或小于 0,或等于 0),而最后一个是大于 1 的.

注意 1 任何整数可以看成只有一节的连分数.例如,$3=(3)$.形如$\frac{1}{a}$的分数可以看成具有两节的连分数:$\frac{1}{a}=(0,a)$.

注意 2 如果没有最后一个条件,即部分分母 $q_n>1$ 的限制,则可用两种方法分解所给的有理数成连分数.若其中一个是$(q_1,q_2,\cdots,q_n)$,且 $q_n>1$,则另一个是$(q_1,q_2,\cdots,q_{n-1},1)$.在这里节数添 1,而最后的部分分母是等于 1 的.

例 1 参看 §19 的例子.

$$\frac{76\ 501}{29\ 719}=2+\cfrac{1}{1+\cfrac{1}{1+\cfrac{1}{2+\cfrac{1}{1+\cfrac{1}{6+\cfrac{1}{1+\cfrac{1}{4}}}}}}}=(2,1,1,2,1,6,1,4)$$

例 2 分解数$-\frac{48}{109}$成连分数.

我们有

$$-\frac{48}{109}=-1+\frac{61}{109}$$

我们求得

$$109=1\times 61+48$$
$$61=1\times 48+13$$
$$48=3\times 13+9$$
$$13=1\times 9+4$$
$$9=2\times 4+1$$
$$4=4\times 1$$

因此
$$-\frac{48}{109}=(-1,1,1,3,1,2,4)$$

相反的问题发生,即已知连分数时,如何把它化成普通分数?显然,任一有限连分数是等于某一有理数的,因为有限连分数是把所给的整数(部分分母)

施行有限次有理运算的表达式.计算有限连分数并不困难,例如,我们来计算例1中的连分数.演算如下(从末尾算起)

$$1+\frac{1}{4}=\frac{5}{4},1:\frac{5}{4}=\frac{4}{5},6+\frac{4}{5}=\frac{34}{5},1:\frac{34}{5}=\frac{5}{34}$$

$$1+\frac{5}{34}=\frac{39}{34},1:\frac{39}{34}=\frac{34}{39},2+\frac{34}{39}=\frac{112}{39},1:\frac{112}{39}=\frac{39}{112}$$

$$1+\frac{39}{112}=\frac{151}{112},1:\frac{151}{112}=\frac{112}{151},1+\frac{112}{151}=\frac{263}{151},1:\frac{263}{151}=\frac{151}{263}$$

$$2+\frac{151}{263}=\frac{677}{263}$$

因此

$$(2,1,1,2,1,6,1,4)=\frac{677}{263}$$

注意我们得到的是连分数之值的最简形式,即不可约分数.

要得到连分数的简捷计算法,必须仔细研究它及作为其基础的欧几里得算法.这些研究也使我们得出很重要的结论.我们在 §22 中处理它.

§21 无限连分数及其应用

和有理数一样,我们也可以分解无理(实)数成连分数.为此,只需设法分出数 x 的整数部分 $[x]$ 即可.

设要把数 α 分解成连分数.首先求得 $[\alpha]=a_1$,那么 $\alpha=a_1+\frac{1}{\alpha_1}$,式中 $\alpha_1>1$.其次求出 $[\alpha_1]=a_2$,那么 $\alpha_1=a_2+\frac{1}{\alpha_2}$,式中 $\alpha_2>1$.因此

$$\alpha=a_1+\cfrac{1}{a_2+\cfrac{1}{\alpha_2}}$$

再次,设 $[\alpha_2]=a_3$,$\alpha_2=a_3+\frac{1}{\alpha_3}$,$\alpha_3>1$;等等.我们得到

$$\alpha=a_1+\cfrac{1}{a_2+\cfrac{1}{a_3+\ddots}}=(a_1,a_2,a_3,\cdots)$$

当然,在 α 是无理数时这个步骤就永无止境,而我们就得到无限连分数.于是产生问题:这样的无限连分数究竟怎样理解?如何确定它的收敛性及其近似计算?所有这些问题我们在以下几节里来研究它们.现在我们只指出,要分解成连分数的 α 对我们来讲是未知数也是可能的.例如,代数方程式或超越方程

式的根；只要能够分出这样方程式的根的整数部分，就可以把它分解成连分数.

例 1 分解$\sqrt{28}$成连分数.

我们有

$$\sqrt{28}=5+\frac{1}{\alpha}\quad(\alpha>1)$$

由此

$$\alpha=\frac{1}{\sqrt{28}-5}=\frac{\sqrt{28}+5}{3}=3+\frac{1}{\beta}\quad(\beta>1)$$

$$\beta=\frac{3}{\sqrt{28}-4}=\frac{\sqrt{28}+4}{4}=2+\frac{1}{\gamma}$$

$$\gamma=\frac{4}{\sqrt{28}-4}=\frac{\sqrt{28}+4}{3}=3+\frac{1}{\delta}$$

$$\delta=\frac{3}{\sqrt{28}-5}=\sqrt{28}+5=10+\frac{1}{\alpha}$$

因为我们已经有$\sqrt{28}=5+\frac{1}{\alpha}$. 这样一来，相同的分母$\alpha,\beta,\gamma,\delta$相继重复地出现，于是得到循环连分数

$$\sqrt{28}=5+\cfrac{1}{3+\cfrac{1}{2+\cfrac{1}{3+\cfrac{1}{10+\cfrac{1}{3+\cfrac{1}{2+\ddots}}}}}}=(5,(3,2,3,10))$$

我们看到这是杂循环连分数，它从第二位起才开始 3,2,3,10 的循环. 在下文中我们将看到在这里未曾遇见的循环连分数.

例 2 将方程式

$$x^4-x-1=0$$

的正根分解成连分数.

容易看出，这个方程式的正根位于 1 与 2 之间. 因此，我们可以假设

$$x=1+\frac{1}{y}$$

式中 $y>1$.

为了把我们的方程式的左边按$\frac{1}{y}=x-1$的乘幂展开，我们应用代数学上

有名的霍纳算法[1]

	1	0	0	-1	-1
1	1	1	1	0	-1
1	1	2	3	3	
1	1	3	6		
1	1	4			

因此,我们有

$$\frac{1}{y^4}+4\times\frac{1}{y^3}+6\times\frac{1}{y^2}+3\times\frac{1}{y}-1=0$$

即 y 的方程式

$$y^4-3y^3-6y^2-4y-1=0$$

这个方程式的根位于 4 与 5 之间. 因此,我们可以取 $y=4+\frac{1}{z}$,并将方程式的左边改写成 $y-4=\frac{1}{z}$ 的乘幂

	1	-3	-6	-4	-1
4	1	1	-2	-12	-49
4	1	5	18	60	
4	1	9	54		
4	1	13			

因此,我们得到 z 的方程式

$$49z^4-60z^3-54z^2-13z-1=0$$

这个方程式有介于 1 与 2 之间的根. 将 $z-1=\frac{1}{t}$ 代入计算

	49	-60	-54	-13	-1
1	49	-11	-65	-78	-79
1	49	38	-27	-105	
1	49	87	60		
1	49	136			

我们得到 t 的方程式

$$79t^4+105t^3-60t^2-136t-49=0$$

---

[1] 我国宋代刘益解二次方程所用的带从开方法同霍纳算法相仿,而比霍纳算法的发明(1819 年)早七百多年. 后来,宋代贾宪使用类似的方法,比霍纳算法约早六百年;宋代秦九韶解高次方程的方法在原则上和霍纳算法是一致的,而比霍纳算法早五百多年. —— 译者注

这个方程式也有介于 1 与 2 之间的根. 我们取 $t-1=\dfrac{1}{u}$ 并计算

	79	105	−60	−136	−49
1	79	184	124	−12	−61
1	79	263	387	375	
1	79	342	729		
1	79	421			

我们得到 u 的方程式

$$61u^4-375u^3-729u^2-421u-79=0$$

这个方程式有根介于 6 与 7 之间. 暂且到此止.

这样,对于所给方程式的根 x,我们有

$$x=1+\cfrac{1}{4+\cfrac{1}{1+\cfrac{1}{1+\cfrac{1}{6+\ddots}}}}$$

这个连分数不是循环的.

用连分数来计算代数方程式根的方法是拉格朗日(Lagrange)在 18 世纪所发明的.

例 3　将指数方程式

$$2^x=5$$

的根分解成连分数.

显然,x 位于 2 与 3 之间. 设 $x=2+\dfrac{1}{y}$,$y>1$. 我们有

$$2^{2+\frac{1}{y}}=2^2\times 2^{\frac{1}{y}}=5$$

$$2^{\frac{1}{y}}=\frac{5}{4},\left(\frac{5}{4}\right)^y=2$$

由试验发现,y 位于 3 与 4 之间. 因此

$$y=3+\frac{1}{z}$$

式中 $z>1$.

我们得到

$$\left(\frac{5}{4}\right)^{3+\frac{1}{z}}=2,\frac{125}{64}\times\left(\frac{5}{4}\right)^{\frac{1}{z}}=2,\left(\frac{5}{4}\right)^{\frac{1}{z}}=\frac{128}{125}$$

$$\left(\frac{128}{125}\right)^z=\frac{5}{4}\quad\text{或}\quad(1.024)^z=1.25$$

由试验发现,z 位于 9 与 10 之间. 这样一来,便得

$$x=\log_2 5=2+\cfrac{1}{3+\cfrac{1}{9+\ddots}}$$

这就是说我们可以用连分数来近似地计算对数,但是由于计算的浩繁,这个方法很不方便.

§22 欧拉算法

现在我们推广欧几里得算法如下:设 r 及 r_1 是所给的两数,而 $k_1,k_2,\cdots,k_n$ 是任何 n 个常数或变数(我们将把这些数看成正整数,但是在下文所有代数上的结论不仅对于正整数正确,纵使 $r,r_1,k_1,k_2,\cdots,k_n$ 是任意的数时这个结论仍然正确). 我们现在从下列方程式来探求 $r_2,r_3,\cdots,r_n,r_{n+1}$ 这些数

$$\begin{cases} r=k_1r_1+r_2 \\ r_1=k_2r_2+r_3 \\ \vdots \\ r_{m-1}=k_mr_m+r_{m+1} \\ r_m=k_{m+1}r_{m+1}+r_{m+2} \\ \vdots \\ r_{n-1}=k_nr_n+r_{n+1} \end{cases} \tag{17}$$

这些方程式(17)和方程式(16)的区别仅仅在于:这里 $k_1,k_2,\cdots,k_n$ 并不像方程式(16)的 $q_1,q_2,\cdots,q_n$ 那样是 r_1 除 r,r_2 除 r_1,…… 所得的商. 对于所给的 r,r_1 及 k_λ 来求数 $r_2,r_3,\cdots,r_{n+1}$ 乃是欧拉算法. 显然,欧几里得算法是欧拉算法的特殊情形,所以后者的所有结论对于前者仍旧正确. 同时,我们显然可以把欧拉算法进行到方程式(17)的任意一个方程式为止,即其中每一个都可以看成是最后一个. 而且方程式(17)的每一个也都可以看成是第一个. 例如,代替 r 及 r_1 而把 r_m 及 r_{m+1} 看成所给的数,就可以把方程式 $r_m=k_{m+1}r_{m+1}+r_{m+2}$ 认为是第一个. 由此便可求得 $r_{m+2},\cdots,r_{n+1}$. 容易看出,此前的 r_λ:$r_{m-1},r_{m-2},\cdots,r_1,r$ 也可以由 r_m 及 r_{m+1} 来决定. 一般言之,所有的数 r_λ 由其中任意相邻两个所唯一确定. 我们来求用 r_m,r_{m+1} 表示 r 的式子. 我们有

$$r=k_1r_1+r_2=k_1(k_2r_2+r_3)+r_2=(k_1k_2+1)r_2+k_1r_3$$

将 r_2 的表达式 $k_3r_3+r_4$ 代入,我们发现 r 由 r_3 及 r_4 来决定,依此类推. 我们看出,r 是 r_m 及 r_{m+1} 的一次齐次函数,其系数乃 $k_1,k_2,\cdots,k_m$ 的整函数,记为

$$r = Gr_m + Hr_{m+1} \tag{18}$$

于此,将 r_m 的表达式 $k_{m+1}r_{m+1} + r_{m+2}$ 代入,则得 r 由 r_{m+1} 及 r_{m+2} 来决定的式子

$$r = (Gk_{m+1} + H)r_{m+1} + Gr_{m+2} \tag{19}$$

m 是 $1, 2, \cdots, n$ 中的任一指标.在方程式(18)中我们称 G 为第一系数,称 H 为第二系数;称式(18)为前式,式(19)为后式.从式(18)及式(19)两方程式得出这样的普遍结论:

(1) 后式的第二系数等于前式的第一系数.

(2) 后式的第一系数由前式的系数按表达式

$$Gk_{m+1} + H \tag{20}$$

来决定.

我们看出,这个系数与 k_{m+1} 有关,因此,作为前式第一系数的 G 与 k_m 有关,而实际上,H 是式(18)的前式的第一系数,与 k_m 无关而与 k_{m-1} 有关.因此,一般言之,G 乃由 $k_1, k_2, \cdots, k_m$ 来决定.我们记

$$G = [k_1, k_2, \cdots, k_m]$$

并称这个记号为欧拉括号.此乃 $k_1, k_2, \cdots, k_m$ 的某一整有理函数.用这样的记法,方程式(18)便成下面的形式

$$r = [k_1, k_2, \cdots, k_m]r_m + [k_1, k_2, \cdots, k_{m-1}]r_{m+1} \tag{21}$$

因为作为方程式(18)的前式的第一系数的 H 应该用 $[k_1, k_2, \cdots, k_{m-1}]$ 来表示.又由表达式(20)得到这样的递推公式

$$[k_1, k_2, \cdots, k_{m+1}] = [k_1, k_2, \cdots, k_m]k_{m+1} + [k_1, k_2, \cdots, k_{m-1}] \tag{22}$$

我们只要知道了具有一元和具有二元的欧拉括号,那么我们就可以用这个公式逐步地来计算多元的欧拉括号.既然我们有 $r = (k_1k_2 + 1)r_2 + k_1r_3$,可见

$$[k_1] = k_1, [k_1, k_2] = k_1k_2 + 1 \tag{23}$$

例如,计算[3,1,2,4,1,2].我们依次计算:$[3] = 3$;$[3,1] = 3 \times 1 + 1 = 4$;$[3,1,2] = 4 \times 2 + 3 = 11$;$[3,1,2,4] = 11 \times 4 + 4 = 48$;$[3,1,2,4,1] = 48 \times 1 + 11 = 59$;$[3,1,2,4,1,2] = 59 \times 2 + 48 = 166$.

通常我们把计算安排如下:将所给的括号里的数 3,1,2,4,1,2 写在第一列;在第二列的左边写数字 1;在第一列的第一个数字(在这里是 3)下面写同一数字,即 3;用第一列的次一数,即 1 乘之并将乘积加上第二列的前位数字,即 1;将这个结果(4)写于第一列的第二个数字下面;将这个结果用第一列的次一数,即 2 乘之并加上第二列的前位数字,即 3;将其结果写于第一列的次一数字下面,依此类推

	3	1	2	4	1	2
1	3	4	11	48	59	166

§ 23　欧拉括号的性质

不用 r 而用 r_1 作为第一个数,类似于式(21) 我们有

$$r_1=[k_2,k_3,\cdots,k_m]r_m+[k_2,k_3,\cdots,k_{m-1}]r_{m+1} \tag{24}$$

同样,对于 r_2 我们得到

$$r_2=[k_3,\cdots,k_m]r_m+[k_3,\cdots,k_{m-1}]r_{m+1} \tag{25}$$

将式(24) 及(25) 的 r_1 及 r_2 的表达式代入式(17) 的第一个方程式,我们有

$$r=\{k_1[k_2,\cdots,k_m]+[k_3,\cdots,k_m]\}r_m+\{k_1[k_2,\cdots,k_{m-1}]+[k_3,\cdots,k_{m-1}]\}r_{m+1} \tag{26}$$

但是 r_m 及 r_{m+1} 可以看成独立变数,从而,把 r 表示成 r_m 及 r_{m+1} 的一次齐次函数只有唯一的形式.因此,比较式(26) 与(21),我们得到

$$[k_1,k_2,\cdots,k_m]=k_1[k_2,\cdots,k_m]+[k_3,\cdots,k_m] \tag{27}$$

这个公式使欧拉括号可以"从末尾"算起 —— 先算 $[k_m]$,然后算 $[k_{m-1},k_m]$,依此类推.而 $[k_m]=k_m$,$[k_{m-1},k_m]=k_{m-1}k_m+1$.按公式(27) 计算下去正如按公式(22) 一样,也就是说,我们按公式(27) 计算 $[k_1,\cdots,k_m]$ 正如按式(22) 计算 $[k_m,\cdots,k_1]$ 一样.而这就表示

$$[k_1,\cdots,k_m]=[k_m,\cdots,k_1] \tag{28}$$

这是欧拉括号的重要性质.

注意　公式(27) 当 $m=2$ 时没有意义,因为在这种情形下括号 $[k_3,\cdots,k_m]$ 并不存在.我们约定如下:在这种情形,我们有"空的"欧拉括号,它等于 1.于是公式(27) 仍旧正确,并且在这种情形下,它简直就和式(23) 的第二个公式一致.

我们有(和式(21) 相仿)

$$r_m=[k_{m+1},\cdots,k_n]r_n+[k_{m+1},\cdots,k_{n-1}]r_{n+1}$$
$$r_{m+1}=[k_{m+2},\cdots,k_n]r_n+[k_{m+2},\cdots,k_{n-1}]r_{n+1}$$

将这些值代入式(21),我们得

$$r=\{[k_1,\cdots,k_m][k_{m+1},\cdots,k_n]+[k_1,\cdots,k_{m-1}][k_{m+2},\cdots,k_n]\}r_n+\{[k_1,\cdots,k_m][k_{m+1},\cdots,k_{n-1}]+[k_1,\cdots,k_{m-1}][k_{m+2},\cdots,k_{n-1}]\}r_{n+1}$$

另一方面,由公式(21) 直接得到(当 $m=n$ 时)

$$r=[k_1,\cdots,k_n]r_n+[k_1,\cdots,k_{n-1}]r_{n+1}$$

从后两个等式我们得出结论(因为 r_n 与 r_{n+1} 无关)

$$[k_1,\cdots,k_n]=[k_1,\cdots,k_m][k_{m+1},\cdots,k_n]+$$

$$[k_1,\cdots,k_{m-1}][k_{m+2},\cdots,k_n] \tag{29}$$

其中 m 是介于 1 与 n 之间的任何(整)数. 这个公式是公式(22) 及(27) 的推广.

从公式(17) 我们直接得到(从末尾开始)

$$\begin{cases} r_{n+1}=-k_n r_n+r_{n-1} \\ r_n=-k_{n-1}r_{n-1}+r_{n-2} \\ \quad\vdots \\ r_2=-k_1 r_1+r \end{cases} \tag{30}$$

这是和式(17) 的形式相同的一些方程式,仅仅 k_λ 的符号和式(17) 的不同. 因此,我们对于欧拉括号所得的一切公式,若以 $-k_\lambda$ 代 k_λ,则对式(30) 仍然正确. 又我们有

$$[-k_n]=-[k_n]$$

$$[-k_n,-k_{n-1}]=(-k_n)(-k_{n-1})+1=k_nk_{n-1}+1=[k_n,k_{n-1}]$$

若已证明

$$[-k_1,-k_2,\cdots,-k_m]=(-1)^m\cdot[k_1,k_2,\cdots,k_m] \tag{31}$$

则由式(22) 得到

$$\begin{aligned}&[-k_1,-k_2,\cdots,-k_{m+1}]=\\&[-k_1,\cdots,-k_m](-k_{m+1})+[-k_1,\cdots,-k_{m-1}]=\\&(-1)^m[k_1,\cdots,k_m](-k_{m+1})+(-1)^{m-1}[k_1,\cdots,k_{m-1}]=\\&(-1)^{m+1}\cdot\{[k_1,\cdots,k_m]k_{m+1}+[k_1,\cdots,k_{m-1}]\}=\\&(-1)^{m+1}\cdot[k_1,k_2,\cdots,k_{m+1}]\end{aligned}$$

故公式(31) 对于任何的 m 都是正确的.

现在我们从公式(30) 出发,按照公式(21) 来确定 r_n 对于 r_1 及 r 的关系式

$$r_n=[-k_{n-1},\cdots,-k_1]r_1+[-k_{n-1},\cdots,-k_2]r$$

根据公式(31) 及(28),或作

$$r_n=(-1)^{n-1}[k_1,\cdots,k_{n-1}]r_1+(-1)^n[k_2,\cdots,k_{n-1}]r \tag{32}$$

在这里按公式(17) 以 r_n 及 r_{n+1} 来代换 r 及 r_1,并比较所得恒等式两边 r_n 的系数,我们得到

$$(-1)^{n-1}[k_1,\cdots,k_{n-1}][k_2,\cdots,k_n]+(-1)^n[k_2,\cdots,k_{n-1}][k_1,\cdots,k_n]=1$$

或

$$[k_1,\cdots,k_n][k_2,\cdots,k_{n-1}]-[k_1,\cdots,k_{n-1}][k_2,\cdots,k_n]=(-1)^n \tag{33}$$

§ 24　连分数的计算(一)

若数 $k_1,k_2,\cdots,k_n$ 全是正整数,则显而易见欧拉括号$[k_1,k_2,\cdots,k_n]$ 也是正

整数,并且$[k_1,\cdots,k_m]>[k_2,\cdots,k_m]>[k_3,\cdots,k_m]$.因此,公式(27)当$m=n$时表示$k_1$是以$[k_2,\cdots,k_n]$除$[k_1,\cdots,k_n]$的商,而$[k_3,\cdots,k_n]$是余数.

相仿地,k_2是以$[k_3,\cdots,k_n]$除$[k_2,\cdots,k_n]$的商,而$[k_4,\cdots,k_n]$是余数,依此类推.若我们取$r=[k_1,\cdots,k_n]$,$r_1=[k_2,\cdots,k_n]$,则按式(27)我们得到$r_2=[k_3,\cdots,k_n]$,且同样可得$r_3=[k_4,\cdots,k_n]$,$\cdots$,$r_{n-2}=[k_{n-1},k_n]$,$r_{n-1}=[k_n]=k_n$,从而$r_n=1$,$r_{n+1}=0$.欧拉算法就和欧几里得算法一致,并且$r_n=D(r,r_1)$.由公式(33)我们得到$r=[k_1,\cdots,k_n]$和$r_1=[k_2,\cdots,k_n]$互素,从而得到$r_n=1$.

这样一来就有下面的定理.

定理34 任何n个正整数$k_1,k_2,\cdots,k_n$均可以看成是将欧几里得算法应用到两数$[k_1,\cdots,k_n]$及$[k_2,\cdots,k_n]$的不完全商.

这个定理并没有告诉我们任何新的原理,它仅仅指出,任何有限连分数(具有正整数部分分母的)恒可化成通常的分数.实际上,由公式(27)得到

$$\frac{[k_1,\cdots,k_n]}{[k_2,\cdots,k_n]}=k_1+\frac{[k_3,\cdots,k_n]}{[k_2,\cdots,k_n]}=k_1+\cfrac{1}{\cfrac{[k_2,\cdots,k_n]}{[k_3,\cdots,k_n]}}$$

而同样有

$$\frac{[k_2,\cdots,k_n]}{[k_3,\cdots,k_n]}=k_2+\cfrac{1}{\cfrac{[k_3,\cdots,k_n]}{[k_4,\cdots,k_n]}}$$

依此类推.

可见

$$\frac{[k_1,\cdots,k_n]}{[k_2,\cdots,k_n]}=k_1+\cfrac{1}{k_2+\cfrac{1}{k_3+\cfrac{}{\ddots+\cfrac{1}{k_n}}}}=(k_1,k_2,\cdots,k_n) \tag{34}$$

由此得到连分数的计算法.

例1 计算连分数(3,5,1,1,2).我们按相反的次序写出所给的部分分母并计算欧拉括号(用§22末所讲的方法)

	2	1	1	5	3
1	2	3	5	28	89

所得数的最后一个即是我们的分数的分子,而倒数第二个便是分母.因此

$$(3,5,1,1,2)=\frac{89}{28}$$

实际上,我们有

$$89=[2,1,1,5,3]=[3,5,1,1,2]$$

$$28=[2,1,1,5]=[5,1,1,2]$$

(参看公式(28)).

例 2 计算

$$\cfrac{1}{2+\cfrac{1}{2+\cfrac{1}{3+\cfrac{1}{4}}}}$$

在这里有

	4	3	2	2	0
1	4	13	30	73	30

因此

$$(0,2,2,3,4)=\frac{30}{73}$$

注意 我们注意,这个计算连分数的方法不过就是按部就班来计算的初等方法,关于这个初等方法我们已在 §20 末讲过. 而这个方法给我们提供了连分数的简捷计算法.

前面曾经说过,欧拉算法可以施行到方程式(17)的随便哪个中,例如施行到第 m 个($m<n$),则由式(34)得到

$$\frac{[k_1,\cdots,k_m]}{[k_2,\cdots,k_m]}=k_1+\cfrac{1}{k_2+\cfrac{}{\ddots+\cfrac{1}{k_m}}} \tag{35}$$

在式(35)的右边我们仅仅有连分数式(34)的一部分,也就是它的前 m 节. 这一部分的数值,即分数 $\frac{[k_1,\cdots,k_m]}{[k_2,\cdots,k_m]}$,称为所给连分数的第 m 个渐近分数. 当 $m=1,2,\cdots,n$ 时,我们得到第一,第二,…… 渐近分数. 计算欧拉括号$[k_1,\cdots,k_n]$及$[k_2,\cdots,k_n]$,我们依次得到连分数所有渐近分数的分子及分母. 但是为此必须分别计算这两个括号,而不能应用公式(28).

我们仍然回到例 1 和例 2,并且在这里计算所有的渐近分数. 对于分数(3,5,1,1,2)

	3	5	1	1	2
1	3	16	19	35	89
	1	5	6	11	28

在这个表上第二列是渐近分数的分子,而第三列是分母. 第三列的构成恰恰和第二列一样(利用第一列),只是从第二个数(5)算起罢了. 由此,我们得到

渐近分数如下

$$\frac{3}{1},\frac{16}{5},\frac{19}{6},\frac{35}{11},\frac{89}{28}$$

对于分数(0,2,2,3,4)

	0	2	2	3	4
1	0	1	2	7	30
	1	2	5	17	73

其渐近分数是

$$0,\frac{1}{2},\frac{2}{5},\frac{7}{17},\frac{30}{73}$$

我们记 $p_m=[k_1,k_2,\cdots,k_m]$,$q_m=[k_2,\cdots,k_m]$,则第 m 个渐近分数是$\frac{p_m}{q_m}$. 由公式(33) 得(设以 m 代 n)

$$p_m q_{m-1}-p_{m-1}q_m=(-1)^m \tag{36}$$

从这个公式可见,p_m 及 q_m 互素,即渐近分数$\frac{p_m}{q_m}$是不可约的. 用 $q_{m-1}q_m$ 除式(36),我们得到

$$\frac{p_m}{q_m}-\frac{p_{m-1}}{q_{m-1}}=\frac{(-1)^m}{q_{m-1}q_m} \tag{37}$$

因此,两个相邻渐近分数之差的绝对值随 m 的增大而减小(因为 q_m 增大),而这些差数的符号交互地为"+" 及"—". 我们来证明下面的定理.

定理 35 连分数的精确数值恒位于两相邻的渐近分数之间,并且它对于后一渐近分数比对于前一渐近分数更为接近.

证 设所给的是连分数

$$x=k_1+\cfrac{1}{k_2+\cfrac{}{\ddots+\cfrac{1}{k_m+\cfrac{1}{k_{m+1}+\cfrac{}{\ddots+\cfrac{1}{k_n}}}}}}$$

我们记

$$y=k_{m+1}+\cfrac{1}{k_{m+2}+\cfrac{}{\ddots+\cfrac{1}{k_n}}}$$

则

$$x = k_1 + \cfrac{1}{k_2 + \cfrac{}{\ddots + \cfrac{1}{k_m + \cfrac{1}{y}}}}$$

且有
$$x = \frac{p_m y + p_{m-1}}{q_m y + q_{m-1}}$$

因为假如把 y 认为是最后一个部分分母，则 x 是第 $m+1$ 个渐近分数（参看公式(22)）. 由此我们有

$$xq_m y + xq_{m-1} = p_m y + p_{m-1}$$

$$y(xq_m - p_m) = p_{m-1} - xq_{m-1}$$

$$yq_m\left(x - \frac{p_m}{q_m}\right) = q_{m-1}\left(\frac{p_{m-1}}{q_{m-1}} - x\right) \tag{38}$$

而 $y > 1, q_m > q_{m-1} > 0$，即 $yq_m > q_{m-1}$，从式(38) 得到

$$\left|x - \frac{p_m}{q_m}\right| < \left|\frac{p_{m-1}}{q_{m-1}} - x\right|$$

又 $x - \frac{p_m}{q_m}$ 与 $\frac{p_{m-1}}{q_{m-1}} - x$ 的符号相同. 这就证明了本定理.

由此根据公式(37) 我们有

$$\left|x - \frac{p_m}{q_m}\right| < \left|\frac{p_{m+1}}{q_{m+1}} - \frac{p_m}{q_m}\right| = \frac{1}{q_m q_{m+1}} \tag{39}$$

这个公式给出 x 的近似值 $\frac{p_m}{q_m}$ 的误差的上限. 我们看到，随着 m 的增加，分数 $\frac{p_m}{q_m}$ 确实越来越接近于 x，因此命名为渐近分数.

我们有

$$q_{m+1} = q_m k_{m+1} + q_{m-1} \geqslant q_m + q_{m-1} > q_m$$

所以
$$\frac{1}{q_m q_{m+1}} \leqslant \frac{1}{q_m(q_m + q_{m-1})} < \frac{1}{q_m^2}$$

因此，在式(39) 的右边可以用 $\frac{1}{q_m(q_m + q_{m-1})}$ 或 $\frac{1}{q_m^2}$ 来代替 $\frac{1}{q_m q_{m+1}}$，作为误差的上限；它虽然不如 $\frac{1}{q_m q_{m+1}}$ 那样精密，但是更简便些.

于是有下面的定理.

定理 36　连分数的准确值若以其第 m 个渐近分数来代替，则可以把

$$\frac{1}{q_m q_{m+1}}, \frac{1}{q_m(q_m + q_{m-1})}, \text{或} \frac{1}{q_m^2}$$

当作误差的上限.

§25 连分数的计算(二)

现在若给我们一个无限连分数，即无数个(无限序列)部分分母 $k_1,k_2,k_3,\cdots$，我们把它记为$(k_1,k_2,k_3,\cdots)$. 同时若所有的 k_λ 都是正整数，则可以作成无数个渐近分数$\frac{p_m}{q_m}$. 而公式(37)依然正确，因为对于它的结论只有连分数的前 m 节是必要的. 显然，当 m 无限增加时，q_m(以及 q_{m+1})也无限增加，因为所有的 k_m 都是正整数，因此

$$\lim_{m\to\infty}\left(\frac{p_m}{q_m}-\frac{p_{m+1}}{q_{m+1}}\right)=0 \tag{40}$$

另一方面，因为 $q_{2m-1}q_{2m}<q_{2m}q_{2m+1}<q_{2m+1}q_{2m+2}$，由公式(37)得到

$$\frac{p_{2m}}{q_{2m}}-\frac{p_{2m-1}}{q_{2m-1}}>\frac{p_{2m}}{q_{2m}}-\frac{p_{2m+1}}{q_{2m+1}}>\frac{p_{2m+2}}{q_{2m+2}}-\frac{p_{2m+1}}{q_{2m+1}}>0$$

因此
$$\frac{p_{2m-1}}{q_{2m-1}}<\frac{p_{2m+1}}{q_{2m+1}},\frac{p_{2m}}{q_{2m}}>\frac{p_{2m+2}}{q_{2m+2}}$$

这样，我们便有两序列分数

$$\frac{p_1}{q_1}<\frac{p_3}{q_3}<\frac{p_5}{q_5}<\cdots$$

$$\frac{p_2}{q_2}>\frac{p_4}{q_4}>\frac{p_6}{q_6}>\cdots$$

第一序列逐渐增加，第二序列逐渐减少. 从公式(37)推出：第一序列之数恒小于第二序列中的对应数. 因此，这两序列都有极限，由公式(40)得到结论：这两序列的极限是相等的，即渐近分数的序列有唯一的极限

$$x=\lim_{m\to\infty}\frac{p_m}{q_m}$$

定义　我们把渐近分数序列的极限定义为无限连分数

$$x=(k_1,k_2,k_3,\cdots)$$

的值.

定理 35 及 36 可以直接推广到无限连分数的情形，因为它们的证明根本不要求连分数是有限的，而仅仅要求它有确定的值.

因此，(具有正整数的部分分母的)无限连分数总是收敛的，容易计算它到任意精确程度. 若要误差小于 ε，则我们就逐次计算渐近分数$\frac{p_m}{q_m}$，一直到(某一确定的 m)$q_m^2>\varepsilon^{-1}$ 为止. 在这种情形下对应的分数$\frac{p_m}{q_m}$乃是连分数的准确到ε 的

近似值，当 m 是奇数时这个近似值是不足的近似值（朒数），当 m 是偶数时它是过剩的近似值（盈数）.

为了举例说明，我们回到 §21 的例 1,2,3.

(1) 我们有 $\sqrt{28}=(5,(3,2,3,10))$. 若要计算 $\sqrt{28}$ 准确到 0.000 1，我们建立下表

	5	3	2	3	10	3	2	…
1	5	16	37	127	1 307			
	1	3	7	24	247			

我们到 $\frac{1\,307}{247}$ 为止，因为 $247^2>10\,000$，所以，$\frac{1\,307}{247}$ 就是 $\sqrt{28}$ 准确到 0.000 1 的不足近似值，因为这是第五个渐近分数，即具有奇数番号. 我们化分数 $\frac{1\,307}{247}$ 成小数，即用 247 除 1 307，取 4 位小数；这个小数应取过剩值. 由此，$\sqrt{28}\approx 5.291\,5$，但我们并不知道，这个值究竟是 $\sqrt{28}$ 的不足近似值还是过剩近似值呢？

(2) 对于方程式 $x^4-x-1=0$ 的正根，我们求得连分数 $x=(1,4,1,1,6,\cdots)$. 在这里我们可求第五个渐近分数

	1	4	1	1	6
1	1	5	6	11	72
	1	4	5	9	59

$59^2>1\,000$，因此，$\frac{72}{59}$ 是这个方程式的根准确到 0.001 的近似值，同时也是不足近似值. 化 $\frac{72}{59}$ 成小数，我们得 $x\approx\frac{72}{59}\approx 1.221$，但是我们并不知道，这个近似值究竟是过剩的抑或是不足的.

(3) 我们已有 $\log_2 5=(2,3,9,\cdots)$

	2	3	9
1	2	7	65
	1	3	28

$28^2>100$，因此，$\log_2 5\approx\frac{65}{28}\approx 2.33$ 是准确到 0.01 的近似值，但是我们并不知

道，这是过剩近似值还是不足.

定理 37　若 x 是(有限或无限)连分数的准确值，而 $\frac{a}{b}$ 是比渐近分数 $\frac{p_m}{q_m}$ 更接近 x 的近似值，则 $b > q_m$.

证　在所给的条件下按定理 35，$\frac{a}{b}$ 比 $\frac{p_m}{q_m}$ 更接近 $\frac{p_{m+1}}{q_{m+1}}$，因此

$$\left|\frac{a}{b} - \frac{p_{m+1}}{q_{m+1}}\right| < \left|\frac{p_m}{q_m} - \frac{p_{m+1}}{q_{m+1}}\right|$$

但是根据式(37)，右边等于 $\frac{1}{q_m q_{m+1}}$，因此

$$\frac{|aq_{m+1} - bp_{m+1}|}{bq_{m+1}} < \frac{1}{q_m q_{m+1}}$$

设 $b \leqslant q_m$，因而 $bq_{m+1} \leqslant q_m q_{m+1}$，由此

$$|aq_{m+1} - bp_{m+1}| < 1$$

但这里左边是大于或等于 0 的整数，因此

$$aq_{m+1} - bp_{m+1} = 0$$

即

$$\frac{a}{b} = \frac{p_{m+1}}{q_{m+1}}$$

在这里右边是不可约分数，因此，$b \geqslant q_{m+1} > q_m$，即与我们的假设：$b \leqslant q_m$ 相矛盾. 于是定理得证.

这个定理具有重大的意义. 它证明渐近分数乃所给数 x 的最佳近似值，即是具有所给准确度的最简单近似值，或者说它是分母不超过所给限度的最准确近似值. 在数学的应用上通常使用小数借以近似地表达数量. 但是有些问题必须用简单分数来近似地表示数量的值. 在这样的情形下，恰好渐近分数能够胜任，它就是最简单而精密的近似值.

§26　连分数的应用举例

1. 齿轮

要用齿轮来联系两个转轴，使它们角速度的比值等于所给的数 α. 因为两齿轮的角速度和齿数成反比例，所以齿数的反比即等于 α. 然而 α 可能是无理数，而齿数总是整数并且不十分大. 因此，我们的问题只可能有近似的解，就是去取分母不十分大的简单分数形式作为 α 的近似值. 从前节可知，最为方便的

是将数 α 展成连分数的渐近分数，取其中之一作为近似值.

2. 历法

从天文学知道，一年有 365.242 20… 个所谓"平均"日. 当然，年与日这样复杂的比值在实际生活中根本是不方便的，必须用更简单的数来代替它，即使是准确度差一些也行. 分解 365.242 20… 成连分数，我们得到

$$365.24220\cdots = 365 + \cfrac{1}{4 + \cfrac{1}{7 + \cfrac{1}{1 + \cfrac{1}{3 + \cdots}}}}$$

这里前几个渐近分数是

$$365, 365\frac{1}{4}, 365\frac{7}{29}, 365\frac{8}{33}$$

近似值 $365\frac{1}{4}$ 在古代[①]早已被人们知道，虽然当时没有定期的闰年. 公元前 238 年 3 月 7 日卡诺朴法令既出，即已颁布每逢第四年当改为 366 日，而非 365 日. 但是经历 40 年后这条法令便被忘却了，直到公元前 47 年儒略 · 凯撒(Julius Caesar) 才在索西泽尼(Sosigenes) 的参与下重复前制，每逢第四年便增嵌一日于二月. 这一天叫作闰日(Bissextilis)，这便是"闰年" 一词的由来. 即所谓"旧历" 或名"儒略历".

新历或名格里历乃以近似值 $365\frac{97}{400}$ 为岁实[②]，这个值较 $365\frac{7}{29}$ 及 $365\frac{8}{33}$ 稍微大一点. 这个历法和儒略历的区别在于每逢百数的年，而不能以四百除尽者均不置闰. 例如 1700 年、1800 年、1900 年不闰，而 1600 年、2000 年则是闰年. 即是 400 年中嵌添进去的日子共 97 天，而不是 100 天，如儒略历那样.

儒略历的滞后在 15 世纪时就已引起注意(在当时已落后十天)，革新的建议也已提出，惜未遂以改制. 到 16 世纪末叶这个改革才算付诸实施. 在奉天主

---

① 《淮南子 · 天文训》中有："反复三百六十五度四分度之一而成一岁 …… 日行一度而岁有奇四分度之一. 故四岁而积千四百六十一日，而复合故舍. 八十岁而复合故曰".(按黄桢云，曰当作日，一岁凡三百六十五日四分日之一. 八十岁计有四百八十七甲子而余分皆尽，仍复故日干也). —— 译者注

② 我国元代至元十三年(1276 年)，郭守敬和其他历家参考历代历法，测候日月星辰运行的变动，分别异同，酌量采取中数，作为历法的根本. 又造仪器二十二种，设四方测站二十七处，昼夜密测，并创垛叠、招差、勾股、弧矢等方法精密推算，而有授时历的制定，自 1281 年即行使用. 按授时历即以 365.242 5 为岁实(即平均太阳年)，和格里高利历的一年周期完全一样，但是更早了三百年.(明洪武元年到崇祯末年(1368—1644 年) 所用大统历基本上也就是授时历)—— 译者注

教的国度里，这一改革是凭罗马教皇格里高利第十三世1582年3月1日的诏书一纸予以实现. 从10月5日到14日的整整十天一笔勾销，亦即将5号这天一跃而公认为1582年10月15日了.

最精密的历书乃1079年为波斯的天文学家兼数学家(也是诗人)奥玛尔·阿勒海雅宓之所提出. 他提出了33年的循环，在33年中七次置闰于其每第四年，而第八次闰年则置于第五年而不是第四年. 于是，在33年中有8天增嵌进去的日子，即平均每年$365\frac{8}{33}$天，这个数目正好就是第四个渐近分数.

§27 循环连分数

在§21例1中我们曾经把$\sqrt{28}$展开成循环连分数，现在我们证明：一般地，当a是正整数时，$\sqrt{a}$恒可展开成循环连分数. 设$[\sqrt{a}]=k_0$(整数部分)，$\sqrt{a}=k_0+\frac{1}{x_1}$，$x_1>1$，我们有

$$x_1=\frac{1}{\sqrt{a}-k_0}=\frac{\sqrt{a}+k_0}{a-k_0^2}$$

我们记

$$k_0=p_1,a-k_0^2=q_1$$

则
$$0<p_1<\sqrt{a},q_1>0$$

p_1及q_1是整数. 因为$x_1>1$，所以$q_1<\sqrt{a}+p_1$，且有

$$x_1=\frac{\sqrt{a}+p_1}{q_1}=k_1+\frac{1}{x_2}\quad(k_1=[x_1],x_2>1)$$

相仿地有

$$x_2=\frac{\sqrt{a}+p_2}{q_2}=k_2+\frac{1}{x_3}\quad(k_2=[x_2],x_3>1)$$

一般地

$$x_m=\frac{\sqrt{a}+p_m}{q_m}=k_m+\frac{1}{x_{m+1}}\quad(k_m=[x_m],x_{m+1}>1)$$

我们证明，对于所有的m，p_m及q_m都是正整数. 我们已知此式对于p_1，q_1正确. 设此式对于当$\lambda\leqslant m$时所有的p_λ，q_λ已经证明. 我们有

$$x_{m+1}=\frac{\sqrt{a}+(k_mq_m-p_m)}{[a-(k_mq_m-p_m)^2]:q_m}$$

因此

$$p_{m+1}=k_mq_m-p_m,q_{m+1}=\frac{a-(k_mq_m-p_m)^2}{q_m}=\frac{a-p_{m+1}^2}{q_m} \tag{41}$$

由此

$$a=p_{m+1}^2+q_mq_{m+1}$$

但是以 $m-1$ 代替 m,我们同样得到

$$a=p_m^2+q_{m-1}q_m$$

因此

$$p_m^2+q_{m-1}q_m=p_{m+1}^2+q_mq_{m+1}=(k_mq_m-p_m)^2+q_mq_{m+1}$$

故

$$p_m^2+q_{m-1}q_m=k_m^2q_m^2-2k_mp_mq_m+p_m^2+q_mq_{m+1}$$

或者,消去 p_m^2 并约去 q_m 有

$$q_{m+1}=q_{m-1}+2k_mp_m-k_m^2q_m \tag{42}$$

首先,从式(41)的第一个公式及公式(42)可见,p_{m+1} 及 q_{m+1} 也是整数.其次,我们有

$$x_m-k_m=\frac{\sqrt{a}+p_m}{q_m}-k_m>0 \quad (q_m>0)$$

因此

$$\sqrt{a}+p_m-k_mq_m>0 \tag{43}$$

由 $a=p_m^2+q_{m-1}q_m>p_m^2$,即

$$\sqrt{a}>p_m$$

$$\sqrt{a}-p_m>0$$

$$\sqrt{a}-p_m+k_mq_m>0 \tag{44}$$

式(43)与(44)相乘并注意式(41)的第一个公式,得

$$a-(k_mq_m-p_m)^2=a-p_{m+1}^2>0$$

由此按式(41)的第二个公式,得

$$q_{m+1}>0$$

设 $p_{m+1}=k_mq_m-p_m\leqslant 0$,由此,$q_m\leqslant k_mp_m\leqslant p_m<\sqrt{a}$,所以

$$k_m=[\frac{\sqrt{a}+p_m}{q_m}]>[\frac{k_mq_m+q_m}{q_m}]=k_m+1$$

于是得到矛盾的结果,意即 $p_{m+1}>0$.

因此,p_m 及 q_m 对于任何的 m 都是正整数.

我们有

$$0<p_m<\sqrt{a},0<q_m<\sqrt{a}+p_m<2\sqrt{a} \tag{45}$$

因为 $x_m=\dfrac{\sqrt{a}+p_m}{q_m}>1$.从不等式(45)可见,所有 p_m 的任一正整数值和 q_m 的

任一正整数值相配合时,其组合数小于$\sqrt{a}\cdot 2\sqrt{a}=2a$. 由此可见,$p_m$ 和 q_m 的值取不到 $2a$ 次就必然重复. 又若 $p_{m+\lambda}=p_m, q_{m+\lambda}=q_m$,则也就有 $x_{m+\lambda}=x_m, k_{m+\lambda}=k_m, x_{m+\lambda+1}=x_{m+1}, p_{m+\lambda+1}=p_{m+1}, q_{m+\lambda+1}=q_{m+1}, \cdots\cdots$,即我们的连分数是循环的.

因为$\frac{\sqrt{a}-p_m}{q_m}>0$,按公式(41),我们有

$$\frac{\sqrt{a}-p_{m+1}}{q_{m+1}}=\frac{a-p_{m+1}^2}{q_{m+1}(\sqrt{a}+p_{m+1})}=$$

$$\frac{q_m}{\sqrt{a}+k_m q_m-p_m}=\frac{1}{\frac{\sqrt{a}-p_m}{q_m}+k_m}<1$$

按同一公式(41) 有

$$\frac{\sqrt{a}-p_m}{q_m}+k_m=\frac{\sqrt{a}+p_{m+1}}{q_m}=\frac{q_{m+1}}{\sqrt{a}-p_{m+1}}$$

但是我们已经证明

$$\frac{\sqrt{a}-p_m}{q_m}<1$$

因此

$$k_m=\left[\frac{q_{m+1}}{\sqrt{a}-p_{m+1}}\right] \tag{46}$$

从公式(46) 可见,对于所给的 q_{m+1} 及 p_{m+1},k_m 是单值确定的,而对于所给的 k_m,x_{m+1} 及 p_m,q_m 也是单值确定的. 因此,从 $p_{m+\lambda}=p_m, q_{m+\lambda}=q_m$ 导出 $p_{m+\lambda-1}=p_{m-1}, q_{m+\lambda-1}=q_{m-1}$,以及 $p_{m+\lambda-2}=p_{m-2}, q_{m+\lambda-2}=q_{m-2}$,等等. 但是公式(46) 仅仅当 $m>0$ 时正确. 因此,对于 k_0 它就不正确. 所以我们的连分数的循环从 k_1,即从第二节开始.

故有以下的定理.

定理 38 整数的平方根恒可展开成循环连分数,从第二节开始循环.

在这个范围内更深入的研究证明:一般的任何实的二次无理数 —— 具有整系数的二次方程式的实根或形如$\frac{b+\sqrt{a}}{c}$ 的表达式,式中 a,b,c 是整数,且 $a>0$—— 必然展开成(纯或杂) 循环连分数.

逆定理的证明十分简单.

定理 39 任何循环连分数必为二次无理数.

证 我们假设所给的连分数是纯循环的:$x=(k_1,k_2,\cdots,k_m)$,则可写成

$$x = k_1 + \cfrac{1}{k_2 + \cfrac{}{\ddots + \cfrac{1}{k_m + \cfrac{1}{x}}}} = (k_1, k_2, \cdots, k_m, x)$$

或 $x = \dfrac{p_m x + p_{m-1}}{q_m x + q_{m-1}}$，$p_m, p_{m-1}, q_m, q_{m-1}$ 都是正整数，因此

$$q_m x^2 + (q_{m-1} - p_m)x - p_{m-1} = 0$$

可见 x 适合这个(具有实根的) 二次方程式.

现在设我们的连分数是杂循环的

$$x = (a_1, a_2, \cdots, a_l, (k_1, k_2, \cdots, k_m))$$

记

$$y = (k_1, k_2, \cdots, k_m)$$

则

$$x = (a_1, a_2, \cdots, a_l, y)$$

因此

$$x = \frac{p_l y + p_{l-1}}{q_l y + q_{l-1}}$$

作为纯循环连分数的值 y 是二次无理数，即已证明

$$y = \frac{b + \sqrt{a}}{c}$$

将这个 y 的表达式代入 x，得

$$x = \frac{p_l b + p_{l-1} c + p_l \sqrt{a}}{q_l b + q_{l-1} c + q_l \sqrt{a}}$$

把分母有理化，我们得到 x 的表达式的形式

$$\frac{B + \sqrt{A}}{C}$$

即 x 是二次无理数.

§ 28　一次不定方程(一)[①]

我们回到 § 23，公式(32). 设我们有所给两数 r 及 r_1 的欧几里得算法：r_n 是 r 及 r_1 的最大公约数，公式(32) 就指出，不定方程式 $rx + r_1 y = r_n$ 恒有整数解

$$x = (-1)^{n-1}[k_1, \cdots, k_{n-1}], y = (-1)^n[k_2, \cdots, k_{n-1}] \tag{47}$$

但是这两个值 x 及 y 并非都是正数，它们有不同的符号. 在特殊情形下，若 r 与 r_1 互素，则方程式

① 我国宋代数学家秦九韶早在 1247 年已创大衍求一术，以解不定方程式. —— 译者注

$$rx + r_1 y = 1$$

有整数解 x, y.

改变我们的记号,设 a 和 b 是所给的整数(不一定是正的)且 $D(a,b)=d$. 我们来研究不定方程式

$$ax + by = c \tag{48}$$

式中 c 也是所给的整数. 对于 x 和 y 的任意整数值,方程式(48)的左边能被 d 除尽. 因此,若 c 不能被 d 除尽,则方程式(48)就没有整数解. 设 c 能被 d 除尽,$c=de$,那么如我们所看出的方程式 $ax+by=d$ 有整数解 x_1, y_1(则在这里 a 及 b 不一定是正的,这一点仅仅影响到 x_1 及 y_1 的符号的组合),从而 $x_1 e$ 及 $y_1 e$ 表示方程式(48)的整数解. 现在证明,这样的整数解有无数组. 设 x_0, y_0 是方程式(48)的一组整数解,而 x, y 是同一方程的任何别的解,则

$$ax_0 + by_0 = c, ax + by = c$$

由此

$$a(x - x_0) + b(y - y_0) = 0$$

或

$$a(x - x_0) = -b(y - y_0)$$

除以 d 有

$$\frac{a}{d}(x - x_0) = -\frac{b}{d}(y - y_0) \tag{49}$$

公式(49)的左边能被 $\frac{a}{d}$ 除尽,意即右边也能被 $\frac{a}{d}$ 除尽;但 $\frac{b}{d}$ 和 $\frac{a}{d}$ 互素,故必有 $y-y_0$ 能被 $\frac{a}{d}$ 除尽(根据 §7 定理 15). 因此,$y-y_0=\frac{a}{d}t$. 以这个值代入公式(49),得 $x-x_0=-\frac{b}{d}t$.

于是

$$\begin{cases} x = x_0 - \dfrac{b}{d}t \\ y = y_0 + \dfrac{a}{d}t \end{cases} \tag{50}$$

式中 t 是整数($\neq 0$). 反之,对于 t 的任意整数值,表达式(50)是适合方程式(48)的整数,把这些 x 及 y 的值代入方程式(48)就可以直接验证这一点. 因此,我们得到下面的基本定理.

定理 40 不定方程式(48)当且仅当其右边能被 $d=D(a,b)$ 除尽时有整数解,同时它有无数个由公式(50)所给定的整数解. 在特殊情形下,方程式 $ax+by=d$ 有解(47)(除符号以外).

若 $d=1$,则方程式(48)恒有整数解. 特别地,在这个情形下方程式

$$ax + by = 1 \tag{51}$$

有整数解.

实际上,应用欧几里得算法于两数 a 及 b,或分解 $\frac{|a|}{|b|}$(设 $|a|>|b|$)成连分数并取倒数第二个渐近分数 $\frac{[k_1,\cdots,k_{n-1}]}{[k_2,\cdots,k_{n-1}]}$ 的分母及分子作为 $|x|$ 及 $|y|$,我们求得式(47)的解.当 $|a|>|b|$ 时应该有 $|x|<|y|$,x 及 y 的符号应取成使 ax 及 by 有不同的符号,并使 $||ax|-|by||=1$.计算了 $|ax|$ 和 $|by|$ 的乘积的末位数字,就容易了解 x 及 y 的符号应该怎样选取.

例 1 求方程式

$$15x+19y=1$$

的整数解.

应用欧几里得算法,得

$$\begin{aligned}\underline{19}:15&=1\\ \underline{15}:4&=3\\ \underline{4}:3&=1\\ 3:1&=3\end{aligned}$$

我们弃去最后的商,即 3,因为它等于 k_n,而在公式(47)中并不出现 k_n.依颠倒次序写出所有其余的商 $k_{n-1},k_{n-2},\cdots,k_1$,应用公式(28)

$$\begin{array}{cccc} & 1 & 3 & 1\\ \hline 1 & 1 & 4 & 5\end{array}$$

因此,$|x|=5$,$|y|=4$(因为这里 x 具有较小的系数).为了确定 x 及 y 的符号,我们计算乘积 15×5 及 19×4 的末位数字,在这里它们是 5 及 6.而 $6-5=1$,所以,$x=-5$,$y=4$.一般解是

$$x=-5\pm19t,\ y=4\mp15t$$

(因为改写 t 为 $-t$ 恒为可能,所以在 t 前面写上正号和负号).

例 2 求方程式

$$126x-102y=18$$

的整数解.

这里 $D(126,102)=6$,而 18 能被 6 除尽,约去 6,得

$$21x-17y=3$$

先解方程式

$$21x-17y=1$$

我们有

$$\begin{aligned}\underline{21}:17&=1\\ \underline{17}:4&=4\end{aligned}$$

$$4 : 1 = 4$$

$$\begin{array}{ccc} & 4 & 1 \\ \hline 1 & 4 & 5 \end{array}$$

因此，$|x|=4$，$|y|=5$，计算乘积 21×4，17×5 的末位数字，得 4 及 5，而 $-21\times4+17\times5=1$. 意即，应有

$$x=-4, y=-5$$

对于方程式

$$21x-17y=3$$

$$x=-4\times3=-12, y=-5\times3=-15$$

所给方程式的一般解是

$$x=-12\pm17t, y=-15\pm21t$$

（这里我们两次都写"±"，因为我们的方程式的系数有不同的符号）. 取"+"且 $t=1$ 时，便得正整数解 $x=5$，$y=6$.

§29　一次不定方程(二)

现在推广定理 40 到几个未知数的情形. 设 $a_1, a_2, \cdots, a_m$ 是所给的整数且 $D(a_1, a_2, \cdots, a_m)=d$. 设已证明方程式

$$a_1x_1+a_2x_2+\cdots+a_mx_m=d \tag{52}$$

有整数解 $x_1, x_2, \cdots, x_m$. 若还给了我们一个整数 a_{m+1}，我们证明下列方程式也有整数解 $u_1, u_2, \cdots, u_m, u_{m+1}$，即

$$a_1u_1+a_2u_2+\cdots+a_mu_m+a_{m+1}u_{m+1}=\delta \tag{53}$$

式中 $\delta=D(a_1, a_2, \cdots, a_m, a_{m+1})$.

按 §6 定理 13，$\delta=D(d, a_{m+1})$，因此，由定理 40，方程式 $dy+a_{m+1}u_{m+1}=\delta$ 有整数解 y, u_{m+1}. 于此，根据式(52)，将 d 代以它的表达式 $a_1x_1+a_2x_2+\cdots+a_mx_m$，并记 $u_1=x_1y, u_2=x_2y, \cdots, u_m=x_my$，求得方程式(53)的整数解. 这证明了方程式(52)对任何 m 有整数解.

其次，与两个未知数的情形一样，直接推得，一般的方程式

$$a_1x_1+a_2m_2+\cdots+a_mx_m=c \tag{54}$$

当且仅当 c 能被 d 除尽时有整数解.

在这种情形下我们记 $c=dx$，故由式(54)我们有

$$a_1x_1+a_2x_2+\cdots+a_mx_m=dx \tag{55}$$

对应于任何一组整数 $x_1, x_2, \cdots, x_m$ 即有一个确定的整数 x. 反之，对应于

每一个整数 x 即有一组(甚至无数组)适合方程式(55)的整数值 $x_1, x_2, \cdots, x_m$. 换言之,凡能表示成形式 $a_1x_1 + a_2x_2 + \cdots + a_mx_m$(对于整数 $x_1, x_2, \cdots, x_m$)的任何整数也能表示成形式 dx(对于整数 x);反之亦然. 这就是说,这两个形式是等价的.

定理 41 随便多少个变数的(具整系数的)一次齐次式总是等价于一个变数的(也是具有整系数的)一次齐次式.

这个定理十分重要.

我们在例题中将表明:如何去求具有几个未知数的一次不定方程式的整数解.

例 3 所给的方程式是

$$25x - 13y + 7z = 4$$

左边所有的系数以其最小者即 7 来除,并取不完全的(或者完全的,当除尽时)商. 我们记

$$3x - y + z = u \tag{56}$$

重新用 7 乘这个方程式并从所给的方程式减去它,则有

$$4x - 6y = 4 - 7u$$

即

$$4x - 6y + 7u = 4$$

这是具有未知数 x, y, u 而与所给的方程式有同样形式的方程式,不过这里的最大系数等于 7,与所给方程式的最小系数相同. 在这里用 4 除左边并记

$$x - y + u = v \tag{57}$$

用 4 乘,并相减,得

$$-2y + 3u = 4 - 4v$$

即

$$-2y + 3u + 4v = 4$$

在这里用 2 除左边,并记

$$-y + u + 2v = w \tag{58}$$

用 2 乘,并相减得

$$u = 4 - 2w$$

用这个 u 的值代入式(58),得

$$-y + 4 - 2w + 2v = w$$

即

$$y = 4 + 2v - 3w \tag{59}$$

将 u 及 y 的值代入式(57),得

$$x - 4 - 2v + 3w + 4 - 2w = v$$

即

$$x = 3v - w \tag{60}$$

最后,将 x,y,u 的值代入式(56),得

$$9v - 3w - 4 - 2v + 3w + z = 4 - 2w$$

或

$$z = 8 - 7v - 2w \tag{61}$$

显然,对于 v 及 w 的任意整数值,x,y,z 也是整数.所以式(59)(60)(61)给出我们的方程式的一般整数解,这个解依赖于两个整值参数 v 及 w.

这个方法也可以应用于具有两个未知数的方程式.

例 4 设已给方程式

$$7x_1 + 4x_2 - 2x_3 + 3x_4 = 2 \tag{62}$$

左边所有系数用其(按绝对值)最小者来除,并取不完全的(或完全的,当除尽时)商,我们记

$$3x_1 + 2x_2 - x_3 + x_4 = u \tag{63}$$

用2(即是我们曾用来作除数的那个系数)乘这个方程式的两边,并从所给的方程式(62)减这个结果,得

$$x_1 + x_4 = 2 - 2u$$

由此

$$x_1 = 2 - 2u - x_4 \tag{64}$$

将 x_1 的表达式代入式(63),求得

$$6 - 6u - 3x_4 + 2x_2 - x_3 + x_4 = u$$

即

$$x_3 = 6 - 7u - 2x_4 + 2x_2 \tag{65}$$

由式(64)及(65)可见,给 u,x_4,x_2 以任意整数值,我们就得到 x_1 及 x_3 的整数值.因此,公式

$$x_1 = 2 - 2u - v, x_2 = w, x_3 = 6 - 7u - 2v + 2w, x_4 = v$$

给出方程式(62)的一般整数解.此解依赖于三个整值参数 u,v,w(碰巧这里三个参数中有两个就是我们的未知数 x_2 及 x_4).当 $u = v = w = 0$ 时,我们有特殊解

$$x_1 = 2, x_2 = 0, x_3 = 6, x_4 = 0$$

§30 几点注意

定理40,特别是讲到方程式 $ax + by = d = D(a,b)$ 的整数解存在这一部分,

是整数可约性理论的基础.定理 40 是从欧几里得算法直接导出的,而欧几里得算法本身又以关于两整数带余数除法的定理 1 为基础.

根据定理 40,可以建立整数可约性的全部理论 —— 导出关于可约性的所有定理,而这些定理我们曾在第一章中论及.例如,设 a 及 c 互素,则按定理 40,存在这样的整数解 x,y,使 $ax+cy=1$.以 b 乘之有

$$abx+cby=b \tag{66}$$

设 ab 能被 c 除尽,则由式(66) 可见,整个左边能被 c 除尽;从而右边亦然.这就是定理 15,于是我们再度地证明了它.其次,从式(66) 显然可知 ab 与 c 的任何公约数也是 b 的约数,因而,$D(ab,c)=D(b,c)$,这就是定理 16.从定理 15 直接导出定理 19,而关于分解一数成素因数乘积的唯一性的定理(定理 21) 是以这个定理为基础的.

§ 31　形如 $4s+1$ 之素数的定理

我们应用连分数的理论来证明一个关于形如 $4s+1$ 的素数的重要定理.设 p 是这样的素数.我们讨论分数 $\frac{p}{2},\frac{p}{3},\cdots,\frac{p}{2s}$,它们全部大于 2 并且是不可约的.分解其中每一个成连分数.设 q 是 $2,3,\cdots,2s$ 诸数中的一个,并设

$$\frac{p}{q}=k_1+\cfrac{1}{k_2+\cfrac{}{\ddots+\cfrac{1}{k_n}}}=\frac{[k_1,k_2,\cdots,k_n]}{[k_2,\cdots,k_n]} \tag{67}$$

于此,$k_1\geqslant 2,k_n>1,n>1$,因为 $\frac{p}{q}$ 不是整数.按 § 23 公式(33),在式(67) 右边的分数是不可约的,因此

$$p=[k_1,k_2,\cdots,k_n],q=[k_2,\cdots,k_n]$$

反之,若我们用任何方法找到用欧拉括号表示 p 的式子

$$p=[k_1,k_2,\cdots,k_n]$$

式中 $k_1>1,k_n>1,n>1$,则若写成 $\frac{p}{q}=k_1+\cfrac{1}{k_2+\cfrac{}{\ddots+\cfrac{1}{k_n}}}$,我们将有 $q=[k_2,\cdots,k_n]<\frac{p}{2}$,因为 $\frac{p}{q}>2$,即 q 是 $2,3,\cdots,2s$ 诸数之一.但按 § 23 公式(28) 又有

$$p=[k_n,k_{n-1},\cdots,k_1]$$

所以，若记$\frac{p}{q'}=k_n+\cfrac{1}{k_{n-1}+\cfrac{}{\ddots+\cfrac{1}{k_1}}}$，则$q'=[k_{n-1},\cdots,k_1]$也是$2,3,\cdots,2s$诸数之一.

这样一来，$2,3,\cdots,2s$这些数目就成对地——像q和q'那样——搭配起来，但是这些数目的个数$2s-1$是一个奇数. 因而必然出现这样的情况，即$q'=q$和$k_n=k_1,k_{n-1}=k_2,\cdots$

我们来讨论这个情形，设$n=2m+1$为奇数，则

$$p=[k_1,k_2,\cdots,k_{m-1},k_m,k_{m+1},k_m,k_{m-1},\cdots,k_1]$$

或者，应用§23的公式(29)及(28)

$$p=[k_1,\cdots,k_m][k_{m+1},k_m,\cdots,k_1]+[k_1,\cdots,k_{m-1}][k_m,\cdots,k_1]=$$
$$[k_1,\cdots,k_m]\cdot\{[k_1,\cdots,k_{m+1}]+[k_1,\cdots,k_{m-1}]\}$$

这就是说，我们已经把p分解成两个整数因数且其中每一个都大于1. 这是不可能的，因为p是素数. 因此，$n=2m$为偶数，我们按照§23的公式(29)，(28)得到同样的公式

$$p=[k_1,\cdots,k_m,k_m,\cdots,k_1]=[k_1,\cdots,k_m][k_m,\cdots,k_1]+$$
$$[k_1,\cdots,k_{m-1}][k_{m-1},\cdots,k_1]=[k_1,\cdots,k_m]^2+[k_1,\cdots,k_{m-1}]^2$$

于是我们证明了下列的定理.

定理42 任何形如$4s+1$的素数可以表示成两个平方数的和①.

例如，设$p=73$，当$q=27$时，我们有

$$\frac{73}{27}=2+\cfrac{1}{1+\cfrac{1}{2+\cfrac{1}{2+\cfrac{1}{1+\cfrac{1}{2}}}}}$$

于是 $$n=6,k_1=k_6=2,k_2=k_5=1,k_3=k_4=2$$

因此 $$73=[2,1,2]^2+[2,1]^2=8^2+3^2$$

习 题

22. 用欧几里得算法求：(1)$D(549,387)$；(2)$D(589,343)$；(3)$D(12\ 606,$

① 在下文(第六章 §73)我们将证明这个表示法是唯一的.

6 494)(§19).

答:(1)9;(2)1;(3)382.

23. 分解下列普通分数成连分数:(1) $\frac{95\ 122}{53\ 808}$;(2)2.354 7;(3) $\frac{99}{170}$(§20).

答:(1)(1,1,3,3,3,1,5,4,4,1,3);(2)(2,2,1,4,1,1,6,1,20,2);(3)(0,1,1,2,1,1,6,2).

24. 分解:(1) $\sqrt{5}$;(2) $\sqrt{13}$;(3) $\sqrt{42}$;(4) $\sqrt{59}$ 成循环连分数并计算其值准确到 0.000 1(§21,§24,§25).

答:(1)(2,(4)) $\approx$ 2.236 1;(2)(3,(1,1,1,1,6)) $\approx$ 3.605 6;(3)(6,(2,12)) $\approx$ 6.480 7;(4)(7,(1,2,7,2,1,14)) $\approx$ 7.681 2.

25. 用连分数计算方程式 $3x^2-7x-3=0$ 的两根,使它们准确到 0.000 1(§21,§24,§25).

答:$x_1=((2,1,2))\approx 2.703\ 2$;$x_2=(-1,1,1,(1,2,2))\approx -0.369\ 9$.

26. 用连分数计算方程式 $x^2+9x+6=0$ 的两根,使它们准确到 0.000 1(§21,§24,§25).

答:$x_1=(-1,3,(1,1,1,3,7,3))\approx -0.725\ 0$;$x_2=(-9,1,2,(1,1,1,3,7,3))\approx -8.275\ 0$.

27. 用连分数计算方程式 $x^3-x^2-2x+1=0$ 所有的根,使它们准确到 0.000 1(§21,§24,§25).

答:$x_1=(1,1,4,20,\cdots)\approx 1.801\ 9$;$x_2=(0,2,4,20,\cdots)\approx 0.445\ 0$;$x_3=(-2,1,3,20,2,\cdots)\approx -1.246\ 9$.

28. 计算欧拉括号:(1)$[1,0,2,0,3]$;(2) $\left[1,\frac{1}{2},\frac{1}{2},2\right]$;(3)$[2,-2,3,-3,1,-4]$;(4)$[\alpha,\beta,\gamma,\delta]$;(5) $\left[3,0,\frac{1}{2},0,0,1\right]$(§22).

答:(1)6;(2)5;(3)-26;(4)$\alpha\beta\gamma\delta+\alpha\beta+\gamma\delta+\alpha\delta+1$;(5)$4\frac{1}{2}$.

29. 以$[1,2,1,3,2,3,2]$为例,当 $m=3$ 时验证 §23 的公式(29).

30. 将数 $\pi=3.141\ 592\ 653\ 589\ 7\cdots$ 分解成连分数,求此连分数的前五个渐近分数(§24,§25).

答:$\frac{3}{1},\frac{22}{7},\frac{333}{106},\frac{355}{113},\frac{103\ 993}{33\ 102}$.[①]

---

① 在我国古代即有"径一周三"之说,后人称之为"古率",记载见《周髀算经》,而$\frac{22}{7}$与$\frac{355}{113}$分别为祖冲之(429—500)的"约率"与"密率".——译者注

31. 将数 e＝2.718 281 828 459 04… 分解成连分数，求其前五个渐近分数（§24，§25）.

答：$2,3,\frac{8}{3},\frac{11}{4},\frac{19}{7}$.

32. 要有怎样的方程式，才可使其根分解成下列的连分数：

(1)((2,4,1,3))；(2)((1,2,4,6))；(3)(2,1,2,(1,1,3))；(4)(4,(1,1,2,1,1,8))（§27）？

答：(1)$19x^2-37x-11=0$；(2)$56x^2-72x-13=0$；(3)$2x^2-15x+26=0$；(4)$x^2-21=0$.

33. 求方程式 $253x-449y=1$ 的所有整数解（§28）.

答：$x=-126+449t, y=-71+253t$.

34. 求方程式 $53x+47y=11$ 的整数解（§28）.

答：$x=-6+47t, y=7-53t$.

35. 求方程式$[\alpha,\beta,\gamma,\delta]x-[\beta,\gamma,\delta]y=1$ 的整数解，式中 $\alpha,\beta,\gamma,\delta$ 都是整数（§28）.

答：$x=[\beta,\gamma]+[\beta,\gamma,\delta]t, y=[\alpha,\beta,\gamma]+[\alpha,\beta,\gamma,\delta]t$.

36. 求方程式：(1)$24x+56y=64$；(2)$81x-48y=33$；(3)$22x+32y=48$；(4)$36x-15y=8$ 的整数解（§28）.

答：(1)$x=-2+7t, y=2-3t$；(2)$x=1+16t, y=1+27t$；(3)$x=-8+16t, y=7-11t$；(4) 没有整数解.

37. 求方程式 $6x-5y+3z=1$ 的整数解（§29）.

答：$x=u, y=1-3v, z=2-2u-5v$.

38. 求方程式 $5x_1+4x_2-7x_3-3x_4=5$ 的整数解（§29）.

答：$x_1=u, x_2=5-2u-3v+w, x_3=w, x_4=5-u-4v-w$.

39. 用 §31 的方法将数 61 表示成两个平方数的和（§31）.

答：$\frac{61}{11}=(5,1,1,5)$；$61=5^2+6^2$.

40. 用同法将数 137 表示成两个平方数的和（§31）.

答：$\frac{137}{37}=(3,1,2,2,1,3)$；$137=4^2+11^2$.

第三章 同余式

§ 32 定 义

设 m 是所给的正整数，我们把它的所有倍数 km 也拿来和它一起考虑，这里 k 是任意整数. 这些倍数全体的集合就是所谓的“模”[①]. 若两整数 a 及 b 的差能被 m 除尽，或这个差属于模 m，则称这样的两数对于模 m 同余. 用下面的记号来表示它

$$a \equiv b \pmod{m} \tag{58}$$

有些作者简记成

$$a \equiv b \ (m)$$

两数 a 及 b 间的这种关系叫作同余或合同. 从这个关系可见，若以 m 除这两数 a 及 b，就得到同样的余数.

定理 43 等式的三个基本定律对于同余式来说都是满足的，这三个定律就是对称律、传递律和反射律.

注释 对称律是说：当 $a=b$ 时也就有 $b=a$. 传递律乃指：从 $a=b$，$b=c$ 便得 $a=c$. 反射律即是：$a=a$.

如果某一关系满足这三个定律，那么就说这个关系有等式的特性. 因此，定理 43 就是说：同余式有等式的特性.

证 (1) 若 $a-b$ 能被 m 除尽，则 $b-a$ 也能被 m 除尽. 因此，由 $a \equiv b$[②] 便得 $b \equiv a \pmod{m}$.

---

① 一般说来，凡有以下性质的数集 M 就称为模：若 a 及 b 都属于 M，则 $a \pm b$ 也属于 M（换句话说，M 是关于加法的群）. 不难证明，在整有理数域内任何的模都是某一个整数 $m > 0$ 的倍数的集合. 实际上，设 m 是所给模 M 的最小正数，而 n 是 M 中其他的数. 我们以 m 除 n 并用 q 表示所得的商数，用 r 表示余数. 我们有 $0 \leqslant r < m$，$n - qm = r$. 由此可见，r 也属于 M，因此 $r = 0$（因为 m 是 M 中的最小正数），即 $n = mq$.

② 若几个同余式都是对于同一模 m 来考虑的，则记号 (mod m) 往往省略.

(2) 若 $a-b$ 及 $b-c$ 都能被 m 除尽,则

$$(a-b)+(b-c)=a-c$$

也能被 m 除尽,即由 $a\equiv b, b\equiv c$ 便得 $a\equiv c \pmod{m}$.

(3) 因为 $a-a=0$ 能被任何整数 m 除尽,所以 $a\equiv a \pmod{m}$.

注意 式 $a\equiv 0 \pmod{m}$ 是说数 a 能被 m 除尽;式 $a\equiv b \pmod{m}$ 与式 $a-b\equiv 0 \pmod{m}$ 等价.

任何(整)数对于模 m 都与以 m 除这个数所得的余数同余. 可是以 m 去除只可能得到以下的余数:或者是0,或者是1,或者是2,……,或者是 $m-1$. 这些余数中任意两个余数对于模 m 都互不同余. 换句话说,全部整数可分 m 类:能被 m 除尽的一切数即是第一类(即模 m 本身也属于这一类);用 m 去除得余数1的一切数即是第二类;依此类推,用 m 去除得余数 $m-1$ 的数组成最后一类(第 m 类).

定理 44 全部整数对于所给的模 m 可分成 m 类,使同一类中所有的数对于模 m 彼此同余,而不同类的数对于模 m 彼此不同余.

注意 对于所给的关系,可以将数做如此分类的必要且充分条件是这个关系满足定理43的三个基本定律.

若对模 m 将全部整数分成 m 类,从每一类中取出一数,则这 m 个所取的数组成模 m 的完全剩余组. 完全剩余组有两个特性,即:

(1) 模 m 的完全剩余组中任何两个数对模 m 互不同余.

(2) 任一整数必与模 m 的完全剩余组中的一个数(而且只与一个数)对模 m 同余.

这两个特性中的每一个都足以保证所给的 m 个数的集合是模 m 的完全剩余组.

模 m 的完全剩余组的例子:

①$0,1,2,3,\cdots,m-1$,这就是所谓最小正剩余(以 m 除诸数所得的余数).

②$0,-1,-2,-3,\cdots,-(m-1)$,这是最小负剩余.

③ 当 m 是奇数时,$0,\pm 1,\pm 2,\cdots,\pm\frac{m-1}{2}$.

当 m 是偶数时,$0,\pm 1,\pm 2,\cdots,\pm\left(\frac{m}{2}-1\right),+\frac{m}{2}\left(\text{或以}-\frac{m}{2}\text{代替}+\frac{m}{2}\right)$,这就是绝对最小剩余.

④ 若 a 是任一整数,则诸数 $a,a+1,a+2,\cdots,a+m-1$ 构成模 m 的完全剩余组,因为这个集合满足特性(1).

⑤ 若 a 与 m 互素,则诸数 $0,a,2a,\cdots,(m-1)a$(取 ma 来代替0也可以)构

成模 m 的完全剩余组，因为在这里特性(1) 是满足的：假若 $\kappa a \equiv \lambda a \pmod{m}$，则 $\kappa a - \lambda a = (\kappa - \lambda)a$ 能被 m 除尽. 但 $D(a,m)=1$，(按 §7，定理15) 就是要 $\kappa - \lambda$ 能被 m 除尽. 但是 $|\kappa - \lambda| < m$，因此，若 $\kappa \neq \lambda$，则上面的同余式不可能成立.

因此，以模 m 为准，任一整数必为以下形式中的一个所表示：$km, km+1, km+2, \cdots, km+m-1$，或即 $km, km-1, km-2, \cdots, km-m+1$. 例如，当 $m=2$ 时，我们有这样两个形式：$2k, 2k+1$(或 $2k-1$). 第一个是偶数的形式，第二个是奇数的形式. 当 $m=3$ 时，我们有三个形式 $3k, 3k+1, 3k+2$(或 $3k-1$). 当 $m=4$ 时，我们有四个形式：$4k, 4k+1, 4k+2, 4k+3$(或 $4k-1$)，依此类推.

§33　同余式的基本性质

这些性质不过是对应的可约性定理(见第一章) 的推论罢了.

定理 45　若 $a \equiv b \pmod{m}$，而 m 能被 k 除尽，则 $a \equiv b \pmod{k}$.

定理 46　若 $a \equiv b \pmod{k_1}, a \equiv b \pmod{k_2}, \cdots, a \equiv b \pmod{k_n}$，而 $M(k_1, k_2, \cdots, k_n) = m$，则 $a \equiv b \pmod{m}$.

这个定理可由 §3 定理 8 推得，因为 $a-b$ 是 $k_1, k_2, \cdots, k_n$ 的公倍数.

定理 47　若 $a \equiv b \pmod{m}$，则 $ac \equiv bc \pmod{|mc|}$.

实际上

$$\frac{ac-bc}{mc} = \frac{a-b}{m}$$

推论　若 $a \equiv b \pmod{m}$，则 $ac \equiv bc \pmod{m}$.

由定理 47 及 45 即可推得.

定理 48　具有同一个模的同余式可以边边相加.

证　设 $a \equiv b \pmod{m}, a_1 \equiv b_1 \pmod{m}$，即 $a-b$ 与 $a_1 - b_1$ 都能被 m 除尽. 从而它们的和 $(a-b)+(a_1-b_1)=(a+a_1)-(b+b_1)$ 也能被 m 除尽，因此，$a+a_1 \equiv b+b_1 \pmod{m}$.

这个证明可以直接推广到几个同余式的情形.

推论 1　具有同一个模的同余式可以边边相减.

实际上，从 $a_1 \equiv b_1 \pmod{m}$ 得 $-a_1 \equiv -b_1 \pmod{m}$(参看定理 47 的推论当 $c=-1$ 的情形)，因此，$a-a_1 \equiv b-b_1 \pmod{m}$.

推论 2　同余式的两边可以加上或减去同一个数. 若 $a \equiv b \pmod{m}$，则 $a \pm c \equiv b \pm c \pmod{m}$，因为 $c \equiv c$.

推论 3 同余式也像等式一样,可将一边的项改变符号而移到另一边.

定理 49 具有同一个模的同余式可以边边相乘.

证 设 $a \equiv b \pmod{m}$,$a_1 \equiv b_1 \pmod{m}$,则(由定理 47 的推论)$aa_1 \equiv ba_1$,$ba_1 \equiv bb_1 \pmod{m}$. 由此(根据传递律)$aa_1 \equiv bb_1 \pmod{m}$.

这个证明可以直接推广到几个同余式的情形.

推论 同余式的两边可以自乘同一正整数的次数.

定理 50 若 $ac \equiv bc \pmod{m}$ 且 $D(c,m)=d$,则

$$a \equiv b \left(\bmod \frac{m}{d}\right)$$

证 设 $c=c_1d$,$m=m_1d$,则

$$\frac{ac-bc}{m}=\frac{(a-b)c}{m}=\frac{(a-b)c_1}{m_1}$$

这是整数,即$(a-b)c_1$ 能被 m_1 除尽,而(按 §4,定理 10)c_1 与 m_1 互素,因此(按 §7,定理 15),$a-b$ 能被 m_1 除尽,即 $a \equiv b \pmod{m_1}$.

这个定理的下面两个极端情形是很重要的.

推论 1 若 $d=c$,即 m 能被 c 除尽,则由 $ac \equiv bc \pmod{m}$,推得 $a \equiv b \left(\bmod \frac{m}{c}\right)$. 换句话说,同余式的两边及模可以约去它们的公因数.

推论 2 若 $d=1$,即 m 与 c 互素,则由 $ac \equiv bc \pmod{m}$,得 $a \equiv b \pmod{m}$. 换言之,同余式的两边可以约去它们的公因数,只需这个公因数与模互素. 例如,$24 \equiv 4 \pmod{10}$,但 $6 \not\equiv 1 \pmod{10}$.

注意 由此可见,在乘除的运算范围内同余式并不和等式完全相仿.

从以上的定理及推论可导出下面的普遍定理.

定理 51 设 $f(a,b,c,\cdots)$ 是整数 $a,b,c,\cdots$(常数或变数,已知数或未知数)的具有整系数的整有理函数. 若 $a \equiv a_1$,$b \equiv b_1$,$c \equiv c_1$,$\cdots \pmod{m}$,则

$$f(a,b,c,\cdots) \equiv f(a_1,b_1,c_1,\cdots) \pmod{m}$$

此外,若将同余式的任一边中所含的诸数用对于同样的模与它们同余的任何数来代替,则同余式仍旧成立.(显然,同余式的两边也只可能是整数的整有理函数.)

证 设 $f(a,b,c,\cdots)=\sum Ca^{\alpha}b^{\beta}c^{\gamma}\cdots$,这里 C 是任意整系数. 由定理 49 的推论,我们有

$$a^{\alpha} \equiv a_1^{\alpha},b^{\beta} \equiv b_1^{\beta},c^{\gamma} \equiv c_1^{\gamma},\cdots$$

但依定理 49 本身及定理 47 的推论

$$Ca^{\alpha}b^{\beta}c^{\gamma}\cdots \equiv Ca_1^{\alpha}b_1^{\beta}c_1^{\gamma}\cdots$$

最后，由定理 48 得

$$\sum Ca^{\alpha}b^{\beta}c^{\gamma}\cdots \equiv \sum Ca_1^{\alpha}b_1^{\beta}c_1^{\gamma}\cdots$$

于是证明了定理 51.

由所证的定理知，在同余式中所有已知的常数系数都可以用它们对于所给模的最小剩余——最小正剩余或绝对最小剩余——来代替. 在特殊情形下，所有能被模除尽的数都可以用零来代替. 如果有需要的话，那么同余式中所有的系数全可以把它变成正的.

注意　定理 48 及 49 定义了对所给模 m 的诸类的加法与乘法，因为若数 a 属于类 A，数 b 属于类 B，则 $A+B$ 可以定义为 $a+b$ 所属的那个类. 根据定理 48，这个类是唯一确定的，即与其加数 A 及 B 的代表元 a，b 的选择无关. 正好相仿，类 AB 便定义成数 ab 所属的那个类. 根据定理 49，它也是唯一确定的.

§ 34　某些特殊情形

定理 52　任一奇数的平方对于模 8 来讲是与 1 同余的.

证　任一奇数具有形式 $4k\pm1$. 对模 8 取同余式，有

$$(4k\pm1)^2=16k^2\pm8k+1\equiv1 \pmod 8$$

于是我们的定理得以证明.

定理 53　形如 $4k+3$ 的奇数不可能表示成两个(整数) 平方的和.

证　设 x 及 y 是任意两个整数. 若它们两个同为偶数或者同为奇数，则 x^2+y^2 是偶数. 若它们是一奇一偶，譬如 x 是偶数，而 y 是奇数，则 x^2 能被 4 除尽，即 $x^2\equiv0 \pmod 4$，而按定理 52，$y^2\equiv1 \pmod 8$，也就有 $y^2\equiv1 \pmod 4$. 因此(按定理 48)

$$x^2+y^2\equiv1 \pmod 4$$

由此可见，永远不会有 $x^2+y^2\equiv3 \pmod 4$，于是本定理得以证明.

注意　定理 53 适用于形式为 $4k+3$ 的一切数，特别地，也适用于这样形式的素数. 定理 42 论及形式为 $4k+1$ 的素数(而且仅限于这样的素数)，因此定理 53 补全了定理 42.

§35 函数 $\varphi(m)$[①]

用 $\varphi(m)$ 表示小于所给(正整)数 m 并与 m 互素的(正整)数的个数. 此外,额外地定义 $\varphi(1)=1$. 还可以把这个函数 $\varphi(m)$ 定义成:它是与 m 互素的数就模 m 分成类的个数;或者定义成:模 m 的任一完全剩余组中与 m 互素的个数[②].

我们来导出计算函数 $\varphi(m)$ 的公式.

若 $m=p$ 是一个素数,则显然所有大于 0 而小于 p 的整数都与 p 互素,因此

$$\varphi(p)=p-1 \tag{69}$$

若 $m=p^\alpha$ 是一个素数的乘方,则在大于 0 而小于 p^α 的诸数中能被 p 除尽的只有以下这些:$p,2p,3p,\cdots,(p^{\alpha-1}-1)p$,它们的个数是 $p^{\alpha-1}-1$. 所有其余大于 0 而小于 p^α 的数全部不能被 p 除尽,从而全部与 p^α 互素. 因此

$$\varphi(p^\alpha)=(p^\alpha-1)-(p^{\alpha-1}-1)=p^\alpha-p^{\alpha-1}=$$

$$p^{\alpha-1}(p-1)=p^\alpha\left(1-\frac{1}{p}\right) \tag{70}$$

下面这个辅助定理对于进一步的推导是不可缺少的.

定理 54 若变数 x 遍历模 a 的完全剩余组,而变数 y 遍历模 b 的完全剩余组,且 a 与 b 互素,则 $z=ay+bx$ 遍历模 ab 的完全剩余组. 当且仅当 x 与 a 互素而 y 与 b 互素时,z 与 ab 互素.

证 x 取 a 个值,y 取 b 个值,把 x 的每一个值与 y 的每一个值联合起来,我们得到 ab 个 z 的值. 我们证明在这些 z 值中任意两个对于模 ab 互不同余. 设

$$z_1=ay_1+bx_1,z_2=ay_2+bx_2$$

并设

$$ay_1+bx_1\equiv ay_2+bx_2 \pmod{ab}$$

那么(按定理 45)

$$ay_1+bx_1\equiv ay_2+bx_2 \pmod a$$

$$ay_1+bx_1\equiv ay_2+bx_2 \pmod b$$

由此(按定理 51)

$$bx_1\equiv bx_2 \pmod a,ay_1\equiv ay_2 \pmod b$$

再根据定理 50 的推论 2

$$x_1\equiv x_2 \pmod a,y_1\equiv y_2 \pmod b$$

---

① 欧拉曾引入并研究了这个函数.

② 不难看出,就模 m 所分成的这一类中所有的数与 m 有同一个最大公约数.

但是 x_1 及 x_2 是模 a 的完全剩余组中的数.若 x_1 与 x_2 是不同的数,则它们对于模 a 不同余,所以 $x_1=x_2$.相仿地,我们得到 $y_1=y_2$,也就有 $z_1=z_2$.由此证明了本定理的第一部分.

设 $z=ay+bx$ 与 ab 互素,从而与 a 互素且与 b 互素,因此 $z-ay=bx$ 与 a 互素,也就有 x 与 a 互素.相仿地,$z-bx=ay$ 与 b 互素,也就有 y 与 b 互素.

现在反过来设 x 与 a 互素,而 y 与 b 互素,则显然 z 与 a 互素,又与 b 互素,因此也与 ab 互素(根据 §7,定理16的推论1).由此证明了定理54的第二部分.

但是在模 a 的完全剩余组中有 $\varphi(a)$ 个与 a 互素的 x 值,而在模 b 的完全剩余组中有 $\varphi(b)$ 个与 b 互素的 y 值.因此,总共有 $\varphi(a)\varphi(b)$ 个与 ab 互素的 z 值.但既然全部 z 值构成模 ab 的完全剩余组,则有下面的推论.

推论1 若 $D(a,b)=1$,则 $\varphi(ab)=\varphi(a)\varphi(b)$.这个推论可以直接推广到几个因数的情形,只要这几个因数两两互素(根据 §7,定理16的推论1).因为设 a 既与 b 互素又与 c 互素,则 a 也与 bc 互素,由此

$$\varphi(abc)=\varphi(a)\varphi(bc)$$

设 b 与 c 互素,所以

$$\varphi(bc)=\varphi(b)\varphi(c)$$

因此

$$\varphi(abc)=\varphi(a)\varphi(b)\varphi(c)$$

依此类推.

若所给的数 m 已经分解成素因数的乘积,$m=p^{\alpha}q^{\beta}r^{\gamma}\cdots$,则 $p^{\alpha},q^{\beta},r^{\gamma},\cdots$ 两两互素.因此

$$\varphi(m)=\varphi(p^{\alpha})\varphi(q^{\beta})\varphi(r^{\gamma})\cdots$$

应用公式(70),我们即得下面的推论.

推论2 对于任意整数 $m>0$,我们有

$$\varphi(m)=p^{\alpha-1}(p-1)q^{\beta-1}(q-1)r^{\gamma-1}(r-1)\cdots=m\left(1-\frac{1}{p}\right)\left(1-\frac{1}{q}\right)\left(1-\frac{1}{r}\right)\cdots \tag{71}$$

例如,$60=2^2\times 3\times 5$,故有

$$\varphi(60)=60\times\left(1-\frac{1}{2}\right)\left(1-\frac{1}{3}\right)\left(1-\frac{1}{4}\right)=60\times\frac{1}{2}\times\frac{2}{3}\times\frac{4}{5}=16$$

注意 除 $m=1$ 及 $m=2$ 的情形以外,$\varphi(m)$ 总是偶数.

由 §16 的公式(14),数 m 的任何约数必有形式

$$d=p^{\kappa}q^{\lambda}r^{\mu}\cdots$$

这里 κ 可以有 $0,1,2,\cdots,\alpha$ 诸值;λ 可以有 $0,1,2,\cdots,\beta$ 诸值;依此类推.我们来做这样的乘积

$$[1+\varphi(p)+\varphi(p^2)+\cdots+\varphi(p^\alpha)]\cdot$$
$$[1+\varphi(q)+\varphi(q^2)+\cdots+\varphi(q^\beta)]\cdots \tag{72}$$

按照通常多项式的乘法规则把这些和连乘起来,便得

$$\sum_{\kappa,\lambda,\mu,\cdots}\varphi(p^\kappa)\varphi(q^\lambda)\varphi(r^\mu)\cdots=\sum_{\kappa,\lambda,\mu,\cdots}\varphi(p^\kappa q^\lambda r^\mu\cdots)=\sum_d\varphi(d)$$

这里就数 m 的所有约数 d 求和.

另一方面,我们有

$$1+\varphi(p)+\varphi(p^2)+\cdots+\varphi(p^\alpha)=$$
$$1+p-1+p^2-p+\cdots+p^\alpha-p^{\alpha-1}=p^\alpha$$

同样有

$$1+\varphi(q)+\varphi(q^2)+\cdots+\varphi(q^\beta)=q^\beta$$

等等.

由此可知表达式(72)有值

$$p^\alpha q^\beta r^\gamma\cdots=m$$

因而有下面的定理.

定理 55 若 d 遍历所给数 $m>0$ 的所有约数,则

$$\sum_d\varphi(d)=m \tag{73}$$

这便是高斯公式.

§ 36 麦比乌斯函数,戴德金与刘维尔的公式

我们再来定义一个数论函数——所谓麦比乌斯(Möbius)函数——如下:$\mu(1)=\mu_1=1$. 若 $m=p^\alpha q^\beta r^\gamma\cdots$ 是分 m 成素因数乘积的分解式,而指数 $\alpha,\beta,\gamma,\cdots$ 中至少有一个大于1(即若 m 能被某一个大于1的平方数除尽),则 $\mu(m)=0$. 如果$m=p_1p_2\cdots p_\rho$,这里 $p_1,p_2,\cdots,p_\rho$ 是全不相同的素数,那么 $\mu(m)=\mu_m=(-1)^\rho$.

因此,若 $m=p^\alpha q^\beta r^\gamma\cdots$,而 ρ 是不同素数 $p,q,r,\cdots$ 的个数,则我们即得(若 d 遍历数 m 的所有约数)

$$\sum_d\mu_d=\mu_1+(\mu_p+\mu_q+\mu_r+\cdots)+(\mu_{pq}+\mu_{pr}+\mu_{qr}+\cdots)+(\mu_{pqr}+\cdots)+\cdots=$$
$$1-\rho+\binom{\rho}{2}-\binom{\rho}{3}+\cdots=(1-1)^\rho=0$$

只有当 $m=1$ 时

$$\sum_d \mu_d = \mu_m = \mu_1 = 1$$

因而有下面的定理.

定理 56 对于任何大于 1 的整数 m，$\sum_d \mu_d = 0$. 当 $m=1$ 时，$\sum_d \mu_d = 1$(d 遍历数 m 的所有约数).

现在我们来导出一个关于数论函数的一般公式，即所谓戴德金(Dedekind)与刘维尔(Liouville)的“转化公式”.

设 $\Phi(m)$ 是任一算术函数，我们用下式来定义另一个数论函数 $F(m)$，即

$$F(m) = \sum_d \Phi(d) \tag{74}$$

这里 d 遍历数 m 的所有约数.

设 d 是数 m 的任一约数，我们对于数 $\frac{m}{d}$ 写出公式(74)，即

$$F\left(\frac{m}{d}\right) = \sum_\delta \Phi(\delta) \tag{75}$$

这里 δ 遍历数 $\frac{m}{d}$ 的所有约数，以 μ_d 乘式(75)的两边并对于数 m 的所有约数 d 求和，我们得

$$\sum_d \mu_d F\left(\frac{m}{d}\right) = \sum_d \sum_\delta \mu_d \Phi(\delta) \tag{76}$$

这里 d 及 δ 是数 m 的约数且使 $\frac{m}{d\delta}$ 为整数，即 d 可以看成数 $\frac{m}{\delta}$ 的约数. 在式(76)的右边先就 d 求和，然后就 δ 求和，即得

$$\sum_\delta \sum_d \mu_d \Phi(\delta) = \sum_\delta \left[\Phi(\delta) \sum_d \mu_d\right] \tag{77}$$

但是根据定理 56，除了 $\frac{m}{\delta}=1$ 即 $\delta=m$ 的情形，$\sum_d \mu_d = 0$. 因此，在式(77)的右边外层求和实际只有一项不等于零，即当 $\delta=m$ 时，这一项等于 $\Phi(m)$. 故由式(76)及式(77)，我们有

$$\Phi(m) = \sum_d \mu_d F\left(\frac{m}{d}\right) \tag{78}$$

定理 57 若数论函数 $F(m)$ 借公式(74)被 $\Phi(m)$ 所确定，那么反过来，函数 $\Phi(m)$ 便借公式(78)被 $F(m)$ 所唯一确定.

公式(78)就是戴德金－刘维尔公式.

通常记作：$F(m) = \int \Phi(m)$，$\Phi(m) = DF(m)$. $F(m)$ 称为 $\Phi(m)$ 对于约数所取的数值积分，$\Phi(m)$ 称为 $F(m)$ 的数值导数.

例 1 若 $\Phi(m)=m$，则 $F(m)=S(m)$（§17）；若 $\Phi(m)=1$，则 $F(m)=\tau(m)$（§16）.

例 2 若 $F(m)=m=p^{\alpha}q^{\beta}r^{\gamma}\cdots$，则按公式(78)知

$$\Phi(m)=\sum_{d}\mu_d\frac{m}{d}=m-\frac{m}{p}-\frac{m}{q}-\frac{m}{r}-\cdots+\frac{m}{pq}+\frac{m}{pr}+\frac{m}{qr}+\cdots-\frac{m}{pqr}-\cdots=$$
$$m\left(1-\frac{1}{p}\right)\left(1-\frac{1}{q}\right)\left(1-\frac{1}{r}\right)\cdots=\varphi(m)$$

（根据 §35，式(71)）.

由此我们又导出了高斯公式（§35，定理 55）.

§37 费马－欧拉定理

设 m 是所给的模，而数 a 与 m 互素. 我们记 $\varphi(m)=\mu$. 与 m 互素的数刚好有 μ 类，设 $a_1,a_2,\cdots,a_\mu$ 是各类的代表数. 取乘积

$$a_1a,a_2a,\cdots,a_\mu a \tag{79}$$

这些乘积仍然全部与 m 互素（参看 §7，定理 16 的推论 1），并且其中任意两个对于模 m 都不同余，因为由 $a_\kappa a\equiv a_\lambda a$ 即得（参看 §33，定理 50 的推论 2）$a_\kappa\equiv a_\lambda\pmod m$，但 $a_1,a_2,\cdots,a_\mu$ 这些数对于模 m 并不同余. 因此，式(79) 中那些数也是与 m 互素的各类数的代表数，意即其中每一数必与 $a_1,a_2,\cdots,a_\mu$ 这些数中的一个同余，而且只与一个同余. 因此，我们有模 m 的同余式 μ 个

$$a_1a\equiv a_\alpha,a_2a\equiv a_\beta,\cdots,a_\mu a\equiv a_\theta$$

这里 $a_\alpha,a_\beta,\cdots,a_\theta$ 就是全部 $a_1,a_2,\cdots,a_\mu$ 这些数，仅仅次序有所改变罢了. 将所有这些同余式连乘（根据 §33，定理 49），即得

$$a_1a_2\cdots a_\mu a^\mu\equiv a_\alpha a_\beta\cdots a_\theta\pmod m \tag{80}$$

但是 $a_\alpha a_\beta\cdots a_\theta=a_1a_2\cdots a_\mu$（因为乘积不因改排因数的次序而变），并且可以用这个乘积去约同余式(80) 的两边（根据 §33，定理50 的推论 2），（重新将 μ 改写为 $\varphi(m)$）而得下面的定理.

定理 58 若 a 与 m 互素，则

$$a^{\varphi(m)}\equiv 1\pmod m \tag{81}$$

特殊情形 若 p 是一个素数，且 a 不能被 p 除尽，则因为 $\varphi(p)=p-1$，所以

$$a^{p-1}\equiv 1\pmod p \tag{82}$$

费马(Fermat) 在 17 世纪时发现了这个特殊情形；欧拉（在 18 世纪时）证明

并推广了它.因此这个一般的定理58就叫作费马－欧拉定理.

例1　设 $m=7$,则有

$$2^6=64\equiv 1\ (\bmod 7),3^6=729\equiv 1\ (\bmod 7)$$

例2　设 $m=12,\varphi(12)=4$,故有

$$5^4=625\equiv 1\ (\bmod 12),7^4=2\ 401\equiv 1\ (\bmod 12)$$

费马－欧拉定理的别证　设 a 是与 m 互素的数,我们取 a 之乘幂的一个序列:$a,a^2,a^3,\cdots$.它们有无数个,并且全部与 m 互素.但是因为与 m 互素的数总共只有 $\varphi(m)$ 类,所以 a 的乘幂对于模 m 不可能全不同余.设 $a^\kappa\equiv a^\lambda(\bmod m)$ 且 $\kappa>\lambda$;在这种情形下,这个同余式可以约去 a^λ(§33,定理50的推论2),而得

$$a^{\kappa-\lambda}\equiv 1\ (\bmod m)$$

因此,在 a 的乘幂中有对模 m 与1同余的数,设 n 是适合

$$a^n\equiv 1\ (\bmod m)$$

的最小正方次数,则数 n 称为 a 对于模 m 所属的方次数.若还有 $a^{n_1}\equiv 1\ (\bmod m)$,$n_1>n$,以 n 除 n_1,得(§1,定理1)

$$n_1=nq+r\quad(0\leqslant r<n)$$

因此

$$1\equiv a^{n_1}=a^{nq+r}=a^{nq}\cdot a^r\equiv a^r(\bmod m)$$

即

$$a^r\equiv 1\ (\bmod m)$$

但 $r<n$,而 n 是适合 $a^n\equiv 1\ (\bmod m)$ 的最小正方次数,也就是说 $r=0$,即 n_1 能被 n 除尽.

现在设 $a^\kappa\equiv a^\lambda(\bmod m),\kappa>\lambda$,则

$$a^{\kappa-\lambda}\equiv 1\ (\bmod m)$$

因此,$\kappa-\lambda$ 能被 n 除尽,即 $\kappa\equiv\lambda\ (\bmod n)$.

显然反过来也对.若 $\kappa-\lambda$ 能被 n 除尽,则 $a^{\kappa-\lambda}\equiv 1\ (\bmod m)$,以 a^λ 乘这个同余式的两边,得

$$a^\kappa\equiv a^\lambda(\bmod m)$$

因而有下面的定理.

定理59　对于与 m 互素的任一个数 a,一定能找到一个自然数 n(即 a 对于模 m 所属的方次数),使(1)$a^n\equiv 1\ (\bmod m)$;(2) 当且仅当 $\kappa\equiv\lambda\ (\bmod n)$ 时,$a^\kappa\equiv a^\lambda(\bmod m)$.

因为当 $0\leqslant\kappa<n,0\leqslant\lambda<n,\kappa\neq\lambda$ 时,$\kappa-\lambda$ 不能被 n 除尽,所以序列

$$a^0=1,a,a^2,a^3,\cdots,a^{n-1}\tag{83}$$

中任意两个乘幂对于模 m 互不同余(或者说,式(83)的乘幂对于模 m 全是相异的).因此式(83)的诸乘幂是与 m 互素并且对于模 m 是相异的类的代表数.若

$n=\varphi(m)$，则定理 58 即已证明.

如果 $n<\varphi(m)$，那么就是说还有一个与 m 互素并且与式(83) 的任一乘幂都不同余的数 b 存在. 我们取乘积

$$b, ba, ba^2, \cdots, ba^{n-1} \tag{84}$$

来看，它们都与 m 互素并且对于模 m 全是相异的，因为若 $ba^\kappa \equiv ba^\lambda \pmod m$，则(§33，定理 50 的推论 2) $a^\kappa \equiv a^\lambda \pmod m$，而这是不可能的. 倘若

$$ba^\kappa \equiv a^\lambda \pmod m$$

则当 $\lambda>\kappa$ 时推出 $b\equiv a^{\lambda-\kappa} \pmod m$，而当 $\lambda<\kappa$ 时便得(以 $a^{n-\kappa}$ 来乘) $b\equiv a^{n+\lambda-\kappa} \pmod m$，可是 b 是与 a 的任何乘幂都不同余的数，因此式(84) 的任一乘积都不与式(83) 的乘幂同余.

由此可见，式(83) 与式(84) 的诸数是与 m 互素并且对于模 m 是相异的类的代表数. 因此，$\varphi(m)\geqslant 2n$. 若 $\varphi(m)=2n$，则因 $a^{\varphi(m)}=a^{2n}\equiv 1 \pmod m$，故定理 58 即已证明. 如果 $\varphi(m)>2n$，那么至少还有另外一类与 m 互素的数存在.

设 c 是这一类中的数，则我们取乘积

$$c, ca, ca^2, \cdots, ca^{n-1} \tag{85}$$

来看，证明这几个数代表新的 n 类与 m 互素的数，因而，$\varphi(m)\geqslant 3n$.

对于这种情形须证：(1) 式(85) 的诸数对于模 m 是全相异的；(2) 式(85) 的诸数与式(83) 的诸数不同余；(3) 式(85) 的诸数与式(84) 的诸数不同余. (1) 及(2) 的证明和序列式(84) 的证明一样. 现在来证(3). 设

$$ca^\kappa \equiv ba^\lambda \pmod m$$

则当 $\lambda>\kappa$ 时，得 $c\equiv ba^{\lambda-\kappa} \pmod m$，而当 $\lambda<\kappa$ 时，$c\equiv ba^{n+\lambda-\kappa} \pmod m$. 这两种情形都得到 c 与式(84) 中的一个数同余，但这是不对的. 这便证明了(3).

以下依此类推.

当 $kn<\varphi(m)$ 时，即得 $(k+1)n\leqslant\varphi(m)$. 但是，因为所有这些数都是整数而且 $\varphi(m)$ 是有限的，所以这个步骤一定是有限的. 如果对于某一自然数 k 有 $\varphi(m)=kn$，则定理 58 即已证明.

从上面的论证得到定理 59 的补充如下：

a 对于模 m 所属的方次数必为数 $\varphi(m)$ 的约数.

定理 58 的推论　若 p 是素数，而 a 是任意整数，则

$$a^p \equiv a \pmod p \tag{86}$$

因为当 a 不能被 p 除尽时，我们以 a 乘式(82) 的两边即得式(86). 如果 a 能被 p 除尽，那么同余式(86) 的两边对于模 p 都是与零同余的，所以更是显然成立的.

注意　反过来，当 a 不能被 p 除尽时，从式(86) 即得式(82).

§ 38　绝对同余式与条件同余式

如果在同余式中含有一些没有确定的量(文字),那么和等式相仿,可能有两种情形:

(1) 有的同余式对于它所含诸文字的一切(整)数值都能成立,这些文字是变数.这种情形对应于恒等式①.

(2) 有的同余式仅仅对于它所含诸文字的某些一定的值才能成立,这些值是要去求出来的,这些文字是未知数.这种情形对应于方程式,这样的同余式叫作条件同余式.

但是这里所讲的同余式也有和等式不同的地方:第一,这里的同余式除两边外还有一个模,这个模也可能是未知数.不过在下文中我们并不研究这种模是未知数的同余式罢了.第二,对于模 m 来说总共只有 m 个相异的数,即 m 个相异的类.因此,要去求所给同余式全部的解,只需将每个未知数赋予 m 个相异的值,即只需进行有限次试验就行了,因为由(§ 33)定理 51 可见:数 a 以及对于所给模与 a 同余的数,不是一起都满足我们的同余式,就是一起都不满足它.

同余式的两边都是具有整系数的整有理函数.我们若在同余式中将所有的项都移到左边,也就是使右边成为零,则得下面这样形式的同余式

$$f(x,y,z,\cdots)\equiv 0 \pmod{m} \tag{87}$$

这里 $f(x,y,z,\cdots)$ 是 $x,y,z,\cdots$ 的具有整系数的整有理函数.但是这里和等式有些不同:若等式 $f(x,y,z,\cdots)=0$ 是恒等式,即对 $x,y,z,\cdots$ 的所有值都成立,则左边的系数全部应该等于零;反过来显然也对.而在同余式(87)中,自然,若左边的系数全部能被 m 除尽,则变数 $x,y,z,\cdots$ 的任何整数值都满足这个同余式.然而反过来却不对,从下面这个例子就可以知道:我们已经看出 a 的任何整数值都满足同余式(86),而这个同余式不就是 $a^p-a\equiv 0 \pmod{p}$ 这种形式吗?在它左边系数 1 和 -1 却都不能被 p 除尽.

以后我们只把形如式(87)而其中左边所有系数都能被 m 除尽的这种同余式认为是绝对同余式.因此,也有这样的同余式存在:虽为变数的任意(整)数值所满足,但它并非绝对同余式.

条件同余式有含一个未知数的,有含两个未知数的,有含三个未知数的,等等(经过全部简化以后).条件同余式中未知数的最高次数称为同余式的次数.

---

① 这样的同余式叫作绝对同余式.—— 译者注

同余式的解叫作它的根.

如上所述,同余式的根也由所给的模 m 而定,即若已知一根为 x_0,则 x_0 所属那一类中全体的数也是同一个同余式的根.而这些根我们并不认为与 x_0 有什么两样;换句话说,我们把代表数为 x_0 的整个一类看成是一个根.因此,假如我们说 x_1 与 x_2 是所给同余式(对于模 m)的相异的两个根,那么也就是指 x_1 与 x_2 对于模 m 来说是互不同余的.

§39　一次同余式

这种同余式的一般形式是

$$ax \equiv b \pmod{m} \tag{88}$$

这里 a 及 b 是已知的(整)系数.

我们先来研究当 $D(a,m)=1$ 时的情形.在这种情形下,若 x 遍历模 m 的完全剩余组,则 ax 也遍历模 m 的完全剩余组,因为从同余式 $ax_\kappa \equiv ax_\lambda \pmod{m}$ 即得(§33,定理50的推论2):$x_\kappa \equiv x_\lambda \pmod{m}$.一定有某一个唯一的 $x=x_0$ 使这个完全剩余组中的剩余 ax_0 与 b 属于同一个类,即 $ax_0 \equiv b \pmod{m}$,而这个解 $x \equiv x_0 \pmod{m}$ 是唯一的.

现在设 $D(a,m)=d>1$.若 $ax-b=my$(即能被 m 除尽),则 b 应当被 d 除尽.因此,若 b 不能被 d 除尽,则同余式(88)没有解.设 b 能被 d 除尽,即 $b=db_1$;再记 $a=da_1$,$m=dm_1$,则(按 §33,定理50的推论1)同余式(88)与同余式

$$a_1x \equiv b_1 \pmod{m_1} \tag{89}$$

等价(即被未知数的同样的值所满足).

在这里 $D(a_1,m_1)=1$(按 §4,定理10),所以同余式(89)有一个而且只有一个对于模 m_1 的解:$x \equiv x_0 \pmod{m_1}$ 或 $x=x_0+km_1$,这里 k 是任意整数.这些 x 的值也全部适合同余式(88),只不过在这里我们是对于模 m 来考虑它们罢了.

容易看出,当 $k=0,1,2,\cdots,d-1$ 时我们得到这些对于模 m 为相异的解

$$x_0, x_0+\frac{m}{d}, x_0+2\frac{m}{d}, \cdots, x_0+(d-1)\frac{m}{d} \tag{90}$$

其实对于 k 的所有其他(整)数值,诸数 $x_0+km_1=x_0+k\frac{m}{d}$ 对于模 m 必定全部与式(90)的诸数同余.因此,在这种情形下同余式(88)有 d 个解.

定理60　形如式(88)的一次同余式,当且仅当 b 能被 $d=D(a,m)$ 除尽时

有解，而在这种情形恰恰有 d 个解. 当 $d=1$ 时同余式(88) 恒有并且仅有一个解.

讲到同余式的实际解法，我们注意：虽然用有限次实验总是可以找到所有的解，但是对于很大的模 m，这个方法实际上冗繁不堪. 我们来讲两个比较简捷的解法.

(1) 同余式(88) 不过是换一种方式表示的具有两个未知数的一次方程式：$ax-b=my$，或即

$$ax-my=b$$

我们已经知道如何借欧几里得算法或连分数来求这个方程的整数解(§28). 我们也知道：若 x_0 是一个特殊解，则一般解是 $x=x_0+k\frac{m}{d}$，这里 $d=D(a,m)$. 这就是说，我们又得到公式(90).

例 1 解同余式

$$58x\equiv 87 \pmod{47}$$

先将诸系数用它们对于模 47 的最小正剩余来代替

$$11x\equiv 40 \pmod{47}$$

然后解同余式 $11x'\equiv 1 \pmod{47}$. 为此按 §28 的法则，我们运用欧几里得算法于两数 47 及 11，有

$$\begin{aligned}47:\underline{11}&=4\\11:\underline{3}&=3\\3:\underline{2}&=1\\2:1&=2\end{aligned}$$

所得的商，除最后一个外，都写在欧拉括号内，我们就算出欧拉括号[1,3,4]

	1	3	4
1	1	4	17

显然，$|x'|=17$. 为了确定 x' 的符号，我们来求乘积 11×17 与 47×4 的末位数字，它们是 7 与 8. 而应有 $11x'-47y'=1$，因此 $x'=-17$，$y'=-4$(y' 的值对于我们并非必需的). 要求 x，便应该用所得同余式的右边，即用 40 来乘 x，我们得到 $x=-680$，或者更正规地写成 $x\equiv-680 \pmod{47}$. 我们依模 47 来把 -680"简约"(即去求最小正剩余或绝对最小剩余)，即得

$$x\equiv 25 \pmod{47}$$

在同余式的右边把 40 用其对于模 47 的绝对最小剩余即 -7 来代替也许更好，我们就求得

$$x=(-17)(-7)=119\equiv 25 \pmod{47}$$

这个解是唯一的.

例 2 $78x \equiv 57 \pmod{93}$,这里 $D(78,93)=3$,57 能被 3 除尽,所以有解.

用 3 来约,我们便得

$$26x \equiv 19 \pmod{31}$$

先解同余式

$$26x' \equiv 1 \pmod{31}$$

我们有

$$\underline{31} : 26 = 1$$

$$\underline{26} : 5 = 5$$

$$5 : 1 = 5$$

$$\begin{array}{ccc} & 5 & 1 \\ \hline 1 & 5 & 6 \end{array}$$

$|x'|=6$. 乘积 26×6 的末位数字是 6,而乘积 31×5 的末位数字是 5,因此,$x'=6$. 因此

$$x = 6\times 19 = 114 \equiv -10 \pmod{31}$$

对于 93 这个模,我们有三个不同的解

$$x_1 \equiv -10 \pmod{93},x_2 \equiv 21 \pmod{93},x_3 \equiv 52 \pmod{93}$$

(2)(欧拉法) 设同余式(88) 中 a 与 m 互素,则按定理 58(费马—欧拉定理)

$$a^{\varphi(m)} = a\cdot a^{\varphi(m)-1} \equiv 1 \pmod{m}$$

$$a(a^{\varphi(m)-1}\cdot b) \equiv b \pmod{m}$$

因此

$$x \equiv a^{\varphi(m)-1}\cdot b \tag{89}$$

(当 $D(a,m)=1$ 时) 式(91) 是同余式(88) 的解.

这个方法的缺点在于当 $\varphi(m)$ 很大时就必须把 a 自乘很大的方次数 $\varphi(m)-1$. 如果"对于所给的模"来自乘,即如例题中所指出的,同时依模来简约所得结果,则计算得以化简.

例 3 $11x \equiv 15 \pmod{24}$,这里 $D(11,24)=1$. 求得 $\varphi(24)=8$,应求 11^7?我们将不写等式而写对于模 24 的同余式. 求得 $11^2=121\equiv 1$,因此,$11^4\equiv 1$,$11^6\equiv 1$,$11^7\equiv 11$. 更进一层:$11\times 15=165\equiv -3$,因此 $x\equiv -3 \pmod{24}$.

例 4 $196x \equiv 77 \pmod{91}$. 依模 91 来简约 $14x \equiv 77 \pmod{91}$. 这里 $D(14,91)=7$. 用 7 来约 $2x\equiv 11 \pmod{13}$;$\varphi(13)=12$. 我们有(对于模 13):$2^2=4$,$2^4=16\equiv 3$,$2^8\equiv 9$,$2^{11}=2^8\times 2^2\times 2\equiv 9\times 4\times 2=72\equiv 7$;$7\times 11=77\equiv -1$. 因此,对于模 91,我们得到七个解:$-1,12,25,38,51,64,77$.

注意 在同余式 $2x\equiv 11 \pmod{13}$ 中把 11 改写成最小负剩余 -2 也许更为简单,用 2 来简约立刻就得到 $x\equiv -1 \pmod{13}$.

一般言之，当系数与模不太大时，常常可应用 §33 中所导出的同余式的基本性质，而以初等方法来解所给的同余式. 我们来举例说明它.

例 5 $39x \equiv 19 \pmod{53}$. 取最小负剩余；$-14x \equiv -34 \pmod{53}$. 用 -2 来简约 $7x \equiv 17 \equiv 17+53=70 \pmod{53}$；用 7 来简约 $x \equiv 10 \pmod{53}$. 这便是所求的解.

§40 威尔逊定理

设模 p 是大于 3 的素数. 当 a 不能被 p 除尽时，同余式

$$ax \equiv 1 \pmod{p}$$

有一个而且只有一个解 $x \equiv b \pmod{p}$. 因此

$$ab \equiv 1 \pmod{p} \tag{92}$$

数 a 及 b 可以在 $1,2,3,\cdots,p-1$ 这一序列中取值，因此这一序列中每一个数 a 都对应同一序列中一个确定的使同余式(92) 成立的数 b.

我们看看能否有 $b=a$ 的情形. 这时我们就会有

$$a^2 \equiv 1 \pmod{p}$$

即
$$a^2-1=(a-1)(a+1) \equiv 0 \pmod{p}$$

因此(按 §10 定理 19)，$a-1$ 与 $a+1$ 两因子中必有一个能被 p 除尽(这两个因子不可能一起被 p 除尽，因为它们的差等于2—— 不能被 p 除尽). 因此，或者有 $a \equiv 1 \pmod{p}$，或者有 $a \equiv -1 \pmod{p}$，即 $a=1$ 或 $a=p-1$. 在其他一切情形，即当 $a=2,3,\cdots,p-2$ 时，总有 $b \neq a$ 而 b 仍然是同一序列中的数. 也就是 $2,3,\cdots,p-2$ 这些数全体按照适合 $ab \equiv 1 \pmod{p}$ 的两数 a 及 b 这样成对地配搭起来，一共有 $\frac{p-3}{2}$ 对. 把这 $\frac{p-3}{2}$ 个同余式(92) 边边连乘，我们就得到

$$2 \times 3 \times \cdots \times (p-2) \equiv 1 \pmod{p}$$

此外我们有

$$p-1 \equiv -1 \pmod{p}$$

把这两个同余式边边相乘，即得

$$(p-1)! \equiv -1 \pmod{p} \tag{93}$$

这个公式就表示威尔逊定理.

虽然我们假设 $p>3$，但是不难看到，纵使 $p=2$ 或 $p=3$，公式(93) 也是正确的

$$1! \equiv -1 \pmod{2},\quad 2! \equiv -1 \pmod{3}$$

若 p 不是素数,则公式(93)就不能成立,因为在这种情形下$(p-1)!$与 p 有公因数大于 1,从而$(p-1)!+1$不能被 p 除尽.

定理 61 当且仅当 p 是素数时$(p-1)!+1$能被 p 除尽.

因此,公式(93)说明了素数的特性,利用它就可能识别一个所给的数是不是素数.但是可惜的是这个方法根本不实用,因为即使对于不怎样大的 p,乘积$(p-1)!$也是很大的数.

§41 小　　数

设所给的是一个真分数$\frac{a}{b}$,a 及 b 是互素的正整数.我们先设 b 与 10 互素.为了把这个分数化成小数,我们用 b 除 $10a$,得

$$10a=ba_1+r_1 \quad (0<r_1<b)$$

其次用 b 除 $10r_1$,得

$$10r_1=ba_2+r_2 \quad (0<r_2<b)$$

再次用 b 除 $10r_2$,得

$$10r_2=ba_3+r_3 \quad (0<r_3<b)$$

$$\vdots$$

$$10r_{m-1}=ba_m+r_m \quad (0<r_m<b)$$

因为 $10r_{m-1}$ 与 b 互素,所以无论哪一个余数 r_m 都不等于零.由

$$\frac{a}{b}=\frac{a_1}{10}+\frac{r_1}{10b}$$

$$\frac{r_1}{b}=\frac{a_2}{10}+\frac{r_2}{10b}$$

$$\vdots$$

$$\frac{r_{m-1}}{b}=\frac{a_m}{10}+\frac{r_m}{10b}$$

得

$$\frac{a}{b}=\frac{a_1}{10}+\frac{a_2}{10^2}+\cdots+\frac{a_m}{10^m}+\frac{r_m}{10^m b} \tag{94}$$

$$\lim_{m\to\infty}\frac{r_m}{10^m b}=0$$

因此,当 $m\to\infty$ 时级数(94)是收敛的.以 $10^m b$ 乘式(94)的两边并将最后一项移到左边,便得

$$10^m a - r_m = (a_1 10^{m-1} + a_2 10^{m-2} + \cdots + a_m) b \tag{95}$$

直到这里为止m是任意自然数.现在使m是10对于模b所属的方次数(§37,定理59),则$10^m \equiv 1 \pmod{b}$,同时将式(95)写成模b的同余式,即得

$$a - r_m \equiv 0 \pmod{b}$$

但a及r_m都是小于b的正整数,故$a=r_m$.从而,继续除下去的时候,我们便会发现$r_1=r_{m+1}, r_2=r_{m+2}, \cdots$,也就是$a_1=a_{m+1}, a_2=a_{m+2}, \cdots$,即小数$0.a_1a_2a_3\cdots$[①]是具有循环节$a_1a_2\cdots a_m$的循环小数.我们来证明这个循环节是最短的[②].

设最短的循环节有m'位,以m'代换m,即可写出式(95)

$$10^{m'} a - r_{m'} = (a_1 10^{m'-1} + a_2 10^{m'-2} + \cdots + a_{m'}) b$$

但这里$r_{m'}=a$,因此

$$(10^{m'} - 1) a \equiv 0 \pmod{b}$$

因为$D(a,b)=1$,所以(按定理15)

$$10^{m'} \equiv 1 \pmod{b}$$

因此(§37,定理59)m'能被m除尽.可是$m' \leqslant m$,意即$m'=m$,就是说我们所求到的循环节是最短的.

我们看出,m只与所给分数的分母有关(当然也与记数法的底数,即数10有关).若b已知,要找m,就必须以b除$10-1=9$,$100-1=99$,$1\,000-1=999$,等等,直到除尽无余为止(而当$D(b,10)=1$时我们一定有除尽的时候).在除尽了的这一次除法中,9的个数就等于所求的数m.实际上,我们首先写几个9,使所成的数大于b,然后像小数一样施行除法,不过在每次所得余数的后边不是附添0而是附添9罢了.

例1　$b=37$

$$\begin{array}{r|l} 99 & 37 \\ \underline{74} & \overline{027} \\ 259 & \\ \underline{259} & \end{array}$$

在商数中(连0也算在内,它对应于第一个9)有三位数字,因此,$m=3$.

---

① 容易看出,$a_1, a_2, a_3, \cdots$全是些"数字",即全是些单个的数;这一点由$b>a, b>r_1, b>r_2, \cdots$就可推得.

② 例如,循环小数0.(47)也可以表示成0.(4747)或0.(474747),等等.在这里4747与474747都是循环节,但不是最短的,而最短的循环节在这里是47.

例 2　$b=13$

```
99 |13
91 |076923
 89
 78
119
117
  29
  26
   39
   39
```

因此,$m=6$.

若$\frac{a}{b}$是假分数,即$a>b$,则必须首先从它分出整数部分.

现在设分数仍然是不可约分数,但b与10不互素,即b有因数2或5,或既有因数2又有因数5.设$b=2^{\alpha}\times 5^{\beta}\times b_1$,这里$D(b_1,10)=1$.我们用$\gamma$表示两数$\alpha,\beta$中较大的,并取数

$$\frac{10^{\gamma}a}{b}=\frac{a_1}{b_1}$$

来看,$\frac{a_1}{b_1}$是不可约分数,并且它的分母b_1是与10互素的.按照上述法则把这个分数化成循环小数

$$\frac{a_1}{b_1}=k.(c_1c_2\cdots c_m)$$

这里k是整数部分,而$c_1c_2\cdots c_m$是分数的循环节.欲得分数$\frac{a}{b}$,则当以10^{γ}除$\frac{a_1}{b_1}$也就是将小数点往左移γ位,得到

$$\frac{a}{b}=l.b_1b_2\cdots l_{\gamma}(c_1c_2\cdots c_m)$$

这就是杂循环小数.在小数点与循环节之间有γ位.

现在我们来看相反的问题:求一个分数,使它表示所给循环小数的值.注意一个无穷小数不过就是一个收敛的无穷级数罢了,我们正是要来求它的和.

设所给的是一个纯循环小数:$x=k.(a_1a_2\cdots a_m)$,因此

$$x=k+\left(\frac{a_1}{10}+\frac{a_2}{10^2}+\cdots+\frac{a_m}{10^m}\right)+\frac{1}{10^m}\left(\frac{a_1}{10}+\frac{a_2}{10^2}+\cdots+\frac{a_m}{10^m}\right)+$$
$$\frac{1}{10^{2m}}\left(\frac{a_1}{10}+\frac{a_2}{10^2}+\cdots+\frac{a_m}{10^m}\right)+\cdots$$

即

$$x=k+(10^{m-1}a_1+10^{m-2}a_2+\cdots+a_m)\left(\frac{1}{10^m}+\frac{1}{10^{2m}}+\frac{1}{10^{3m}}+\cdots\right)$$

在最后的括号内是一个首项为$\frac{1}{10^m}$而公比为$\frac{1}{10^m}$的逐项减小的几何级数之和. 这个和等于

$$\frac{1}{10^m} : \left(1-\frac{1}{10^m}\right)=\frac{1}{10^m-1}$$

数 10^m-1 就是有 m 位的每一位都是 9 的数. 于是,有

$$x=k+\frac{10^{m-1}a_1+10^{m-2}a_2+\cdots+a_m}{10^m-1} \tag{96}$$

因此,要把一个纯循环小数化成分数,必须以小数的循环节为分子,而在分母中写几个 9,所写 9 的个数与循环节的位数相同,再将所得的分数与整数部分相加.

现在设所给的是杂循环小数:$x=k.b_1b_2\cdots b_\gamma(c_1c_2\cdots c_m)$,它可以表示成

$$x=[kb_1b_2\cdots b_\gamma.(c_1c_2\cdots c_m)] : 10^\gamma=$$
$$\left[kb_1b_2\cdots b_\gamma\frac{c_1c_2\cdots c_m}{10^m-1}\right] : 10^\gamma=$$
$$k+\frac{b_1 10^{\gamma-1}+b_2 10^{\gamma-2}+\cdots+b_\gamma}{10^\gamma}+\frac{c_1 10^{m-1}+c_2 10^{m-2}+\cdots+c_m}{10^\gamma\cdot(10^m-1)}$$

即

$$x=k+[(b_1 10^{m+\gamma-1}+b_2 10^{m+\gamma-2}+\cdots+b_\gamma 10^m+c_1 10^{m-1}+\cdots+c_m)-$$
$$(b_1 10^{\gamma-1}+b_2 10^{\gamma-2}+\cdots+b_\gamma)]\frac{1}{10^\gamma\cdot(10^m-1)}$$

由此得到这样的法则:欲化杂循环小数成分数,应该从位于小数点与第二个循环节之间的数(即从 $b_1b_2\cdots b_\gamma c_1c_2\cdots c_m$ 这个数)减去位于小数点与第一个循环节之间的数(即 $b_1b_2\cdots b_\gamma$ 这个数),并以这个差作为分子;在分母中写若干个 9,使其个数正好是循环节的位数,并在这些数字 9 之后写若干个 0,使其个数正好是小数点与第一个循环节间的位数,然后把这个分数加于整数部分.

例 1 所给的是纯循环小数

$$2.(435)=2\frac{435}{999}=2\frac{145}{333}$$

例 2 所给的是杂循环小数

$$5.38(4)=5\frac{384-38}{900}=5\frac{346}{900}=5\frac{173}{450}$$

注意 只需把整数部分的数字也一并计算在循环节的数字之内,再应用化杂循环小数成分数的法则,那么就可以立刻把循环小数化成假分数. 同时在构成分母时不必考虑整数部分的数字. 例如

$$2.(435)=\frac{2\ 435-2}{999}=\frac{2\ 433}{999}=\frac{811}{333}$$

$$5.38(4)=\frac{5\ 384-538}{900}=\frac{4\ 846}{900}=\frac{2\ 423}{450}$$

§42 可约性检验法

建立可约性检验法的问题的要点如下：设 N 是所给的自然数，而 d 是所给的约数（也是自然数）；要构造出一个只取整数值的且满足下面条件的数论函数 $f(N)$：

(1) N 及 $f(N)$ 同时能被 d 除尽或同时不能被 d 除尽.

(2) 除了 N 充分小的情形，总有 $|f(N)|<N$.

(3) 对于已知的 N，函数 $f(N)$ 计算起来比较简单.

如果要去断定 N 是否能被 d 除尽，那么我们就去计算 $f(N)$，如果 $|f(N)|$ 还相当大的话，那么我们就去计算 $f(|f(N)|)$，依此类推，直到我们得到足够小的数，可以一望而知它是否能被 d 除尽为止. 还有一件事情值得注意，就是只要我们找到了一个对于数 $d=p^{\alpha}$ 的可约性检验法那就够了，这里 p 是素数. 因为根据 §8 定理 17 的推论，一数 N 能被 $d=p^{\alpha}q^{\beta}r^{\gamma}\cdots$（$p,q,r,\cdots$ 是不同的素数）除尽的必要且充分条件是它能被 p^{α} 除尽，又能被 q^{β} 除尽，又能被 r^{γ} 除尽，依此类推.

我们进而研究函数 $f(N)$ 的构造.

巴斯加法　在十进制计数法中任一自然数 N 有形式

$$N=a_0+10a_1+10^2a_2+\cdots+10^na_n$$

这里 $a_0,a_1,a_2,\cdots,a_n$ 是一些“数字”，即大于或等于 0 而小于 10 的一些整数. 在研究这个数对 d 是否可约的时候，可以用一个对于模 d 与 N 同余的数 M 来代替它. 同时把 M 取得尽量小更为方便. 在 N 中把数 10 的诸乘幂用它们对于模 d 的绝对最小剩余来代替，我们就构造出了 M. 设 10^k 对于模 d 的绝对最小剩余是 c_k，则

$$M=a_0+a_1c_1+a_2c_2+\cdots+a_nc_n$$

$$N\equiv a_0+a_1c_1+a_2c_2+\cdots+a_nc_n\pmod d$$

注意　d 可以是任意的自然数.

在这里 $M=f(N)\equiv N\pmod d$，这比我们所要求的还多一些，对于我们来说主要的只要求 M 与 N 被 d 除时同时除尽或同时除不尽就行了.

特例　1. $d=2$. 在这里 $c_k=0(k=1,2,\cdots)$. 因此，$N\equiv a_0\pmod 2$，这是熟知的对于 2 的可约性检验法.

2. $d=3$. 在这里 $c_k=1(k=1,2,\cdots)$. 因此,$N\equiv a_0+a_1+\cdots+a_n \pmod 3$,这也是熟知的对于 3 的可约性检验法.

3. $d=4$. 在这里 $c_1=\pm 2, c_2=c_3=\cdots=0$. 因此,$N\equiv a_0\pm 2a_1 \pmod 4$.

这个对于 4 的可约性检验法比通常用的(用 4 去除末两位数字所成的数)更为方便.

例如,(1)76 能被 4 除尽,因为 $6+2\times 7=20$,或 $6-2\times 7=-8$ 能被 4 除尽;(2)366 不能被 4 除尽,因为 $6+12=18$ 或 $6-12=-6$ 不能被 4 除尽.

4. $d=6$. 在这里 $c_1=c_2=c_3=\cdots=-2$,因此

$$N\equiv a_0-2(a_1+a_2+\cdots+a_n) \pmod 6$$

例如,138 能被 6 除尽,因为 $8-2\times(1+3)=0$.

5. $d=7$. 在这里 $c_1=3, c_2=2, c_3=-1, c_4=-3, c_5=-2, c_6=1, c_7=3$,以下循环出现,因此

$$N\equiv(a_0+3a_1+2a_2)-(a_3+3a_4+2a_5)+\cdots \pmod 7$$

例如,(1)343 能被 7 除尽,因为 $3+3\times 4+2\times 3=21$ 能被 7 除尽;(2)24 829 能被 7 除尽,因为 $9+2\times 3+8\times 2-4-2\times 3=21$ 能被 7 除尽.

6. $d=8$. 在这里 $c_1=2, c_2=\pm 4, c_3=c_4=\cdots=0$,因此

$$N\equiv a_0+2a_1\pm 4a_2 \pmod 8$$

例如,5 792 能被 8 除尽,因为 $2+2\times 9-4\times 7=-8$ 能被 8 除尽.

7. $d=11$. 在这里 $c_1=-1, c_2=1, c_3=-1, c_4=1$,依此类推. 因此,$N\equiv a_0-a_1+a_2-a_3+\cdots \pmod{11}$.

例如,5 841 能被 11 除尽,因为 $1-4+8-5=0$.

日比柯夫斯基法[①] 在这个方法中要使约数 d 是与计数法的底数 10 互素的,也就是要既不能被 2 除尽,又不能被 5 除尽. 在这种情形下,具有未知数 M 的同余式

$$10M\equiv N \pmod d \tag{97}$$

总是有解的.

从这个同余式可见:若 N 能被 d 除尽,则 $10M$ 也能被 d 除尽. 但 $D(d, 10)=1$,所以(按 §8,定理 15),M 能被 d 除尽.

反过来,若 M 能被 d 除尽,则 N 显然也能被 d 除尽. 我们就取 $f(N)=M$. 先解同余式 $10k\equiv 1 \pmod d$,则 $M\equiv kN \pmod d$ 就是同余式(97)的解,这样我们便找到 M,但是我们有

① 日比柯夫斯基(Жбиковский):关于数的可约性. 数学科学通报,第 1 卷,第 1 期(1861),第 5 ~ 6 页. 同时参看布嘉叶夫(Бугаев):关于数的可约性理论. 数学汇刊,第 8 卷(1877),第 501 ~ 505 页.

$$kN = k(a_0 + 10a_1 + 10^2 a_2 + \cdots + 10^n a_n) =$$
$$ka_0 + 10ka_1 + 10k10a_2 + \cdots + 10k10^{n-1}a_n \equiv$$
$$(ka_0 + a_1) + 10a_2 + \cdots + 10^{n-1}a_n \pmod d$$

所以我们取

$$M = ka_0 + a_1 + 10a_2 + \cdots + 10^{n-1}a_n$$

显而易见，当N是很大的数时M约略小于N的十分之一．以下我们就用和对N同样的步骤来处理M．

注意 k只与d有关而与N无关，并且由模d唯一确定，因为k可以取最小正剩余或绝对最小剩余．还要注意：一般言之，M与N对于模d并不同余，它们只是同时被d除尽或同时除不尽罢了．

特例 1．$d=3$．在这里$k=1$，因此，$M=a_0+a_1+10a_2+10^2a_3+\cdots$．但是用$M$代替$N$，我们就便于去求$kM \equiv M_1 = a_0+a_1+a_2+10a_3+\cdots$，依此类推．实际上我们得到通常对3的可约性检验法．

2．$d=7$．在这里$k=5$或$k=-2$，因此，$M=5a_0+a_1+10a_2+\cdots$，或$M=a_1-2a_0+10a_2+\cdots$．

例如，(1)$N=343$，$M=34+15=49$或$M=34-6=28$．(2)$N=24\ 829$，我们逐步求得$2\ 482+45=2\ 527$，$252+35=287$，$28-14=14$(或者从数2 527中干脆把7抹掉而取252，我们便得出$25-4=21$)．

3．$d=11$．在这里$k=-1$(或10)，$M=-a_0+a_1+10a_2+10^2a_3+\cdots$．但是用$M$代替$N$，得$M=a_0-a_1+a_2+10a_3+\cdots$，依此类推．实际上我们得到与巴斯加法同样的检验法．

4．$d=13$．在这里$k=4$，$M=4a_0+a_1+10a_2+10^2a_3+\cdots$．

例如，$N=182$，作$M=18+8=26$——能被13除尽．

注意 有时仅就数N的外貌也就可以把它对于d的可约性问题加以简化(当d与10互素时)．数N的头部或尾部所成的数如果能被d除尽，那么就可以把它干脆抹掉．例如，要去断定数358 542是否能被7除尽，就可以把它开头两个数字与末尾两个数字抹掉，这是因为35和42都能被7除尽，于是去研究数85，这个数显然不能被7除尽．因此，所给的数也必不能被7除尽．

注意 若以与10互素的个位数(即1，3，7，9)来乘所有的个位数，则我们每次都得到模10的完全剩余组，即乘积的末位数字是0，1，2，…，9全体，并且每个出现一次．对于不是很大的d，若具有个位数1，3，7或9，则由这个道理可以“从末尾”除起去研究数N对于d的可约性．例如，对于$N=458\ 346$，$d=7$，有

```
458346 | 7
    56 | 65478
   829
    49
   78
   28
  55
  35
 42
 42
```

我们先这样来验证:若所给的这个数能被 7 除尽,则商数的末位数字一定等于 8,因为只有 7×8 这个乘积才有末位数字 6.我们从所给的数减去 56 并且不写最后的零,便得 45 829.这里末位数字是 9,于是商数的倒数第二位数字等于 7,这是因为只有 7×7 才有末位数字 9,依此类推.

在上例中因为施行除法结果得到余数等于 0,所以所给的数能被 7 除尽.当然,在考查对于 7 的可约性时,商数的数字对我们来说并非必需.只要知道乘积 $7\times2,7\times3,7\times4,\cdots$ 就够了,而这些乘积从通常的乘法表上都是知道的.

我们再这样来验证:458 346 这个数的末位数字是 6.我们把这个数字丢掉,而从 34 中减去 5,得 29;丢掉 9,而从 82 中减去 4,得 78;丢掉 8,而从 7 中减去 2,得 5;丢掉 5,而从 45 中减去 3,得 42,这却是能被 7 除尽的.

我们可以不用减去而来加上 7 的补数,譬如我们再取数 458 346 来看.丢掉 6,而把 4 加上 2,得 45 836;再丢掉 6,而把 3 加上 2,得 4 585;丢掉 5,而把 8 加上 4,得 462;丢掉 2,而把 6 加上 3,得 49,这是能被 7 除尽的.

实际上这不过是日比柯夫斯基法的改头换面罢了(但有时也得以简化).

例如,问 42 315 能否被 13 除尽?

丢掉 5,而从 31 减 6,得 25;再丢掉 5,而从 22 减 6,得 16;丢掉 6,而从 41 减 2,得 39,这能被 13 所除尽.

注意 上述两种一般的方法不仅针对十进制时可以应用,而且对于(有任意底数 A 的)任意计数系统也可以应用.当然,对于能否被 d 除的检验法将因而全然不同(参看本章末的习题).

§43 具有不同模的同余式组

在方程式理论中并没有和这种情形相类似的.一般的问题如下:给了几个一次同余式,含同一未知数而具有不同的模,如:$ax\equiv b\pmod m$,$a_1x\equiv$

$b_1 \pmod{m_1}$,…. 要来确定一数 x 使它满足所有这些同余式.

首先注意:这些同余式中的每一个都可以预先个别地解出来,也就是一上来就可以拿这样的同余式:$x \equiv c \pmod{m}$,$x \equiv c_1 \pmod{m_1}$,… 来看,因为所给的同余式中要是有一个无解,则这个问题一般是不可能的.

开头我们来看两个同余式的情形

$$x \equiv c_1 \pmod{m_1}, x \equiv c_2 \pmod{m_2} \tag{98}$$

由这些同余式中第一个得 $x = c_1 + m_1 t$;以此代换式(98)的第二个同余式中的 x,得 $c_1 + m_1 t \equiv c_2 \pmod{m_2}$,即

$$m_1 t \equiv c_2 - c_1 \pmod{m_2} \tag{99}$$

这个同余式当且仅当 $c_2 - c_1$ 能被 $d = D(m_1, m_2)$ 除尽时有解 t(§39,定理60),并且一般解有形式 $t \equiv t_0 + \frac{m_2}{d}u$(§39,式(90)),这里 t_0 是同余式(99)的任意特解,而 u 是任意整数.

把这个 t 值代入公式 $x = c_1 + m_1 t$,得 $x = c_1 + m_1 t_0 + \frac{m_1 m_2}{d}u$,但是$\frac{m_1 m_2}{d} = M = M(m_1, m_2)$(§5,定理12). 再记 $c_1 + m_1 t_0 = x_0$,得同余式(98)的一般解

$$x \equiv x_0 \pmod{M} \tag{100}$$

这里 x_0 是(当 $u = 0$ 时的)特解.

定理 62 同余式组(98)当且仅当 $c_2 \equiv c_1 \pmod{D(m_1, m_2)}$ 时有解,所有的解对于模 $M(m_1, m_2)$ 相互同余. 特别是,若 m_1 与 m_2 互素,则同余式组(98)总是有解,而且这个解对于模 $m_1 m_2$ 来说是唯一的.

例 1 $x \equiv 7 \pmod{33}$,$x \equiv 13 \pmod{63}$.

在这里因为 $D(33,63) = 3$,所以条件 $7 \equiv 13 \pmod{D(33,63)}$ 是满足的. 由第一个同余式得 $x = 7 + 33t$;把这个式子代入第二个同余式,得 $33t \equiv 6 \pmod{63}$,即 $11t \equiv 2 \pmod{21}$. 可以取 $t_0 = 4$,则 $x_0 = 7 + 33 \times 4 = 139$,因为 $M(33,63) = 693$,所以一般解是 $x \equiv 139 \pmod{693}$.

推广 如果给我们好几个形如式(98)的同余式,那么我们就先解其中的前两个,即用一个形如式(100)的同余式来代替这两个同余式,然后取这个所得的同余式与所给同余式中的第三个来解它们,依此类推. 经过这样的每一步之后我们便减少一个同余式,到最后,我们得到一个形如式(100)的同余式,这里容易看出 M 是所有诸模的最小公倍数. 当然,如果在这些步骤中的某一步,所取的两个同余式没有解,那么整个问题也就无解. 重要的是当全体所给的模两两互素的情形. 在这种情形下,同余式组总是有解的,而且对于以全体所给模的乘积为模来说,这个解是唯一的.

例 2　设已给同余式组

$$x \equiv 3 \pmod{11}, x \equiv -2 \pmod{13}, x \equiv 5 \pmod{7}$$

由前两个同余式得

$$x = 3 + 11t, 11t \equiv -5 \pmod{13}$$

或 $2t \equiv -8, t \equiv -4 \pmod{13}$ 并且前两个同余式的解是

$$x \equiv 3 - 4 \times 11 = -41 \pmod{143}$$

现在我们取这个解与所给的最后一个同余式

$$x \equiv -41 \pmod{143}, x \equiv 5 \pmod{7}$$

由此得

$$x = -41 + 143u, 143u \equiv 46 \pmod{7}$$

或(按模 7 简化)

$$3u \equiv -3 \pmod{7}, u \equiv -1$$

因此,$x = -41 - 143 = -184$,且一般解

$$x \equiv -184 \pmod{1\,001}$$

我们还要提出当模为两两互素时这种同余式组的一个解法.

设已给同余式组

$$x \equiv c_1 \pmod{m_1}, x \equiv c_2 \pmod{m_2}, \cdots, x \equiv c_k \pmod{m_k}$$

设 $x_1, x_2, \cdots, x_k$ 是下列辅助同余式的解

$$m_2 m_3 \cdots m_k x_1 \equiv 1 \pmod{m_1}$$

$$m_1 m_3 \cdots m_k x_2 \equiv 1 \pmod{m_2}$$

$$\vdots$$

$$m_1 m_2 \cdots m_{k-1} x_k \equiv 1 \pmod{m_k}$$

在这种情形所给同余式组的解是

$$x \equiv m_2 m_3 \cdots m_k x_1 c_1 + m_1 m_3 \cdots m_k x_2 c_2 + \cdots + m_1 m_2 \cdots m_{k-1} x_k c_k \pmod{m_1 m_2 \cdots m_k} \qquad (101)$$

因为显而易见,如此确定的数 x 对于模 m_1 与 c_1 同余,对于模 m_2 与 c_2 同余,依此类推.

例 3　中国古算题:今有物不知其数,三三数之剩二,五五数之剩三,七七数之剩二,问物几何?[①]

用本书的符号法,这个问题可化成下列同余式组

① 这个问题又名“物不数”“隔墙算”“韩信点兵”,见《孙子算经》卷下,原文如此:“术曰:三三数之剩二,置一百四十.五五数之剩三,置六十三.七七数之剩二,置三十.并之得二百三十三,以二百一十减之,即得.”—— 译者注

$$x \equiv 2 \pmod 3, x \equiv 3 \pmod 5, x \equiv 2 \pmod 7$$

在这里我们有这样的辅助同余式

$$35x_1 \equiv 1 \pmod 3, 21x_2 \equiv 1 \pmod 5, 15x_3 \equiv 1 \pmod 7$$

由此得 $x_1 = 2, x_2 = 1, x_3 = 1$,因此

$$x \equiv 35 \times 2 \times 2 + 21 \times 1 \times 3 + 15 \times 1 \times 2 =$$
$$140 + 63 + 30 = 233 \pmod{105}$$

或(按模 105 简化)

$$x \equiv 23 \pmod{105}$$

§44　具有素数模的高次同余式

这种同余式的 n 次者一般形式是

$$a_0x^n + a_1x^{n-1} + \cdots + a_{n-1}x + a_n \equiv 0 \pmod p \tag{102}$$

p 是素数,a_0 不能被 p 除尽,因此,有这样的数 α 存在,使 $a_0\alpha \equiv 1 \pmod p$(§39,定理 60).

以 α 乘式(102)并用 1 代替 $a_0\alpha$,得

$$x^n + b_1x^{n-1} + \cdots + b_{n-1}x + b_n \equiv 0 \pmod p \tag{102a}$$

因此,最高次项的系数总可以认为等于 1.

用 $f(x)$ 代表同余式(102)或(102a)的左边并设同余式 $f(x) \equiv 0 \pmod p$,有根 $x \equiv x_1 \pmod p$. 以 $x - x_1$ 除 $f(x)$,根据笛卡儿定理

$$f(x) = (x - x_1)\varphi(x) + f(x_1) \tag{103}$$

但因 $f(x_1) \equiv 0 \pmod p$,因此,把式(103)写成模 p 的同余式,即得

$$f(x) \equiv (x - x_1)\varphi(x) \pmod p \tag{104}$$

通常就说对于模 p,$f(x)$ 能被 $x - x_1$ 除尽. 其逆命题显然也对:从同余式(104)导出 $f(x_1) \equiv 0 \pmod p$,即 x_1 是同余式(102)的根.

定理 63　同余式(102)有根 $x \equiv x_1$ 的必要且充分条件是:对于所给的模 p,它的左边能被 $x - x_1$ 除尽.

注意　对于合数的模 m,这个定理也对.

现在我们取 $n-1$ 次同余式 $\varphi(x) \equiv 0 \pmod p$,这里的 $\varphi(x)$ 就是式(104)中的 $\varphi(x)$. 设这个同余式有根 $x \equiv x_2$,则我们同样地导出下列绝对同余式

$$\varphi(x) \equiv (x - x_2)\psi(x) \pmod p$$

由此把 $\varphi(x)$ 的值代入公式(104)的右边,得

$$f(x) \equiv (x - x_1)(x - x_2)\psi(x) \pmod p \tag{105}$$

这里 $\psi(x)$ 是 $n-2$ 次的整有理函数. 式(105) 表明：$f(x_2)\equiv 0$，即 x_2 也是同余式(102) 的根；若 $x_2\equiv x_1 \pmod p$，则根 x_1 是重根. 相反地，若 $x\equiv x_2$ 是同余式(102) 的根而 $x_2\not\equiv x_1 \pmod p$，则 x_2 一定也是同余式 $\varphi(x)\equiv 0 \pmod p$ 的根，因为由式(104) 得

$$(x_2-x_1)\varphi(x_2)\equiv 0 \pmod p$$

因此，乘积 $(x_2-x_1)\varphi(x_2)$ 能被 p 除尽，于是(根据 §10，定理 19) 至少有一个因子能被 p 除尽，但 x_2-x_1 不能被 p 除尽，意即 $\varphi(x_2)\equiv 0 \pmod p$.

设同余式 $\psi(x)\equiv 0 \pmod p$ 有根 x_3，则同样地就导出

$$f(x)\equiv(x-x_1)(x-x_2)(x-x_3)\omega(x) \pmod p$$

这里 $\omega(x)$ 是 $n-3$ 次整有理函数，依此类推. 但是在这里我们不是总可导出 n 次函数 $f(x)$ 对模 p 分成 n 个一次因子的分解式，因为在这里这个定理并不成立：任一随意次的同余式恒有解. 这样，到最后我们导出下式

$$f(x)\equiv(x-x_1)(x-x_2)\cdots(x-x_k)g(x) \pmod p \qquad (106)$$

这里 $g(x)$ 是 $n-k$ 次的整有理函数并且同余式 $g(x)\equiv 0 \pmod p$ 根本没有根(当然，$n-k>1$). 所给的同余式 $f(x)\equiv 0 \pmod p$ 共有 k 个根：$x_1,x_2,\cdots,x_k$；它们不一定对模 p 全是相异的. 但是除此之外同余式 $f(x)\equiv 0 \pmod p$ 不可能再有别的根，因为若 x 是这个同余式的某一根，则对于这个 x 值，式(106) 的右边能被 p 除尽，因而，至少有一个右边的因子能被 p 除尽(§10，定理 19). 但是因为同余式 $g(x)\equiv 0$ 没有根，$g(x)$ 不能被 p 除尽，因此 x 必与某一个 x_λ 同余.

注意　这个结论仅仅对于素数模 p 是正确的，因为 §10 的定理 19 仅仅对于素约数是正确的. 特别地，可能发生这种情形，即在式(106) 中 $k=n$，即 n 次函数 $f(x)$ 对于模 p 分解成 n 个一次因子. 在这种情形，$g(x)$ 是常数(与 x 无关)，并且易知，$g(x)\equiv a_0 \pmod p$，因为这是式(106) 右边 x^n 的系数，也就是可取 $g=a_0$，并且在这种情形下我们有

$$f(x)\equiv a_0(x-x_1)(x-x_2)\cdots(x-x_n) \pmod p \qquad (106a)$$

这个绝对同余式表明：在这情形下同余式(102) 有 n 个根：$x_1,x_2,\cdots,x_n$，它们也可能对模 p 不是全相异的. 除此之外同余式(102) 别无其他的根.

定理 64　具素数模 p 的 n 次同余式不可能有多于 n 个对模 p 相异的根. 若它有 n 个根，则它的左边必能对模 p 分解成 n 个一次因子.

注意　对于合数模这个定理就根本不对了. 例如，二次同余式

$$x^2\equiv 1 \pmod 8$$

对模 8 不同的根就有四个：1，3，5，7.

推论　具素数模 p 的 n 次同余式如果有多于 n 个对模 p 为相异的根，则必

为绝对同余式,即其左边诸系数全都能被 p 除尽.

证 若这个 n 次同余式 $f(x) \equiv 0 \pmod{p}$ 有 $n+1$ 个对模 p 为相异的根:$x_1, x_2, \cdots, x_n, x_{n+1}$,则由式(106a) 得

$$a_0(x_{n+1}-x_1)(x_{n+1}-x_2)\cdots(x_{n+1}-x_n) \equiv 0 \pmod{p}$$

但因 $x_{n+1} \neq x_\lambda$,故这些差 $x_{n+1}-x_\lambda$ 中无论哪一个都不能被 p 除尽.因此,a_0 必能被 p 除尽,即 $a_0 \equiv 0 \pmod{p}$,从而所给的同余式不是 n 次,而是更低次的.如果已经知道,这个推论对于次数小于 n 的同余式是正确的,那么我们得到:这个推论对于 n 次同余式也是正确的.但是对于一次同余式这个推论是正确的,因为若 x_1 与 x_2 是同余式 $ax+b \equiv 0 \pmod{p}$ 的相异(对模 p)的根,则 $ax_1+b \equiv ax_2+b$, $a(x_1-x_2) \equiv 0$,即 $a \equiv 0 \pmod{p}$,从而也有 $b \equiv 0 \pmod{p}$.于是,这个推论用完全归纳法得以证明.

特殊情形 我们来讨论同余式

$$x^{p-1}-1 \equiv 0 \pmod{p} \tag{107}$$

根据费马-欧拉定理(§37,定理58),这个同余式恰好有 $p-1$ 个相异的根 $1, 2, 3, \cdots p-1$.因此,由定理64我们有绝对同余式

$$x^{p-1}-1 \equiv (x-1)(x-2)\cdots(x-p+1) \pmod{p}$$

由此当 $x=0$ 时,我们得到

$$-1 \equiv (-1)(-2)\cdots(-p+1) \pmod{p}$$

或即

$$-1 \equiv (p-1)!\ (-1)^{p-1} \pmod{p}$$

当 $p>2$ 时 $p-1$ 必为偶数,因此

$$(p-1)! \equiv -1 \pmod{p}$$

这就是威尔逊定理(§40,定理61或公式(93)),这样一来我们再次证明了它,这个证明是拉格朗日所提出的.

定理65 若 n 次同余式 $f(x) \equiv 0 \pmod{p}$ 有 n 个相异的根,且 $f(x)$ 对于模 p 分解成两个因子 $\varphi(x)$ 及 $\psi(x)$,各为 k 次及 l 次 $(k+l=n)$,即 $f(x) = \varphi(x)\psi(x) \pmod{p}$ 是绝对同余式,则同余式 $\varphi(x) \equiv 0 \pmod{p}$ 有 k 个相异的根,而同余式 $\psi(x) \equiv 0 \pmod{p}$ 有 l 个相异的根.

证 同余式 $f(x) \equiv 0$ 的每一个根必为 $\varphi(x) \equiv 0$, $\psi(x) \equiv 0$ 中一个同余式的根.假如同余式 $\varphi(x) \equiv 0$ 相异的根小于 k 个,则 $\psi(x) \equiv 0$ 将有多于 l 个相异的根,因为根的总数等于 $n=k+l$.但是根据定理64这是不可能的,因此 $\varphi(x) \equiv 0$ 恰恰有 k 个相异的根,而 $\psi(x) \equiv 0$ 恰恰有 l 个相异的根.换句话说,同余式 $f(x) \equiv 0$ 的所有的根分配为两个同余式 $\varphi(x) \equiv 0$ 与 $\psi(x) \equiv 0$ 所有.

定理66 当 $n \geqslant p$ 时,n 同余式 $f(x) \equiv 0 \pmod{p}$ 必与某一个次数低于

p 的同余式等价.

证 以 x 乘同余式(107)的两边,得到具有 p 个根:$x\equiv 0,1,2,\cdots,p-1$ 的同余式

$$x^p - x \equiv 0 \pmod p \tag{108}$$

也就是任何整数都满足这个同余式.以 $x^p - x$ 除函数 $f(x)$

$$f(x) \equiv (x^p - x)\varphi(x) + \psi(x) \pmod p$$

$\psi(x)$ 的次数小于 p.对于任何整数 x,由于同余式(108)之故,我们有

$$f(x) \equiv \psi(x) \pmod p$$

因此,同余式 $f(x)\equiv 0$ 与 $\psi(x)\equiv 0$ 的根完全相同,因为当 $f(x_1)\equiv 0$ 时也就有 $\psi(x_1)\equiv 0$,反过来也对.

注意 我们只能推断:同余式 $f(x)\equiv 0$ 与 $\psi(x)\equiv 0$ 有相同的根,但是关于根的重数定理66却丝毫没有提到.可能发生这种情形:同余式 $f(x)\equiv 0$ 的重根却是 $\psi(x)\equiv 0$ 的单根,同样也可能有相反的情形.

例如,给了同余式

$$f(x) = x^5 + x^4 + x^3 - x^2 - 2 \equiv 0 \pmod 5$$

用 $x^5 - x$ 除 $f(x)$ 即得

$$x^5 + x^4 + x^3 - x^2 - 2 = (x^5 - x)\cdot 1 + (x^4 + x^3 - x^2 + x - 2)$$

因此 $$\psi(x) = x^4 + x^3 - x^2 + x - 2$$

所给同余式的根是:$x_1\equiv 1, x_2\equiv 2, x_3\equiv 3$,它们也都满足同余式 $\psi(x)\equiv 0 \pmod 5$.但是容易验证

$$x^5 + x^4 + x^3 - x^2 - 2 \equiv (x-1)^2(x-2)^2(x-3) \pmod 5$$

然而

$$x^4 + x^3 - x^2 + x - 2 \equiv (x-1)(x-2)(x-3)^2 \pmod 5$$

即对于同余式 $f(x)\equiv 0$ 的两根1及2是二重根,而3是单根,但对于同余式 $\psi(x)\equiv 0$,其两根1及2是单根,而3是二重根.

推论 要使同余式 $f(x)\equiv 0 \pmod p$ 能为 x 的任何整数值所满足,其必要且充分条件是:$\psi(x)\equiv 0 \pmod p$ 为绝对同余式,即函数 $\psi(x)$ 的所有系数都能被 p 除尽(或者说:$f(x)$ 对于模 p 能被 $x^p - x$ 除尽无余).

证 因为在这个情形下,次数小于 p 的同余式 $\psi(x)\equiv 0 \pmod p$ 有 p 个相异的根(参看定理63的推论).

注意 在§38中我们曾经指出:有为未知数的任何整数值所满足的非绝对同余式存在.现在我们就求出了具有一个未知数与素数模的这种同余式的一般形式:这就是同余式 $f(x)\equiv 0 \pmod p$,这里 $f(x)$ 对于模 p 能被 $x^p - x$ 除尽无余.因此,$x^p - x$ 这个函数在具有素数模 p 的同余式理论中起着特别的作

用.

定理 67 要使次数 $n<p$ 的同余式 $f(x)\equiv 0 \pmod p$ 有 n 个相异根,其必要且充分条件是用 $f(x)$ 除 x^p-x 所得余式的系数全能被 p 除尽(换句话说,即 x^p-x 对于模 p 能被 $f(x)$ 除尽无余).

证 设

$$x^p-x\equiv f(x)\varphi(x)+\psi(x) \pmod p \tag{109}$$

(1) 设同余式 $f(x)\equiv 0$ 有 n 个相异的根 $x_1,x_2,\cdots,x_n$,但因这些根也都满足同余式(108),因此,也满足同余式 $\psi(x)\equiv 0$,意即(由定理64的推论)同余式 $\psi(x)\equiv 0$ 是绝对同余式,即函数 $\psi(x)$ 的所有系数都能被 p 除尽.

(2) 现在设已给:$\psi(x)$ 的所有系数都能被 p 除尽;在这种情形下由式(109)得 $x^p-x\equiv f(x)\varphi(x) \pmod p$,并且根据定理 65 我们得到结论:同余式 $f(x)\equiv 0$ 有 n 个相异的根.

习　　题

41. 诸乘幂 1,2,4,8,16,32,64,128,256,512 与数 0 一起是否构成模 11 的完全剩余组?(§32).

答:是的.

42. 对于模 7 化函数:$14x^5-25x^4+35x^3+15x^2-19x+5$ 成最简形式(§33).

答:$3x^4+x^2+2x-2$.

43. 以 $x=0,1,2,3,4;y=0,1,2$ 代入表达式 $z=5y+3x$ 中来验证:所得的 z 值是模 15 的完全剩余组(§35,定理 54).

44. 对于 $m=1,2,3,\cdots,20$ 计算 $\varphi(m)$(§35).

45. 对于 $m=30$ 验证高斯公式(§35,定理 55).

46. 计算 $\varphi(72),\varphi(75),\varphi(125),\varphi(1\ 001)$(§35).

答:24,40,100,720.

47. 对于 $m=1,2,3,\cdots,20$ 求 $\mu(m)$(§36).

48. 根据刘维尔-戴德金公式对于函数 $F(m)=1$(对于任何的 m)求"数值导数"$\Phi(m)$(§36,公式(68)).

答:$\Phi(1)=1$;对于 $m>1,\Phi(m)=0$.

49. 验证公式:$5^{\varphi(24)}\equiv 1 \pmod{24}$,$2^{\varphi(33)}\equiv 1 \pmod{33}$,$3^{\varphi(20)}\equiv 1 \pmod{20}$(对诸模自乘,§37).

50. 求所属的方次数：(1)5 对于模 12；(2)2 对于模 25；(3)4 对于模 33；(4)3 对于模 28(§37).

答：(1)2；(2)20；(3)5；(4)6.

51. 解同余式：(1)$7x\equiv 10 \pmod{18}$；(2)$25x\equiv 1 \pmod{17}$；(3)$13x\equiv 32 \pmod{28}$；(4)$132x\equiv 11 \pmod{59}$(§39).

答：(1)4；(2)-2；(3)-4；(4)5.

52. 解同余式：(1)$28x\equiv 21 \pmod{35}$；(2)$38x\equiv 4 \pmod{26}$；(3)$112x\equiv 45 \pmod{119}$；(4)$36x\equiv 54 \pmod{18}$；(5)$286x\equiv 121 \pmod{341}$(§39).

答：(1)2,7,12,17,22,27,32；(2)-4,9；(3) 无解；(4) 绝对同余式；(5)4,35,66,97,128,159,190,221,252,283,314.

53. 若 $ax\equiv b \pmod{m}$ 且 $D(a,m)=1$,则这个同余式的(唯一) 解在记号上表示成分数 $x\equiv \frac{b}{a} \pmod{m}$.

求：$\frac{1}{2},\frac{1}{3},\frac{1}{4},\frac{1}{5},\frac{1}{6} \pmod{7}$(§39).

答：4,5,2,3,6.

54. 求 $\frac{1}{47} \pmod{93}$，$\frac{23}{37} \pmod{50}$，$\frac{49}{102} \pmod{121}$(记法照第 53 题，§39).

答：2,29,42.

55. 若 a 及 k 都与 m 互素，证明：$\frac{b}{a}\equiv\frac{bk}{ak} \pmod{m}$(记法照第 53 题).

56. 导出公式：$\frac{b_1}{a_1}\pm\frac{b_2}{a_2}\equiv\frac{a_2b_1\pm a_1b_2}{a_1a_2} \pmod{m}$(记法照第 53 题；$a_1$，$a_2$ 与 m 互素).

57. 导出公式：$\frac{b_1}{a_1}\cdot\frac{b_2}{a_2}\equiv\frac{b_1b_2}{a_1a_2} \pmod{m}$(这些分数都是记号的，和第 53 题一样；$a_1$，$a_2$ 都与 m 互素).

58. 导出公式：$\frac{b_1}{a_1}:\frac{b_2}{a_2}\equiv\frac{b_1a_2}{a_1b_2} \pmod{m}$. 在这里 $\frac{b_1}{a_1}:\frac{b_2}{a_2}$ 是同余式 $\frac{b_2}{a_2}x\equiv\frac{b_1}{a_1} \pmod{m}$ 的根；分数是对于模 m 的记号分数；a_1，a_2，b_2 都与 m 互素.

59. 当 $p=5$ 及 $p=7$ 时验证威尔逊定理(§40).

60. 求由具分母：3,7,11,17,19,21 的分数所化成小数的循环节的位数(§41).

答：1,6,2,16,18,6.

61. 化下列循环小数成分数:0.35(62);5.1(538);3.(27);11.12(31)(§41).

答:$\frac{3\ 527}{9\ 900}$,$\frac{51\ 487}{9\ 990}$,$\frac{36}{11}$,$\frac{110\ 119}{9\ 900}$.

62. 分解 2 717,7 567,1 813,9 971,1 309 成素因数(§42).

答:$11\times13\times19$,$7\times23\times47$,$7^2\times37$,$13^2\times59$,$7\times11\times17$.

63. 求对于八进制(即以 8 为底数的进位数)用 2,3,4,5,7,9 去约的可约性检验法(§42).

答:末位数字是偶数(也包括0)的数必能被2除尽;偶数位上数字和与奇数位上数字和之差能被3或9除尽的数即能被3或9除尽;末位数字是0或4的数必能被4除尽;若 $a_0-2a_1-a_2+2a_3+a_4-2a_5-a_6+\cdots$ 能被5除尽,则数 $a_0+8a_1+8^2a_2+8^3a_3+\cdots$ 能被5除尽;数字之和能被7除尽的数必能被7除尽.

64. 求对于十二进制用 2,3,4,5,6,7,8,9,11,13 去约的可约性检验法(§42).

答:末位数字是偶数(也包括0)的数必能被2除尽;末位数字是0,3,6或9的数必能被3除尽;末位数字是0,4或8的数必能被4除尽;若数 $a_0+2a_1-a_2-2a_3+a_4+2a_5-\cdots$ 能被5除尽,则数 $a_0+12a_1+12^2a_2+\cdots$ 能被5除尽;末位数字是0或6的数必能被6除尽;若数 $a_0-2a_1-3a_2-a_3+2a_4+3a_5+a_6-2a_7-3a_8+\cdots$ 能被7除尽,则数 $a_0+12a_1+12^2a_2+\cdots$ 能被7除尽;若数 a_0+4a_1 能被8除尽,则数 $a_0+12a_1+12^2a_2+\cdots$ 能被8除尽;若数 a_0+3a_1 能被9除尽,则数 $a_0+12a_1+12^2a_2+\cdots$ 能被9除尽;数字之和能被11除尽的数必能被11除尽;以13去约的可约性检验法与十进制中以11去约的检验法相同.

65. 解同余式组:(1)$x\equiv1\pmod 7$,$x\equiv3\pmod 5$,$x\equiv5\pmod 9$;(2)$x\equiv5\pmod{48}$,$x\equiv17\pmod{36}$;(3)$x\equiv1\pmod{25}$,$x\equiv2\pmod 4$,$x\equiv3\pmod 7$,$x\equiv4\pmod 9$(§43).

答:(1)$x\equiv113\pmod{315}$;(2)$x\equiv53\pmod{144}$;(3)$x\equiv4\ 126\pmod{6\ 300}$.

66. 解同余式组:(1)$3x\equiv5\pmod 4$,$5x\equiv2\pmod 7$;(2)$4x\equiv3\pmod{25}$,$3x\equiv8\pmod{20}$;(3)$x\equiv8\pmod{15}$,$x\equiv5\pmod{18}$,$x\equiv13\pmod{25}$(§43).

答:(1)$x\equiv-1\pmod{28}$;(2) 无解;(3)$x\equiv113\pmod{450}$.

67. 对于模 7 分解下列函数为因式(对于模 7 用试验法去求它的根):(1)$3x^4+x^2+5x-2$;(2)$2x^3+5x^2-2x-3$;(3)x^4-2x^2+x+1(§44).

答:(1)$(x-1)(3x^3+2x^2-3x+2)$;(2) 不可约;(3)$(x-2)(x-3)(x^2-$

$2x+3)$.

68. 对于模 11 分解下列函数为因式:(1)$2x^4+x^3-3x^2-2x-2$;(2)x^4+x+4(§44).

答:(1)$2(x-2)(x-3)(x^2-2)$;(2)$(x-2)^2(x-3)(x-4)$.

69. 把同余式:(1)$x^7-6\equiv 0 \pmod 5$;(2)$x^8+2x^7+x^5-x^4-x+3\equiv 0 \pmod 5$ 化成次数小于 5 的同余式(§44).

答:(1)$x^3\equiv 1 \pmod 5$;(2)$2x^3+3\equiv 0 \pmod 5$.

70. 应用定理 67(§44) 来决定:同余式 $x^2+2x-1\equiv 0 \pmod 7$ 是否有两个相异的根,同余式 $x^3+x-3\equiv 0 \pmod 7$ 是否有三个相异的根.

答:第一个有,第二个没有.

第四章 平方剩余

§ 45 合数模的同余式

定理 68 设 $m=m_1m_2\cdots m_k$，这里所有的 m_λ 两两互素，则同余式

$$f(x)\equiv 0\ (\bmod\ m) \tag{110}$$

与同余式组

$$f(x)\equiv 0\ (\bmod\ m_1),f(x)\equiv 0\ (\bmod\ m_2),\cdots,f(x)\equiv 0\ (\bmod\ m_k) \tag{111}$$

等价，并且同余式(110) 的解的个数(对于模 m 来说) 等于式(111) 中诸同余式的解的个数的乘积(每一个解是对于相应的模来说的).

证 (根据 § 33，定理 45) 同余式(110) 的任一个解必满足式(111) 中的每一同余式. 相反地，若 x_0 是式(111) 中诸同余式的公共解，则(根据 § 33 定理 46，及 § 8 定理 17) x_0 也满足同余式(110). 其次，设 x_1 是式(111) 中第一同余式的根，x_2 是式(111) 中第二同余式的根，依此类推. 在这种情形下总可以找到一数 x_0(§ 43，定理 62 的推广) 使有

$$x_0\equiv x_1(\bmod\ m_1),x_0\equiv x_2(\bmod\ m_2),\cdots,x_0\equiv x_k(\bmod\ m_k)$$

数 x_0 是按照模 m 来确定的；它是式(111) 中所有同余式的公共根，因而也是同余式(110) 的根. 由此也证明了定理 68 的后一部分.

推论 1 若式(111) 的同余式中只要有一个无解，则同余式(110) 也就无解.

推论 2 具有任何模 m 的同余式的解可归结成以素数乘幂作为模的诸同余式的解.

证 因为 $m=p^{\alpha}q^{\beta}r^{\gamma}\cdots$,这里 $p,q,r,\cdots$ 是数 m 的相异素约数,而 $p^{\alpha},q^{\beta},r^{\gamma},\cdots$ 两两互素.

§46 二次同余式

这种同余式的一般形式是

$$ax^2+bx+c\equiv 0\ (\mathrm{mod}\ m) \tag{112}$$

这个同余式和下式等价

$$4a^2x^2+4abx+4ac\equiv 0\ (\mathrm{mod}\ 4am) \tag{112a}$$

(§33,定理 47 及定理 50 推论 1).同余式(112a)不难变成下面的形式

$$(2ax+b)^2\equiv b^2-4ac\ (\mathrm{mod}\ 4am)$$

记 $D=b^2-4ac$,$y=2ax+b$,即得

$$y^2\equiv D\ (\mathrm{mod}\ 4am) \tag{113}$$

反之,若是我们已经求得同余式(113)的解 y,则对于同余式(112)的解 x 我们有:$x=\dfrac{y-b}{2a}$;如果 $y-b$ 能被 $2a$ 除尽的话(并不总是这样),那么我们就得到同余式(112)的解 x.因此,在同余式(113)的解 y 中往往有同余式(112)的解 x 与之对应.但是也可能有的并无解 x 与之对应;可能有时对模 $4am$ 为相异的解 y 对应于对模 m 为相同的解 x.不过,这样研究同余式(113)的所有的解时,我们一定能求得同余式(112)的所有解,因为同余式(112)的每一个解必然有同余式(113)的解 y 与之对应.若(113)根本无解,则(112)也就无解.

定理 69 一般形式(112)的二次同余式恒可化成形如式(113)的二项同余式.

这里介绍把同余式(112)简化成二项同余式的两种情形:

(1) 设 a 与 m 互素,则可从同余式 $a\alpha\equiv 1\ (\mathrm{mod}\ m)$ 求得 α(§39,定理 60).用 α 乘同余式(112)的两边并把 $a\alpha$ 代换成 1,即得

$$x^2+b_1x+c_1\equiv 0\ (\mathrm{mod}\ m) \tag{112b}$$

用 4 来乘两边及模并用记号 $2x+b_1=y$,我们便得 y 的同余式

$$y^2\equiv D\ (\mathrm{mod}\ 4m) \tag{113a}$$

这里 $D=b_1^2-4c_1$.在这里我们却可以肯定由同余式(113a)的每一个解一定也得出同余式(112b)的一个解 x(不过对模 $4m$ 为相异的 y 可能对应于对模 m 为

相同的 x)，因为 $x=\frac{y-b_1}{2}$，而从式(113a)：$y^2-b_1^2\equiv -4c_1 \pmod{4m}$，可见 $y-b_1$ 总是偶数.

(2) 设 $b=2l$ 是偶数，则有同余式

$$ax^2+2lx+c\equiv 0 \pmod{m} \tag{112c}$$

要想把它化成二项同余式，只需用 a 来乘它的各项，并记 $ax+l=y$. 对于 y 即得

$$y^2\equiv D \pmod{am} \tag{113b}$$

这里 $D=l^2-ac$. 只要模 m 是奇数时，终归可以变成这种情形，因为当 b 是奇数时可以用 $b+m$ 代替 b，而 $b+m$ 乃是一个偶数.

当然，也可能同时是这两种情形：b 是偶数而 a 与 m 互素，这时同余式成为

$$x^2+2lx+c\equiv 0 \pmod{m}$$

我们用记号：$x+l=y$，即得 y 的同余式

$$y^2\equiv D \pmod{m}$$

这里 $D=l^2-c$. 例如当模 $m=p$ 是一奇素数时就出现这种情形.

由此，从定理 68 及 69 即得下面的推论.

推论 任何二次同余式都可化成形如

$$x^2\equiv a \pmod{p^\alpha} \tag{114}$$

的同余式组，这里 p 是素数.

在下面几节中我们来讨论同余式(114)的下列三种情形：

(1) 当 p 是奇素数而 $\alpha=1$ 时，同余式(114)是怎样的?

(2) 当 p 是奇素数而 α 是大于 1 的任意整数时，同余式(114)是怎样的?

(3) 当 $p=2$ 时，同余式(114)是怎样的?

§ 47 欧拉判别法

就这样，我们进而研究同余式

$$x^2\equiv a \pmod{p} \tag{114a}$$

这里 p 是奇素数.

定理 70 若 $a\equiv 0 \pmod{p}$，则同余式(114a)只有一解：$x\equiv 0 \pmod{p}$.

证 当 $a\equiv 0$ 时我们有 $x^2\equiv 0 \pmod{p}$，从而按定理 19(§10)我们有：$x\equiv 0 \pmod{p}$.

定理 71(欧拉判别法) 若 a 不能被 p 除尽(因而与 p 互素)，则同余式(114a)或有两解，或者连一个解也没有，这就要看究竟是

$$a^{\frac{p-1}{2}} \equiv 1 \pmod p \tag{115}$$

抑或是

$$a^{\frac{p-1}{2}} \equiv -1 \pmod p \tag{115a}$$

而定.

证　我们先来证明:a 一定满足两个同余式(115) 与(115a) 中的一个而且只能满足其中一个. 实际上,根据费马－欧拉定理(§37,定理58)

$$a^{p-1} \equiv 1 \pmod p$$

由此

$$a^{p-1}-1=(a^{\frac{p-1}{2}}-1)(a^{\frac{p-1}{2}}+1) \equiv 0 \pmod p$$

根据(§10) 定理19 于是得到:两个因数 $a^{\frac{p-1}{2}}-1$ 与 $a^{\frac{p-1}{2}}+1$ 中至少有一个能被 p 除尽. 这两个因数不能同时都被 p 除尽,因为它们的差等于 ± 2 不能被奇数 p 除尽的缘故. 因此,a 必满足同余式(115) 与(115a) 中的一个而且只能满足其中一个.

设同余式(114a) 有一解 x,则因 $(-x)^2=x^2 \equiv a \pmod p$,所以 $-x$ 或 $p-x$ 也是它的解. 这两个解对模 p 来说是相异的;x 显然不能被 p 除尽(因为 x^2-a 能被 p 除尽). 假使 $x \equiv -x \pmod p$,那么我们将有 $2x \equiv 0 \pmod p$,但这是不可能的,因为 2 与 x 都不能被 p 除尽(§10,定理19). 具有素数模的二次同余式不可能有多于两个的解(§44,定理64).

把同余式(114a) 的两边自乘$\frac{p-1}{2}$次,即得(§33,定理49 的推论)

$$x^{p-1} \equiv a^{\frac{p-1}{2}} \pmod p$$

但按费马－欧拉定理,$x^{p-1} \equiv 1 \pmod p$,因此,若同余式(114a) 有解,则 a 一定满足同余式(115).

另一方面,若已求得诸数 $1,2,3,\cdots,p-1$ 的平方,则在这些平方中只有 $\frac{p-1}{2}$ 个对模 p 来说是相异的,因为由 a 与 $p-a \equiv -a$ 得出(对模 p 来说) 同样的平方,并且除这两个数外诸数 $1,2,\cdots,p-1$ 中无论哪一个再也不会得出这个同样的平方(否则同余式(114a) 便会有两个以上相异的根了). 我们把诸数 $1,2,\cdots,p-1$ 的平方对模 p 来说是相异的记为

$$a_1,a_2,\cdots,a_{\frac{p-1}{2}} \tag{116}$$

若 a 等于式(116) 诸数中的一个,则同余式(114a) 有解. 因此,式(116) 中全部的数都满足同余式(115). 但是同余式(115) 不可能有多于$\frac{p-1}{2}$个(对模 p

来说）相异的解，因此，这个同余式恰恰有$\frac{p-1}{2}$个相异的解，并且当a等于这些解中的任一个时，同余式(114a)有解．由此可见，同余式(115a)也有$\frac{p-1}{2}$个（对模p来说）相异的解，并且当a等于这些解中任一个时，同余式(114a)无解．由此证明了定理71.

定义 若同余式(114a)有解，则称a为数p的平方剩余；在相反的情形，便称a为数p的平方非剩余.[①]

从定理71的证明即得下面的推论.

推论 对于奇素数p来说，它的平方剩余的个数总是等于它的平方非剩余的个数，即$\frac{p-1}{2}$.

定理72(欧拉定理) 两个平方剩余或两个非剩余的乘积是剩余；一个剩余与一个非剩余的乘积却是非剩余.

证 这可由欧拉判别法直接导出：若a与b不能被p除尽，则

$$a^{\frac{p-1}{2}} \equiv \pm 1 \pmod p, \quad b^{\frac{p-1}{2}} \equiv \pm 1 \pmod p$$

这两个同余式相乘，即得

$$(ab)^{\frac{p-1}{2}} \equiv \pm 1 \pmod p$$

在这里，右边的符号是“+”或“−”就看上两个同余式的右边是同号或异号而定.

§48 勒让德符号

若p是一个奇素数而a不能被p除尽，则当a是数p的平方剩余时，符号$\left(\frac{a}{p}\right)$表示1，当a是数p的平方非剩余时，符号$\left(\frac{a}{p}\right)$表示-1；勒让德引用了这个符号．因此，式(115)与(115a)就可以一并写成

$$a^{\frac{p-1}{2}} \equiv \left(\frac{a}{p}\right) \pmod p \tag{115b}$$

我们来导出勒让德符号的一系列的性质，根据这些性质就可以很快地去计算勒让德符号，从而可以确定a究竟是数p的平方剩余，或是非剩余．也就是可以确定同余式(114a)究竟是有解或无解．虽然从欧拉判别法也可以回答这个

① 有时把“平方”二字精简掉，就只说“剩余”和“非剩余”.

问题,但是当 p 是庞大的数时,把 a 自乘$\frac{p-1}{2}$次就非常麻烦,而勒让德符号的计算,在下面我们便可以看到,却十分简单.

勒让德符号的性质:

(1) 若 $a \equiv b \pmod{p}$,则$\left(\frac{a}{p}\right)=\left(\frac{b}{p}\right)$.

在同余式中每一数可用对于所给模与它同余的任意数来代替(§33),从这一普遍定理便得出这个性质.

(2)$\left(\frac{ab}{p}\right)=\left(\frac{a}{p}\right)\left(\frac{b}{p}\right)$,这个性质可以直接推广到两个以上的因数,特别是

$$\left(\frac{a^n}{p}\right)=\left(\frac{a}{p}\right)^n,\left(\frac{a^2}{p}\right)=1,\left(\frac{ab^2}{p}\right)=\left(\frac{a}{p}\right)$$

这个性质不过是欧拉定理(定理72)的符号表示罢了.

(3)$\left(\frac{1}{p}\right)=1$,因为 $1^{\frac{p-1}{2}} \equiv 1$,即 1 是任何数 p 的平方剩余.

(4)$\left(\frac{-1}{p}\right)=(-1)^{\frac{p-1}{2}}$,在这里由欧拉判别法即得

$$\left(\frac{-1}{p}\right) \equiv (-1)^{\frac{p-1}{2}} \pmod{p}$$

但因这个同余式的两边都等于 ± 1,而 $p>2$,则同余式的两边应该相等.

这个性质用文字表达出来即:-1 是形如 $4k+1$ 的一切素数的平方剩余,且是形如 $4k+3$(或 $4k-1$) 的一切素数的平方非剩余.因为当 $p=4k+1$ 时方次数$\frac{p-1}{2}=2k$ 是偶数,而当 $p=4k+3$ 时方次数$\frac{p-1}{2}=2k+1$ 是奇数.

若要计算对于任意整数 a 的勒让德符号$\left(\frac{a}{p}\right)$,由性质(2) 这一问题化成了去计算下面这些勒让德符号:$\left(\frac{1}{p}\right)$,$\left(\frac{-1}{p}\right)$,$\left(\frac{2}{p}\right)$,$\left(\frac{q}{p}\right)$(这里奇素数 $q \neq p$).由性质(3) 及(4) 得到$\left(\frac{1}{p}\right)$及$\left(\frac{-1}{p}\right)$的公式.对于$\left(\frac{2}{p}\right)$便有下列公式.

(5)$\left(\frac{2}{p}\right)=(-1)^{\frac{p^2-1}{8}}$(这个公式我们在下一节中证明).

就模 8 来说,p 有下列形式之一:$8k+1$,$8k+3$,$8k+5$(即 $8k-3$),$8k+7$(即 $8k-1$).若 $p=8k \pm 1$,则$\frac{p^2-1}{8}=8k^2 \pm 2k$ 是偶数,因此,$(-1)^{\frac{p^2-1}{8}}=1$.若 $p=8k \pm 3$,则$\frac{p^2-1}{8}=8k^2 \pm 6k+1$ 是奇数,因此,$(-1)^{\frac{p^2-1}{8}}=-1$.由此可见,性质(5) 可叙述成:2 是形如 $8k+1$ 及 $8k+7$(即 $8k-1$) 的一切素数的平方剩余,且

是形如 $8k+3$ 及 $8k+5$(即 $8k-3$) 的一切素数的平方非剩余.

至于符号 $\left(\frac{q}{p}\right)$，这里 p 与 q 是相异的奇素数，则有一个联系两个符号 $\left(\frac{q}{p}\right)$ 与 $\left(\frac{p}{q}\right)$ 的公式，以互反性定律之名而著称. 这个定律证法不一，我们来讲一个根据下列定理的证法.

定理 73(高斯引理) 若 a 不能被奇素数 p 除尽，则

$$\left(\frac{a}{p}\right)=(-1)^{\mu} \tag{117}$$

这里 μ 是在诸乘积 $a,2a,\cdots,\frac{p-1}{2}a$ 对于模 p 的绝对最小剩余中负剩余的个数.

证 我们用

$$a_1,a_2,\cdots,a_\lambda,-b_1,-b_2,\cdots,-b_\mu \tag{118}$$

表示诸数 $a,2a,\cdots,\frac{p-1}{2}a$ 对于模 p 的绝对最小剩余. 我们假定所有的 a_x 与所有的 b_y 都是正的，也就是说在式(118) 的诸数中有 λ 个正数，μ 个负数，而 $\lambda+\mu=\frac{p-1}{2}$；此外，所有的 $a_x<\frac{p}{2}$，所有的 $b_y<\frac{p}{2}$. 若 $ka\equiv la \pmod p$，则(§33，定理 50 推论 2)$k\equiv l \pmod p$，但因 k 与 l 都小于 $\frac{p}{2}$，此式只有当 $k=l$ 时才能成立，故诸数 $a,2a,\cdots,\frac{p-1}{2}a$ 对模 p 不同余，因此式(118) 中的诸数对模 p 互不同余. 而诸数 a_x 与 b_y 对模 p 也互不同余. 实际上，设 $a_x\equiv b_y \pmod p$，但因 $a_x\equiv ka \pmod p$，$-b_y\equiv la \pmod p$，故 $ka\equiv -la \pmod p$，$ka+la=(k+l)a\equiv 0 \pmod p$，即 $k+l\equiv 0 \pmod p$，这是不可能的，因为 k 与 l 都是正数并且都小于 $\frac{p}{2}$，所以 $k+l<p$ 并且是正的，从而不可能被 p 除尽. 这样一来，诸数

$$a_1,a_2,\cdots,a_\lambda,b_1,b_2,\cdots,b_\mu \tag{118a}$$

全是对模 p 为相异的正整数并且其中每一数都小于 $\frac{p}{2}$. 它们的个数是：$\lambda+\mu=\frac{p-1}{2}$. 既然总共只有 $\frac{p-1}{2}$ 个小于 $\frac{p}{2}$ 的正整数，那么即是 $1,2,3,\cdots,\frac{p-1}{2}$. 因此式(118a) 中各数也就是 $1,2,3,\cdots,\frac{p-1}{2}$ 诸数全部，只不过它们可以排成另一次序罢了，所以它们的乘积是

$$a_1a_2\cdots a_\lambda b_1b_2\cdots b_\mu=\left(\frac{p-1}{2}\right)! \tag{119}$$

式(118) 中的每一数必与一个乘积 ka 同余，而且只与一个乘积 ka 同余 $\left(1\leqslant k\leqslant \frac{p-1}{2}\right)$；反过来也对.把这些同余式全部写出来并且连乘，同时注意式(119)，即得

$$\left(\frac{p-1}{2}\right)!\ a^{\frac{p-1}{2}}\equiv\left(\frac{p-1}{2}\right)!\ (-1)^{\mu}(\bmod p)$$

两边约掉与 p 互素的因数 $\left(\frac{p-1}{2}\right)!$，便得

$$a^{\frac{p-1}{2}}\equiv(-1)^{\mu}(\bmod p)$$

由此式与公式(115b) 即得 $\left(\frac{a}{p}\right)=(-1)^{\mu}$，这就是所要证明的.

§ 49　互反性定律

定理 74　若 p 与 q 是两个相异的奇素数，则

$$\left(\frac{p}{q}\right)\left(\frac{q}{p}\right)=(-1)^{\frac{p-1}{2}\cdot\frac{q-1}{2}}\tag{120}$$

我们已经知道，数 $\frac{p-1}{2}$ 是偶是奇就看 p 是形如 $4k+1$ 的数或是形如 $4k+3$ 的数而定；对于数 $\frac{q-1}{2}$ 也是一样.只要这两个数中有一个是偶数，则乘积

$$\frac{p-1}{2}\cdot\frac{q-1}{2}$$

就是偶数.因此，互反性定律可以表示成这样：如果 p 与 q 中有一个是形如 $4k+1$ 的数，则

$$\left(\frac{p}{q}\right)=\left(\frac{q}{p}\right)$$

如果 p,q 都是形如 $4k+3$ 的数，那么

$$\left(\frac{p}{q}\right)=-\left(\frac{q}{p}\right)$$

互反性定律的证明　设 a 是不能被 p 除尽的整数，我们以 p 除 $a,2a,\cdots,\frac{p-1}{2}a$，得

$$\begin{cases} a = q_1 p + r_1 \\ 2a = q_2 p + r_2 \\ \vdots \\ xa = q_x p + r_x \\ \vdots \\ \dfrac{p-1}{2}a = q_{\frac{p-1}{2}} p + r_{\frac{p-1}{2}} \end{cases} \tag{121}$$

这里 $0 < r_x < p$，r_x 是最小正剩余，取在证明高斯辅助定理时所用的记号，可以确信：诸数 $r_1, r_2, \cdots, r_{\frac{p-1}{2}}$ 与

$$a_1, a_2, \cdots, a_\lambda, p-b_1, p-b_2, \cdots, p-b_\mu$$

是相同的，因此

$$\sum_{x=1}^{\frac{p-1}{2}} r_x = A - B + \mu p$$

这里记

$$A = a_1 + a_2 + \cdots + a_\lambda, B = b_1 + b_2 + \cdots + b_\mu$$

再注意

$$1 + 2 + \cdots + \frac{p-1}{2} = \left(1 + \frac{p-1}{2}\right)\frac{p-1}{4} = \frac{p^2-1}{8}$$

现在我们把式(111)的所有等式逐项相加，得

$$\frac{p^2-1}{8} \cdot a = p\sum_{x=1}^{\frac{p-1}{2}} q_x + \mu p + A - B \tag{122}$$

因为诸数 $a_1, a_2, \cdots, a_\lambda, b_1, b_2, \cdots, b_\mu$ 就是诸数 $1, 2, \cdots, \frac{p-1}{2}$ 全体(参看高斯辅助定理的证明)，这意味着：它们的和是

$$A + B = \frac{p^2-1}{8}$$

$$A = \frac{p^2-1}{8} - B$$

因此，由式(122)即得(如果把 $\frac{p^2-1}{8}$ 移到左边的话)

$$\frac{p^2-1}{8}(a-1) = p\sum_{x=1}^{\frac{p-1}{2}} q_x + \mu p - 2B \tag{122a}$$

(1) 设 $a=2$，把式(122a)写成模 2 的同余式(注意 $p \equiv 1 \pmod 2$)，即得

$$\frac{p^2-1}{8} \equiv \sum_{x=1}^{\frac{p-1}{2}} q_x + \mu \pmod 2$$

但因 $1\times 2, 2\times 2, 3\times 2, \cdots, \frac{p-1}{2}\times 2$ 全部小于 p，故用 p 来除所得的商都等于 0，即在这种情形下所有的 $q_x=0$. 因此

$$\frac{p^2-1}{8}\equiv \mu \pmod 2$$

从而根据高斯辅助定理

$$\left(\frac{2}{p}\right)=(-1)^{\frac{p^2-1}{8}}$$

因此，勒让德符号的性质(5)（参看前节）得以证明.

(2) 现在设 $a=q$ 是异于 p 的奇素数，则由式(122a)作为模 2 的同余式即得

$$0\equiv \sum_{x=1}^{\frac{p-1}{2}} q_x+\mu \pmod 2$$

或

$$\sum_{x=1}^{\frac{p-1}{2}} q_x\equiv \mu \pmod 2$$

但 q_x 是以 p 除 xq 所得的不完全的商，即 $q_x=\left[\frac{xq}{p}\right]$，因此

$$\sum_{x=1}^{\frac{p-1}{2}}\left[\frac{xq}{p}\right]\equiv \mu \pmod 2$$

由此根据高斯辅助定理得

$$\left(\frac{q}{p}\right)=(-1)^{\sum\left[\frac{xq}{p}\right]}$$

相仿地得到

$$\left(\frac{p}{q}\right)=(-1)^{\sum\left[\frac{yp}{q}\right]}$$

因而

$$\left(\frac{p}{q}\right)\left(\frac{q}{p}\right)=(-1)^{\sum\left[\frac{xq}{p}\right]+\sum\left[\frac{yp}{q}\right]}$$

为了要去计算这个和

$$\sum_{x=1}^{\frac{p-1}{2}}\left[\frac{xq}{p}\right]+\sum_{y=1}^{\frac{q-1}{2}}\left[\frac{yp}{q}\right]$$

我们来看下式

$$\frac{y}{q}-\frac{x}{p} \tag{123}$$

这里 $x=1,2,\cdots,\frac{p-1}{2}$；$y=1,2,\cdots,\frac{q-1}{2}$. 由此可见，差数(123)的值共有 $\frac{p-1}{2}\cdot\frac{q-1}{2}$ 个，它们中间任何一个都不等于零. 我们来确定它们中间有几个

正的几个负的.

设$\frac{y}{q}-\frac{x}{p}>0$,即$x<\frac{yp}{q}$.对于给定的$y$,$x$可以有$1,2,3,\cdots,[\frac{yp}{q}]$这些值,而$y$有从1到$\frac{q-1}{2}$包括这两个值在内的各值.因此,式(123)的正值共有$\sum_{y=1}^{\frac{p-1}{2}}[\frac{yp}{q}]$个.现在设$\frac{y}{q}-\frac{x}{p}<0$,则$y<\frac{xq}{p}$,仿此我们得到:式(123)的负值共有$\sum_{x=1}^{\frac{p-1}{2}}[\frac{xq}{p}]$个.但因式(123)共有$\frac{p-1}{2}\cdot\frac{q-1}{2}$个值,其中每一个值一定非正即负,故

$$\sum_{x=1}^{\frac{p-1}{2}}[\frac{xq}{p}]+\sum_{y=1}^{\frac{q-1}{2}}[\frac{yp}{q}]=\frac{p-1}{2}\cdot\frac{q-1}{2}$$

由此直接导得公式(120),即互反性定律得以证明.

1783年欧拉首先发现互反性定律,但是没有证明它;1785年勒让德重新发现这个定律,但是勒让德所给出的证明是不够令人满意的.1798年勒让德借助于他所倡议的符号用公式(120)表示出了互反性定律.1796年高斯首先严格地证明了互反性定律;这个用完全归纳法的证明刊登在高斯1801年出版的著名专著*Disquisitiones arithmeticae*(《算术研究》)中.后来高斯又给出了这个定律的六个证法.我们所得到的证明是把高斯的第三个证法略加简化的,这个证明的后一部分是克罗内克(Kronecker)所想出的.在高斯以后又曾给出互反性定律的许多证明,到现在这些证法总共约有50个左右.

由互反性定律与勒让德符号的其他性质使我们可以像在下面的例子所指出的那样去计算勒让德符号.

例1 计算$\left(\frac{438}{593}\right)$.先把分子438分解成素因数

$$438=2\times3\times73$$

其次根据§48的性质(2),得

$$\left(\frac{438}{593}\right)=\left(\frac{2}{593}\right)\left(\frac{3}{593}\right)\left(\frac{73}{593}\right)$$

我们分别算出右边的每一个勒让德符号,因为由§48的性质(5),$593=8\times74+1$,所以

$$\left(\frac{2}{593}\right)=1$$

为了计算$\left(\frac{3}{593}\right)$我们先应用互反性定律,然后应用§48的性质(1)

$$\left(\frac{3}{593}\right)=\left(\frac{593}{3}\right)=\left(\frac{2}{3}\right)$$

在这里因为 593 是形如 $4k+1$ 的数，所以我们把这个勒让德符号颠倒过来并不改号. 因为 3 是形如 $8k+3$ 的数，所以(§48 的性质(5))

$$\left(\frac{2}{3}\right)=-1$$

因此
$$\left(\frac{3}{593}\right)=-1$$

其次(根据互反性定律与 §48 的性质(1) 及(2))

$$\left(\frac{73}{593}\right)=\left(\frac{593}{73}\right)=\left(\frac{9}{73}\right)=\left(\frac{3^2}{73}\right)=\left(\frac{3}{73}\right)^2=1$$

因此
$$\left(\frac{438}{593}\right)=1\times(-1)\times 1=-1$$

因而同余式 $x^2\equiv 438 \pmod{593}$ 无解.

这个例子也可以用 $438\equiv -155 \pmod{593}$，$155=5\times 31$ 去做，因为 $\left(\frac{-1}{593}\right)=1$，所以

$$\left(\frac{438}{593}\right)=\left(\frac{-155}{593}\right)=\left(\frac{-1}{593}\right)\left(\frac{5}{593}\right)\left(\frac{31}{593}\right)=\left(\frac{5}{593}\right)\left(\frac{31}{593}\right)$$

$$\left(\frac{5}{593}\right)=\left(\frac{593}{5}\right)=\left(\frac{3}{5}\right)=\left(\frac{5}{3}\right)=\left(\frac{2}{3}\right)=-1$$

$$\left(\frac{31}{593}\right)=\left(\frac{593}{31}\right)=\left(\frac{4}{31}\right)=\left(\frac{2}{31}\right)^2=1$$

因此
$$\left(\frac{438}{593}\right)=-1$$

例 2 计算 $\left(\frac{2\ 023}{1\ 231}\right)$. 我们先对模 1 231 来简化分子

$$\left(\frac{2\ 023}{1\ 231}\right)=\left(\frac{792}{1\ 231}\right)$$

分解 792 为素因数

$$792=2^3\times 3^2\times 11$$

$$\left(\frac{792}{1\ 231}\right)=\left(\frac{2^3}{1\ 231}\right)\left(\frac{3^2}{1\ 231}\right)\left(\frac{11}{1\ 231}\right)=\left(\frac{2}{1\ 231}\right)\left(\frac{11}{1\ 231}\right)$$

$\left(\frac{2}{1\ 231}\right)=1$，因为 1 231 是形如 $8k+7$ 的数的缘故，所以

$$\left(\frac{11}{1\ 231}\right)=-\left(\frac{1\ 231}{11}\right)$$

因为这里 1 231 与 11 都是形如 $4k+3$ 的数的缘故；其次

$$\left(\frac{1\ 231}{11}\right)=\left(\frac{-1}{11}\right)=-1$$

因为 11 是形如 $4k+3$ 的数的缘故(参阅 §48 性质(4)). 因为

$$\left(\frac{792}{1\ 231}\right)=1$$

即同余式 $x^2\equiv 792 \pmod{1\ 231}$ 有解.

§50 雅可比符号

在计算勒让德符号的时候最大的困难就在于分解分子成素因数. 在分子是很大的数时,把它分解成素因数这件事可能在实际上是办不到的. 为了避免这个困难,雅可比(Jacobi)把勒让德符号推广到了当分母是奇合数的情形,这个推广的符号就叫作雅可比符号.

设 P 是任一奇正数而 a 与 P 互素. 设 $P=pp'p''\cdots$ 是数 P 的素因数分解式($p,p',p'',\cdots$ 不一定全是相异的). 在这种情形下我们定义

$$\left(\frac{a}{P}\right)=\left(\frac{a}{p}\right)\left(\frac{a}{p'}\right)\left(\frac{a}{p''}\right)\cdots \tag{124}$$

这里$\left(\frac{a}{p}\right)$,$\left(\frac{a}{p'}\right)$,$\left(\frac{a}{p''}\right)$,$\cdots$ 是通常的勒让德符号(a 是与P 互素的,也就与 p,p',$p'',\cdots$ 都互素),符号$\left(\frac{a}{p}\right)$就是雅可比符号.

设 $a=qq'q''\cdots$ 是数 a 的素因数分解式(因为 a 与 P 互素,所以 $q,q',q'',\cdots$ 全异于 $p,p',p'',\cdots$). 由此(根据 §48 性质(1))

$$\left(\frac{a}{p}\right)=\left(\frac{q}{p}\right)\left(\frac{q'}{p}\right)\left(\frac{q''}{p}\right)\cdots,\left(\frac{a}{p'}\right)=\left(\frac{q}{p'}\right)\left(\frac{q'}{p'}\right)\left(\frac{q''}{p'}\right)\cdots$$

依此类推. 因此

$$\left(\frac{a}{p}\right)=\prod_{p,q}\left(\frac{q}{p}\right) \tag{124a}$$

这里的乘积是对于所有的数 $p,p',p'',\cdots$ 及所有的数 $q,q',q'',\cdots$ 来取的(这就是说每一个 q 与每一个 p 相配搭). 在式(124a)中先把具有同一个 q 的全部因数结合起来,然后把具有同一个 q' 的全部因数结合起来,依此类推(根据雅可比符号的定义),即得

$$\left(\frac{a}{P}\right)=\left(\frac{q}{P}\right)\left(\frac{q'}{P}\right)\left(\frac{q''}{P}\right)\cdots$$

由此直接导出

$$\left(\frac{ab}{P}\right)=\left(\frac{a}{P}\right)\left(\frac{b}{P}\right) \tag{125}$$

因此 §48 的性质(2)(以及所有的推论) 对于雅可比符号也得到了证明.

从雅可比符号的定义本身还导出这样的性质:若 P_1 和 P_2 都与 a 互素,则

$$\left(\frac{a}{P_1P_2}\right)=\left(\frac{a}{P_1}\right)\left(\frac{a}{P_2}\right) \tag{126}$$

这个性质可直接推广到分母有两个以上因数的情形.

由定义(124),当 $a=1$ 时直接导出

$$\left(\frac{1}{P}\right)=1 \tag{127}$$

我们现在来证明下面的辅助定理.

辅助定理 若 P 与 P' 是奇数,则

$$\frac{PP'-1}{2}\equiv\frac{P-1}{2}+\frac{P'-1}{2} \pmod 2 \tag{128}$$

$$\frac{(PP')^2-1}{8}\equiv\frac{P^2-1}{8}+\frac{P'^2-1}{8} \pmod 2 \tag{129}$$

证 (1)$(P-1)(P'-1)$ 能被 4 除尽,我们有

$$(P-1)(P'-1)=PP'-P-P'+1=$$
$$(PP'-1)-(P-1)-(P'-1)\equiv 0 \pmod 4$$
$$PP'-1\equiv(P-1)+(P'-1) \pmod 4$$

因而,用 2 除两边及模,即得式(128).

(2)(根据 §34,定理 52) 我们有:P^2-1 与 P'^2-1 能被 8 除尽,因此,$(P^2-1)(P'^2-1)$ 能被 64 除尽. 这样一来

$$(P^2-1)(P'^2-1)=P^2P'^2-P^2-P'^2+1=$$
$$[(PP')^2-1]-(P^2-1)-(P'^2-1)\equiv 0 \pmod{64}$$

用 8 除两边及模,即得

$$\frac{(PP')^2-1}{8}\equiv\frac{P^2-1}{8}+\frac{P'^2-1}{8} \pmod 8$$

这同余式对于模 2 也是正确的,从而我们得到式(129).

式(128) 与(129) 可直接推广到几个奇数的情形. 因此,若把正的奇数 P 分解成素因数 $P=pp'p''\cdots$,则

$$\sum_p\frac{p-1}{2}\equiv\frac{P-1}{2} \pmod 2 \tag{128a}$$

$$\sum_p\frac{p^2-1}{8}\equiv\frac{P^2-1}{8} \pmod 2 \tag{129a}$$

借这些公式不难证明:§48 的性质(4) 与(5) 对于雅可比符号仍然正确,即

$$\left(\frac{-1}{P}\right)=\left(\frac{-1}{p}\right)\left(\frac{-1}{p'}\right)\left(\frac{-1}{p''}\right)\cdots=(-1)^{\frac{p-1}{2}}\cdot(-1)^{\frac{p'-1}{2}}\cdot(-1)^{\frac{p''-1}{2}}\cdots=$$
$$(-1)^{\sum\frac{p-1}{2}}=(-1)^{\frac{P-1}{2}}$$
$$\left(\frac{2}{P}\right)=\left(\frac{2}{p}\right)\left(\frac{2}{p'}\right)\left(\frac{2}{p''}\right)\cdots=(-1)^{\frac{p^2-1}{8}}\cdot(-1)^{\frac{p'^2-1}{8}}\cdot(-1)^{\frac{p''^2-1}{8}}\cdots=$$
$$(-1)^{\sum\frac{p^2-1}{8}}=(-1)^{\frac{P^2-1}{8}}$$

对于雅可比符号也容易证明互反性定律：设 P 及 Q 是两个互素的正奇数；$P=pp'p''\cdots$，$Q=qq'q''\cdots$ 是它们的素因数分解式. 根据公式(124a) 我们有

$$\left(\frac{P}{Q}\right)\left(\frac{Q}{P}\right)=\prod_{p,q}\left(\frac{p}{q}\right)\cdot\prod_{p,q}\left(\frac{q}{p}\right)=\prod_{p,q}\left(\frac{p}{q}\right)\left(\frac{q}{p}\right)=$$
$$\prod_{p,q}(-1)^{\frac{p-1}{2}\frac{q-1}{2}}=(-1)^{\sum\limits_{p,q}\left(\frac{p-1}{2}\cdot\frac{q-1}{2}\right)}=$$
$$(-1)^{\sum\limits_{p}\frac{p-1}{2}\cdot\sum\limits_{q}\frac{q-1}{2}}=(-1)^{\frac{P-1}{2}\cdot\frac{Q-1}{2}}$$

(对于 P 与 Q 应用公式(128a))，这就是互反性定律.

我们对于雅可比符号来证明 §48 的性质(1). 若 $P=pp'p''\cdots$，a 与 P 互素并且 $a\equiv b\pmod P$，则显而易见 b 也与 P 互素，并且下面这些同余式都是正确的：$a\equiv b\pmod p$，$a\equiv b\pmod{p'}$，$a\equiv b\pmod{p''}$ 等，因此

$$\left(\frac{a}{p}\right)=\left(\frac{b}{p}\right),\left(\frac{a}{p'}\right)=\left(\frac{b}{p'}\right),\left(\frac{a}{p''}\right)=\left(\frac{b}{p''}\right),\cdots$$

把这些等式连乘起来，由式(124) 即得

$$\left(\frac{a}{P}\right)=\left(\frac{b}{P}\right)$$

这就是所要证明的.

定理 75　§48 的性质(1) ~ (5) 以及互反性定律对于雅可比符号仍旧正确.

这样一来，雅可比符号可以照着与勒让德符号相同的法则来计算. 一般说来，勒让德符号不过是雅可比符号的特例罢了，在计算的时候尽可不必加以区别. 在计算勒让德符号时我们不必分解分子成素因数，只要分出等于 2 的因数就行了.

注意　定理 75 说明：对于勒让德符号的雅可比推广来说所谓“守恒原理”是满足的. 这个原理就是要求对于一个已知概念加以推广时这个概念的基本性质仍然保持正确. 可能有人以为对合数的分母勒让德符号更自然的推广也许应该这样：若同余式 $x^2\equiv a\pmod P$ 有解，则认为 $\left(\frac{a}{P}\right)=1$；相反的情形就认为 $\left(\frac{a}{P}\right)=-1$. 但是如果这样的话，既不满足守恒原理，而且这样的推广也没有什

么实际的意义. 我们要注意：对于雅可比符号来说$\left(\frac{a}{P}\right)=1$只是同余式$x^2\equiv a\pmod P$有解的必要条件，而不是充分条件(参看后面 §57，定理 81).

例 1 计算$\left(\frac{853}{1\ 409}\right)$. 我们无须考虑中间得到怎样的符号——不论它是勒让德符号也罢或是雅可比符号也罢

$$\left(\frac{853}{1\ 409}\right)=\left(\frac{1\ 409}{853}\right)=\left(\frac{556}{853}\right)=\left(\frac{2^2}{853}\right)\left(\frac{139}{853}\right)=\left(\frac{139}{853}\right)=\left(\frac{853}{139}\right)=$$

$$\left(\frac{19}{139}\right)=-\left(\frac{139}{19}\right)=-\left(\frac{6}{19}\right)=-\left(\frac{2}{19}\right)\left(\frac{3}{19}\right)=$$

$$\left(\frac{3}{19}\right)=-\left(\frac{19}{3}\right)=-\left(\frac{1}{3}\right)=-1$$

例 2 计算$\left(\frac{5\ 381}{6\ 277}\right)$. 我们有

$$\left(\frac{5\ 381}{6\ 277}\right)=\left(\frac{-896}{6\ 277}\right)=\left(\frac{-1}{6\ 277}\right)\left(\frac{2^7}{6\ 277}\right)\left(\frac{7}{6\ 277}\right)=\left(\frac{2}{6\ 277}\right)\left(\frac{7}{6\ 277}\right)=$$

$$-\left(\frac{6\ 277}{7}\right)=-\left(\frac{5}{7}\right)=-\left(\frac{7}{5}\right)=-\left(\frac{2}{5}\right)=1$$

§ 51 平方剩余论中的两个问题

由勒让德符号与雅可比符号便可回答这个问题：同余式

$$x^2\equiv a\pmod p \tag{114a}$$

是否能够成立？这里p是素数，a不能被p除尽. 只要对于所给两个数a与p去计算勒让德符号$\left(\frac{a}{p}\right)$就行了. 现在设两个数a,p中有一个是不定的(变数)；在这种情形下有这样两个问题发生：

1. 数p已知；求适合于$\left(\frac{a}{p}\right)=1$，也就是使同余式(114a)能够成立的一切数$a$；换句话说，就是要去找数$p$的一切平方剩余. 这个问题是有止境的，因为一般说来a只可能有$p-1$个(对模p)相异的值：$1,2,3,\cdots,p-1$. 就这些a值来计算勒让德符号$\left(\frac{a}{p}\right)$，把这些a值中的每一个都做一番尝试；即可见这些a值中一半是数p的平方剩余，一半是非剩余. 也可以这样来进行：把$1,2,3,\cdots,p-1$中每一个数平方起来再对模p取这些平方的最小正剩余. 这些剩余就是数p的全部平方剩余. 因为$\lambda^2\equiv(p-\lambda)^2$，可见其中每一个出现两次，而不同的平方剩余恰恰是$\frac{p-1}{2}$个.甚至连$1,2,\cdots,p-1$这些数也不必全取,只要取前$\frac{p-1}{2}$个数:$1,2,3,\cdots,\frac{p-1}{2}$就行了.由它们的平方也就得到数$p$的全部平方剩余,并且每一个出现一次.

例如,(1)$p=3,p-1=2$.在这里只有一个平方剩余,即是1;一个非剩余是2.

(2)$p=5$,a有四个值:1,2,3,4,其中1,4是剩余,2,3是非剩余(注意:凡完全平方数恒为剩余).

(3)$p=7$,$a=1,2,3,4,5,6$,取三个数1,2,3的平方,我们求得剩余:1,4,$9\equiv 2$;非剩余:3,5,6.

2.困难得多的是第二个问题:数a已知;求使a是平方剩余的一切(奇素)数p,即求使同余式(114a)能够成立的一切p值.换句话说,就是要去找那些(对于x的不同整数值)可能是形式x^2-a之约数的一切(奇素)数p.

我们用齐次形式t^2-au^2来代替形式x^2-a,这里t与u是(取整数值的)变数.显而易见,形式x^2-a的约数也就是齐次形式t^2-au^2的约数.要把后一形式化成前一形式,只需取$t=x,u=1$.如果添上条件$D(t,u)=1$,那么就可以说反过来也对.在这个条件下形式t^2-au^2的素约数也就是非齐次形式x^2-a的约数.实际上,若对于某些互素的整数t及u,形式t^2-au^2能被素数p除尽

$$t^2-au^2\equiv 0\pmod{p} \tag{130}$$

则数u不能被p除尽,否则t也将会被p除尽,而u与t便不是互素的了.因此,可以找到v(§39,定理60),使下式成立

$$uv\equiv 1\pmod{p}$$

我们以v^2乘式(130)的两边并用1代换u^2v^2,即得

$$(tv)^2-a\equiv 0\pmod{p}$$

因此,当$x=tv$时,x^2-a能被p除尽.

定理76 当$D(t,u)=1$时,二形式x^2-a与t^2-au^2有同样的素约数.

这样一来,我们的问题可以叙述成:(当$D(t,u)=1$时)求形式t^2-au^2的一切素约数.因为这些约数的集合是无限的,所以第二问题比第一问题复杂.利用勒让德符号与雅可比符号就可以像我们在上例中所指出的那样来解这个第二问题.注意:当$a=-1$与$a=2$时这个问题已经解决.由(§48)勒让德符号与雅可比符号的性质(4)与(5)即得这问题当$a=-1$与$a=2$时的解.当$D(t,u)=1$时所有形如$4k+1$的素数(当$t=1,u=1$时再添上数2)都是形式t^2+u^2的素约数.当$D(t,u)=1$时所有形如$8k+1$与$8k+7$的素数(当$t=0,u=1$时添

上数 2）都是形式 t^2-2u^2 的素约数.

例 1　求（当 $D(t,u)=1$ 时）形式 t^2-3u^2 的一切素约数. 这里 $a=3$，必须去求适合 $\left(\frac{3}{p}\right)=1$ 的一切素数 p. 应该考虑两个情形：

(1) p 是形如 $4m+1$ 的数，则按互反性定律

$$\left(\frac{3}{p}\right)=\left(\frac{p}{3}\right)$$

仅当 $p\equiv 1\pmod 3$ 时才有 $\left(\frac{p}{3}\right)=1$（参看本节上面的例子）. 因此，对于 p 我们有这样的条件

$$p\equiv 1\pmod 4,\ p\equiv 1\pmod 3$$

我们来解这个同余式组（§43），即得一般解

$$p\equiv 1\pmod{12}$$

即 $p=12k+1$.

(2) p 是形如 $4m+3$ 的数，则按互反性定律

$$\left(\frac{3}{p}\right)=-\left(\frac{p}{3}\right)$$

当 $p\equiv 2\pmod 3$ 时 $\left(\frac{p}{3}\right)=-1$. 因此，我们有

$$p\equiv 3\pmod 4,\ p\equiv 2\pmod 3$$

一般解

$$p\equiv 11\pmod{12}$$

即 $p=12k+1$.

因为我们已求得的 p 值只是与 a 互素的奇素数，所以另外还应该单独来考虑数 2 以及 a 的素约数（在本例中即是 3）. 而 t^2-3u^2 显然当 $t=u=1$ 时能被 2 除尽，当 $t=0,u=1$ 时能被 3 除尽.

因此，形式 t^2-3u^2 乃有这样一些素约数

$$2,3,12k+1,12k+11\ (\text{即 } 12k-1)$$

例 2　求（当 $D(t,u)=1$ 时）形式 t^2+7u^2 的素约数. 这里 $a=-7$，因此，必须来研究符号 $\left(\frac{-7}{p}\right)$.

（根据 §48 的性质（4）与互反性定律）我们有

$$\left(\frac{-7}{p}\right)=\left(\frac{-1}{p}\right)\left(\frac{7}{p}\right)=(-1)^{\frac{p-1}{2}}\left(\frac{p}{7}\right)(-1)^{\frac{p-1}{2}\cdot\frac{7-1}{2}}=$$

$$(-1)^{\frac{p-1}{2}+3\frac{p-1}{2}}\cdot\left(\frac{p}{7}\right)=(-1)^{2(p-1)}\left(\frac{p}{7}\right)=\left(\frac{p}{7}\right)$$

但是,正像我们在本节中所看到的,当 $p \equiv 1,2,4 \pmod 7$ 时,$\left(\frac{p}{7}\right)=1$. 因此,$p$ 有下列形式之一:$7k+1,7k+2,7k+4$;所有这些形式的素数都是形式 t^2+7u^2 的约数. 除此之外,数 2(当 $t=u=1$ 时)与 7(当 $t=0,u=1$ 时)也是这个形式的约数.

§52 二次同余式的解法,柯尔金法(一)

至于谈到形如(114a)的同余式的实际解法,即实际上求它的根的方法,到现在为止还没有一个不用查表的具体方法. 当然,纵使纯凭试探也总是可以找出 x 来,因为这种试探为数有限(当模 p 是已知时只需去试一试 $1,2,\cdots,p-1$ 这 $p-1$ 个数就够了),但是当模很大时这个方法往往就根本不能实用. 我们将讲到两个情形由欧拉判别法本身就得到同余式(114a)的解的普遍公式:

1. 设 $p=4k+3$,则$\frac{p-1}{2}=2k+1$,根据 §47 公式(115)(假定我们的同余式有解)我们将得到

$$a^{2k+1} \equiv 1 \pmod p$$

以 a 乘两边,即得

$$a^{2k+2} \equiv a \pmod p$$

即

$$(a^{k+1})^2 \equiv a \pmod p$$

因此,$x \equiv \pm a^{k+1}$ 乃所求的同余式(114a)的解.

2. 设 $p=8k+5$,则$\frac{p-1}{2}=4k+2$. 由公式(115)便得

$$a^{4k+2} \equiv 1 \pmod p$$

即

$$(a^{2k+1}-1)(a^{2k+1}+1) \equiv 0 \pmod p$$

若乘积能被一个素数 p 除尽,则(由 §10,定理19)其中至少应有一个因子能被 p 除尽. 上式两个因子因为它们的差等于2是不能被 p 除尽的,所以它们不能两个一起都被 p 除尽. 于是,下列两种情形之一必然发生:

(1)$a^{2k+1}-1 \equiv 0 \pmod p$,即 $a^{2k+1} \equiv 1 \pmod p$,因而 $a^{2k+2} \equiv a \pmod p$,并且 $x=\pm a^{k+1}$ 就是同余式(114a)的解.

(2)$a^{2k+1}+1 \equiv 0 \pmod p$,即 $a^{2k+1} \equiv -1 \pmod p$,因而

$$a^{2k+2} \equiv -a \pmod p$$

我们要找出数 p 的一个平方非剩余来,因为 $p=8k+5$,所以最简单的这种非剩余等于 2(§48,性质(5)). 由式(115a)我们有

$$2^{\frac{p-1}{2}} = 2^{4k+2} \equiv -1 \pmod p$$

将最后两个同余式边边连乘,即得

$$2^{4k+2} \cdot a^{2k+2} \equiv a \pmod p$$

即

$$(2^{2k+1} \cdot a^{k+1})^2 \equiv a \pmod p$$

因此,$x \equiv \pm 2^{2k+1} \cdot a^{k+1}$ 乃同余式(114a) 的解.

但是值得注意的是:当 p 很大时这种解法实际上仍然和应用欧拉判别法一样的不方便.

§53　二次同余式的解法,柯尔金法(二)

当 $p = 8k + 1$ 时,同余式(114a) 的解就没有现存的公式了. 在下一章里,我们将看到:形如式(114a) 的同余式不难借所谓指数来解它,不过这种解法需要查表. 解形如

$$x^n \equiv a \pmod p$$

的二项同余式还有一种柯尔金(А. Н. Коркин) 的方法,不过这种解法也需要有一些特制的表. 这个解法的一般叙述载于格拉维(Д. А. Граве) 所著的教科书《数论初等教程》(*Элементарный курс теории чисел*. 基辅,1913) 第四章中. 我们来叙述对于形如式(114a) 的二次同余式柯尔金解法的特殊情形,这里 p 是形如 $8k + 1$ 的数.

为了一般化起见,我们设

$$p = 2^\lambda k + 1$$

这里 $\lambda \geqslant 3$,k 是奇数.

我们来研究这一系列的同余式

$$z_1^2 \equiv -1 \pmod p,\ z_2^{2^2} \equiv -1 \pmod p,$$
$$z_3^{2^3} \equiv -1 \pmod p,\ \cdots,\ z_{\lambda-1}^{2^{\lambda-1}} \equiv -1 \pmod p \tag{131}$$

设 f 是数 p 的平方非剩余,由 §47,式(115a),我们有

$$f^{\frac{p-1}{2}} = f^{2^{\lambda-1}k} \equiv -1 \pmod p \tag{132}$$

这式可以写成

$$(f^{2^{\lambda-2}k})^2 \equiv -1 \pmod p$$

因此,$u_{11} \equiv f^{2^{\lambda-2}k}$ 与 $u_{12} \equiv -f^{2^{\lambda-2}k}$ 就是式(131) 中第一个同余式的解. 这两个解是相异的:倘若 $f^{2^{\lambda-2}k} \equiv -f^{2^{\lambda-2}k} \pmod p$,那么 $2f^{2^{\lambda-2}k}$ 就将被 p 除尽,可是 2 与 f 都是不能被 p 除尽的. 现在我们来把式(132) 写成下面的形式

$$(f^{2^{\lambda-3}k})^{2^2}\equiv -1\pmod p$$

由此可见，$u_{21}\equiv f^{2^{\lambda-3}k}$ 与 $u_{22}\equiv -u_{21}$ 就是式(131)中第二个同余式的解；像前面一样我们可以证明这些解是相异的. 因为 $u_{21}^{2^2}\equiv -1$，$u_{11}^{2^2}\equiv 1\pmod p$，所以 $u_{23}\equiv u_{11}u_{21}$ 与 $u_{24}\equiv -u_{11}u_{21}$ 也都是式(131)中第二个同余式的解. 所求得的四个解是全相异的：假设 $u_{21}\equiv\pm u_{23}\pmod p$，即 $u_{21}\equiv\pm u_{11}u_{21}\pmod p$；以 u_{21} 来约(因为 u_{21} 不能被 p 除尽)，便得 $u_{11}\equiv\pm 1\pmod p$，这是不能成立的，因为如果成立的话，那么将会有 $u_{11}^2\equiv 1$，但实际上 $u_{11}^2\equiv -1$.

现在把式(132)写成下面的形式

$$(f^{2^{\lambda-4}k})^{2^3}\equiv -1\pmod p$$

即得式(131)中第三个同余式的解：$u_{31}\equiv f^{2^{\lambda-4}k}$，$u_{32}\equiv -u_{31}$. 以 u_{31} 乘式(131)中前两个同余式的解即得式(131)中第三个同余式的其余六个解. 和上面情形一样，可以证明所求得的式(131)中第三个同余式的这样八个解是全相异的.

一般言之，要求式(131)中第 μ 个同余式

$$z_\mu^{2^\mu}\equiv -1\pmod p \tag{131a}$$

的全部的解，我们改写式(132)成下面的形式

$$(f^{2^{\lambda-\mu-1}k})^{2^\mu}\equiv -1\pmod p$$

由此可见，$u_{\mu1}\equiv f^{2^{\lambda-\mu-1}k}$，$u_{\mu2}\equiv -u_{\mu1}$ 就是同余式(131a)的解. 以 $u_{\mu1}$ 来乘式(131)中前面所有同余式的每一个解即得式(131a)的其余各解. 这样，总共又得 $2+2^2+2^3+\cdots+2^{\mu-1}=2^\mu-2$ 个解；这些解与 $u_{\mu1}$，$u_{\mu2}$ 两个解一起共得 2^μ 个解. 所有这些解对于模 p 是全相异的. 因为假定

$$u_{\mu1}u_{\kappa\lambda}\equiv u_{\mu1}u_{\rho\sigma}\pmod p$$

这里 $\kappa<\mu$，$\rho<\mu$. 则因 $u_{\mu1}$ 不能被 p 除尽，所以所得的同余式可用 $u_{\mu1}$ 来约

$$u_{\kappa\lambda}\equiv u_{\rho\sigma}\pmod p$$

但这同余式是不能成立的：当 $\kappa=\rho$ 而 $\lambda\neq\sigma$ 时，$u_{\kappa\lambda}$ 与 $u_{\kappa\sigma}$ 是式(131)中第 κ 个同余式的对模 p 为相异的解，而当 $\kappa\neq\rho$，例如 $\kappa<\rho$ 时，$u_{\kappa\lambda}$ 与 $u_{\rho\sigma}$ 对模 p 是不同余的，因为 $u_{\rho\sigma}^{2^\rho}\equiv -1$，但是 $u_{\kappa\lambda}^{2^\rho}\equiv 1\pmod p$.

柯尔金把式(131)中所有同余式的解的绝对最小剩余称为数 p 的平方特征. 他曾就 5 000 以内的素数 p 构造出它们的平方特征表来，波瑟(K. A. Поссе)继续构造出 10 000 以内的 p 的平方特征表. 我们将用字母 u 带上两个指标来表示这些绝对最小剩余，其中前一指标是式(131)中同余式的表示. 我们取全部第 μ 组平方特征来看

$$u_{\mu1},u_{\mu2},\cdots,u_{\mu2^\mu} \tag{133}$$

显然可见，它们的平方满足同余式

$$z_{\mu-1}^{2^{\mu-1}}\equiv -1\pmod p$$

即是与第 $\mu-1$ 组平方特征

$$u_{\mu-1,1}, u_{\mu-1,2}, \cdots, u_{\mu-1,2^{\mu-1}} \tag{133a}$$

同余. 我们来看看:在什么样的情形下 $u_{\mu\kappa}^2 \equiv u_{\mu\lambda}^2 \pmod p$. 要此式成立应有

$$(u_{\mu\kappa}-u_{\mu\lambda})(u_{\mu\kappa}+u_{\mu\lambda}) \equiv 0 \pmod p$$

就是说,要么就是 $u_{\mu\kappa} \equiv u_{\mu\lambda}$(这是同一平方特征),要不然就是

$$u_{\mu\kappa} \equiv -u_{\mu\lambda} \pmod p$$

另一方面,$-u_{\mu\lambda}$ 既然也是同余式(131a) 的异于 $u_{\mu\lambda}$ 的解,那么一定与式(133) 中某一特征同余. 因此,式(133) 的所有特征的平方就是式(131) 中第 $\mu-1$ 个同余式的全部 $2^{\mu-1}$ 个解.

由此可见,式(133a) 的第 $\mu-1$ 组平方特征中任一个必与式(133) 的第 μ 组特征中某一个的平方同余(甚至不是一个,而是两个).

现在我们回到我们的同余式

$$x^2 \equiv a \pmod p$$

这里 $p=2^\lambda k+1$,k 是奇数. 设 $\left(\frac{a}{p}\right)=1$,按欧拉判别法,即 $a^{\frac{p-1}{2}} \equiv a^{2^{\lambda-1}k} \equiv 1 \pmod p$.

我们来证明:要么就是 $a^k \equiv 1 \pmod p$,要不然就是在

$$a^{2^{\lambda-2}k}, a^{2^{\lambda-3}k}, \cdots, a^{2k}, a^k$$

这一系列的数中一定有一个数对于模 p 与 -1 同余.

从欧拉判别法即得

$$a^{2^{\lambda-1}k}-1=(a^{2^{\lambda-2}k}-1)(a^{2^{\lambda-2}k}+1) \equiv 0 \pmod p$$

左边的两个因子中有一个应该能被 p 除尽(因为这两个因子的差等于 2,所以不可能两个因子同时被 p 除尽). 若 $a^{2^{\lambda-2}k}+1$ 能被 p 除尽,则我们的论断也已证明. 如果 $a^{2^{\lambda-2}k}-1=(a^{2^{\lambda-3}k}-1)(a^{2^{\lambda-3}k}+1)$ 能被 p 除尽,那么要么就是 $a^{2^{\lambda-3}k}+1$ 能被 p 除尽,而我们的论断也已证明,要不然就是 $a^{2^{\lambda-3}k}-1=(a^{2^{\lambda-4}k}-1)(a^{2^{\lambda-4}k}+1)$ 能被 p 除尽,而同样地往下进行论证. 这样下去,到最后我们便得到:要么就是 $a^{2^{\lambda-s}k}+1$ 能被 p 除尽(这里 s 是 $2,3,\cdots,\lambda$ 中的一个数),要不然就是 a^k-1 能被 p 除尽.

我们分三种情形:

(1) $a^k \equiv 1 \pmod p$,则 $a^{k+1} \equiv (a^{\frac{k+1}{2}})^2 \equiv a \pmod p$($k$ 是奇数),即 $\pm a^{\frac{k+1}{2}}$ 是我们的同余式 $x^2 \equiv a \pmod p$ 的解.

(2) $a^k \equiv -1 \pmod p$,$(a^{\frac{k+1}{2}})^2 \equiv -a \pmod p$. 设 f 是数 p 的任一平方非剩余,则 $f^{\frac{p-1}{2}}=f^{2^{\lambda-1}k} \equiv -1 \pmod p$,$(f^{2^{\lambda-2}k}a^{\frac{k+1}{2}})^2 \equiv a \pmod p$,即 $\pm f^{2^{\lambda-2}k}a^{\frac{k+1}{2}}$ 是我们的同余式 $x^2 \equiv a \pmod p$ 的解.

(3)$a^{2^{\lambda-s}k} \equiv -1 \pmod{p}$,这里 $2 \leqslant s < \lambda$.

$$(a^k)^{2^{\lambda-s}} \equiv -1 \pmod{p}$$

因此,a^k 是式(131) 中第 $\lambda - s$ 个同余式的一解并且由以上所证

$$a^k \equiv b^2 \pmod{p} \tag{134}$$

这里 b 是式(131) 中第 $\lambda - s + 1$ 个同余式的解.用 a 乘式(134),得

$$(a^{\frac{k+1}{2}})^2 \equiv ab^2 \pmod{p}$$

从同余式 $bt \equiv 1 \pmod{p}$ 求出 t(因为 b 不能被 p 除尽,所以 t 是存在的)而得

$$(a^{\frac{k+1}{2}} \cdot t)^2 \equiv a \pmod{p}$$

即 $\pm a^{\frac{k+1}{2}} \cdot t$ 就是所给同余式的解.

例 1 解同余式 $x^2 \equiv 11 \pmod{43}$.

我们算出 $\left(\frac{11}{43}\right) = -\left(\frac{43}{11}\right) = -\left(\frac{-1}{11}\right) = 1$,因此,这个同余式有解.

这里 $43 = 4 \times 10 + 3$,我们有情形(1);$k = 10$,$k + 1 = 11$,因此,$x \equiv \pm 11^{11} \pmod{43}$.

我们算出

$$11^2 = 121 \equiv -8 \pmod{43}$$
$$11^4 \equiv 64 \equiv 21$$
$$11^8 \equiv 441 \equiv 11$$
$$11^{10} \equiv -8 \times 11 \equiv -88 \equiv -2$$
$$11^{11} \equiv -11 \equiv 21$$

因此,$x \equiv \pm 21 \pmod{43}$.

例 2 解同余式 $x^2 \equiv 7 \pmod{29}$.

这里,$29 = 8 \times 3 + 5$;我们有情形(2),$k = 3$.我们算出

$$\left(\frac{7}{29}\right) = \left(\frac{29}{7}\right) = \left(\frac{1}{7}\right) = 1, 2k + 1 = 7, k + 1 = 4$$
$$7^2 = 49 \equiv -9 \pmod{29}$$
$$7^4 \equiv 81 \equiv -6$$
$$7^6 \equiv (-9)(-6) = 54 \equiv -4$$
$$7^7 \equiv -28 \equiv 1$$

因此,$x \equiv \pm 7^{k+1} = \pm 7^4$,即 $x \equiv \pm 6 \pmod{29}$.

例 3 解同余式 $x^2 \equiv 23 \pmod{101}$.

这里,$\left(\frac{23}{101}\right) = \left(\frac{101}{23}\right) = \left(\frac{9}{23}\right) = 1$.其次,$101 = 8 \times 12 + 5$(情形(2)),$k = 12$,

$2k+1=25, k+1=13$. 我们有

$$23^2=529\equiv 24 \pmod{101}$$

$$23^4\equiv 576\equiv -30$$

$$23^{12}\equiv -27\,000\equiv -33$$

$$23^{13}\equiv -33\times 23=-759\equiv 49$$

$$23^{25}\equiv -33\times 49=-1\,617\equiv -1$$

因此

$$x\equiv \pm 2^{2k+1}\times 23^{k+1}=\pm 2^{25}\times 23^{13}$$

$$2^5=32, 2^{10}=1\,024\equiv 14 \pmod{101}$$

$$2^{20}\equiv 196\equiv -6, 2^{25}\equiv -6\times 32\equiv -192\equiv 10$$

所以

$$x\equiv \pm 10\times 49=\pm 490\equiv \pm 15 \pmod{101}$$

例 4 解同余式 $x^2\equiv 2 \pmod{17}$.

这里, $\left(\frac{2}{17}\right)=1, 17=2^4\times 1+1$. 我们有式(131)的同余式

$$z_1^2\equiv -1 \pmod{17}, z_2^{2^2}\equiv -1 \pmod{17}, z_3^{2^3}\equiv -1 \pmod{17}$$

这里 $f=-3$ 是模 17 的平方非剩余. 根据欧拉判别法

$$(-3)^8=(-3)^{2^3}\equiv -1 \pmod{17}$$

$$(-3)^4\equiv -4$$

因此

$$u_{11}\equiv 4, u_{12}\equiv -4, (-3)^2=9\equiv -8$$

因此

$$u_{21}\equiv 8, u_{22}\equiv -8, u_{23}\equiv 32\equiv -2, u_{24}\equiv 2$$

最后

$$u_{31}\equiv 3, u_{32}\equiv -3, u_{33}\equiv 7, u_{34}\equiv -7, u_{35}\equiv 6, u_{36}\equiv -6, u_{37}\equiv 5, u_{38}\equiv -5$$

我们有 $a=2$; 求得 $2^{2^2}\equiv -1 \pmod{17}$. 因此, 2 与同余式 $z_3^{2^3}\equiv -1 \pmod{17}$ 的一个解的平方同余. 我们求得 $2\equiv 6^2 \pmod{17}$, 因为在这里 $k=1$, 所以立即得到解

$$x\equiv \pm 6 \pmod{17}$$

例 5 解同余式 $x^2\equiv 5 \pmod{41}$.

这里, $\left(\frac{5}{41}\right)=\left(\frac{41}{5}\right)=\left(\frac{1}{5}\right)=1, 41=2^3\times 5+1, k=5$.

不难证实, $f=3$ 是模 41 的平方非剩余. 我们有式(131)的同余式

$$z_1^2\equiv -1 \pmod{41}, z_2^{2^2}\equiv -1 \pmod{41}$$

它们的解是 $z_1\equiv \pm 9, z_2\equiv \pm 3, \pm 14$.

其次，$a^k = 5^5 = 3\ 125 \equiv 9 \pmod{41}$；$a^{2k} = 5^{10} \equiv -1$，即 $9^2 \equiv -1$，$b = 3$. 现在我们解同余式 $3t \equiv 1 \pmod{41}$，得 $t \equiv 14$. $a^{\frac{k+1}{2}} \equiv 5^3 \equiv 125 \equiv 2$，$x \equiv 2 \times 14 = 28 \equiv -13$，因此

$$x \equiv \pm 13 \pmod{41}$$

§54　当模是奇素数之乘幂的情形

现在我们来看形如

$$x^2 \equiv a \pmod{p^\alpha} \tag{114}$$

的同余式，这里 α 是大于1的整数，而 p 是奇素数. 我们来看 a 不能被 p 除尽，即当 $D(a, p^\alpha) = 1$ 时的情形. 若同余式(114) 有解，则这些解也满足同余式

$$x^2 \equiv a \pmod{p} \tag{114a}$$

因为能被 p^α 除尽的 $x^2 - a$ 也能被 p 除尽的缘故. 但同余式(114a) 当且仅当

$$\left(\frac{a}{p}\right) = 1$$

时有解. 因此，这是同余式(114) 能解的必要条件. 我们来证明它也是充分条件. 若此条件满足，则同余式(114a) 有解，因此

$$b^2 \equiv a \pmod{p}$$

即

$$b^2 - a = kp$$

这里 k 是整数. 我们把这等式两边自乘 α 次，得

$$(b^2 - a)^\alpha = k^\alpha p^\alpha \equiv 0 \pmod{p^\alpha} \tag{135}$$

(根据牛顿二项式定理) 我们有

$$(b + \sqrt{a})^\alpha = b^\alpha + \alpha b^{\alpha-1}\sqrt{a} + \binom{\alpha}{2} b^{\alpha-2} a + \binom{\alpha}{3} b^{\alpha-3} a\sqrt{a} + \binom{\alpha}{4} b^{\alpha-4} a^2 + \cdots$$

可以分别结合不带根式的所有各项与带有因子 $\sqrt{a}$ 的所有各项，我们便得到这样的式子

$$(b + \sqrt{a})^\alpha = t + v\sqrt{a} \tag{136}$$

这里 t 与 v 都是整数. 以 $b - \sqrt{a}$ 代换 $b + \sqrt{a}$，只需把带有因子 $\sqrt{a}$ 的所有各项改变符号，因此

$$(b - \sqrt{a})^\alpha = t - v\sqrt{a} \tag{136a}$$

由此，把式(136) 与(136a) 相乘，即得

$$(b^2-a)^\alpha = t^2 - av^2$$

把此式代入式(135) 中,即得

$$t^2 - av^2 \equiv 0 \pmod{p^\alpha}$$

即

$$t^2 \equiv av^2 \pmod{p^\alpha} \tag{137}$$

我们来证明 t 不能被 p 除尽,也就是说 v 不能被 p 除尽. 为了这个目的,我们把式(136) 与(136a) 边边相加得

$$t = \frac{1}{2}[(b+\sqrt{a})^\alpha + (b-\sqrt{a})^\alpha] = f(a,b)$$

我们已经把右边用 $f(a,b)$ 来表示. 因为显而易见,带有因子$\sqrt{a}$ 的各项彼此相消,没有因子$\sqrt{a}$ 的各项加倍起来,所以 $f(a,b)$ 乃是一个 a 与 b 的具有整系数的整有理函数. 但因 b 是同余式(114a) 的根,即 $b^2 \equiv a \pmod{p}$,所以

$$t = f(a,b) \equiv (b^2,b) \pmod{p}$$

(§33,定理 51). 而当 $a=b^2$ 时我们得

$$f(b^2,b) = \frac{1}{2}[(b+b)^\alpha + (b-b)^\alpha] = \frac{1}{2}(2b)^\alpha = 2^{\alpha-1}b^\alpha$$

因此

$$t \equiv 2^{\alpha-1}b^\alpha \pmod{p}$$

因为 p 是奇数,而同余式(114a) 中的 a 不能被 p 除尽,作为式(114a) 的根的 b 也就与 p 互素,所以上面这个同余式的右边 $2^{\alpha-1}b^\alpha$ 是与 p 互素的. 因此 t 与 v 也都是与 p 互素的,也就是与 p^α 互素. 因此,同余式

$$tu \equiv a \pmod{p^\alpha}$$

有解 u(§39,定理 60),由此

$$t^2u^2 \equiv a^2 \pmod{p^\alpha}$$

以 u^2 乘同余式(137),再将 t^2u^2 用 a^2 来代换,即得

$$a^2 \equiv av^2u^2 \pmod{p^\alpha}$$

以与 p^α 互素的 a 来约,即得

$$v^2u^2 \equiv a \pmod{p^\alpha}$$

因此

$$x \equiv uv \pmod{p^\alpha} \tag{137a}$$

就是同余式(114) 的解,从而同余式(114) 有解.

我们来求同余式(114) 的相异解的个数. 设 c 是一个解,则 $-c$ 显然也是一个解,而且是与 c 相异的解. 因为,假如 $c \equiv -c \pmod{p^\alpha}$,则有

$$2c \equiv 0 \pmod{p^\alpha}$$

而这是不能成立的,因为 2 与 c 都不能被 p 除尽,也就是都与 p^α 互素. 现在设 x

是同余式(114) 的某一个解,在这种情形

$$x^2 \equiv a \pmod{p^\alpha}$$

而同时又有

$$c^2 \equiv a \pmod{p^\alpha}$$

由此 $$x^2 - c^2 \equiv 0 \pmod{p^\alpha}$$

即 $$(x-c)(x+c) \equiv 0 \pmod{p^\alpha}$$

如果 $x-c$ 与 $x+c$ 都能被 p 除尽,则在这种情形下它们的差 $\pm 2c$ 也应当能被 p 除尽,但从上面已经看出这是不对的.因此,这两个二项式中一个能被 p^α 除尽,而另一个与 p^α 互素,即或者

$$x-c \equiv 0, x \equiv c \pmod{p^\alpha}$$

或者 $$x+c \equiv 0, x \equiv -c \pmod{p^\alpha}$$

除这两个解以外,别无其他的解.这样一来便有下面的定理.

定理 77 当 a 与 p^α 互素时同余式(114) 有解的必要且充分条件是同余式(114a) 有解,也就是 $\left(\frac{a}{p}\right)=1$,而在有解时就总是有两个解:$\pm x$,这里 x 由公式(137a) 求得.

同时,如果同余式(114a) 的一解已经知道的话,我们也得到一个去求同余式(114) 的解的方法.

例 1 解同余式 $x^2 \equiv 7 \pmod{27}$.

我们首先拿同余式 $x^2 \equiv 7 \pmod 3$(就模 3 简约 7),即 $x^2 \equiv 1 \pmod 3$ 来看.这个同余式是有解的,它的一个解是 $b=1$.现在根据牛顿二项式定理可见

$$(1+\sqrt{7})^3 = 1 + 3\sqrt{7} + 21 + 7\sqrt{7} = 22 + 10\sqrt{7}$$

因此,$t=22, v=10$.

其次,我们解同余式

$$22u \equiv 7 \pmod{27}$$

即 $$-5u \equiv -20 \pmod{27}$$

以 -5 来约,我们得

$$u \equiv 4 \pmod{27}, uv \equiv 40 \equiv 13$$

因此 $$x \equiv \pm 13 \pmod{27}$$

例 2 解同余式 $x^2 \equiv 39 \pmod{625}$.在这里,$625=5^4$.我们先拿同余式 $x^2 \equiv 39 \pmod 5$ 即 $x^2 \equiv 4 \pmod 5$ 来看.它的一个解是 $b=2$.其次我们得到

$$\begin{aligned}(2+\sqrt{39})^4 &= 16 + 32\sqrt{39} + 24 \times 39 + 8 \times 39\sqrt{39} + 39^2 = \\ &16 + 32\sqrt{39} + 936 + 312\sqrt{39} + 1\ 521 = \\ &2\ 473 + 344\sqrt{39}\end{aligned}$$

因此，$t=2\,473$，$v=344$. 然后我们解同余式

$$2\,473u\equiv 39\pmod{625}$$

即

$$-27u\equiv 39\pmod{625}$$

用 -3 来约

$$9u\equiv -13\pmod{625}$$

右边加上 625 即得

$$9u\equiv 612\pmod{625}$$

用 9 来约，即得

$$u\equiv 68\pmod{625}$$

$$uv\equiv 68\times 344=23\,392\equiv 267$$

因此

$$x\equiv \pm 267\pmod{625}$$

§55　当模是数 2 之乘幂的情形

现在我们来看模是 2 的乘幂，形如

$$x^2\equiv a\pmod{2^\alpha}\tag{138}$$

的同余式. 这里 a 是奇数，即是与模互素的数.

我们分别来看下列各情形：

(1)$\alpha=1$，即 $x^2\equiv a\pmod 2$.

这里只可能是 $a\equiv 1\pmod 2$(这也指出：a 是一个任意的奇数). 因而 x 也应该是奇数，这是因为 x^2-a 是偶数的缘故，即 $x\equiv 1\pmod 2$. 但是奇数全体只是构成模 2 的一个类. 因此，$x\equiv 1\pmod 2$ 就是唯一的解.

(2)$\alpha=2$，即 $x^2\equiv a\pmod 4$.

这里有两种可能：$a\equiv 1$ 或 $a\equiv 3\pmod 4$.

显而易见，x 应该是奇数，但是根据定理 52(在 §34 中) 任何奇数的平方对于模 8 来讲都是与 1 同余的，因而对于模 4 来讲也都是与 1 同余的. 由此可见，当 $a\equiv 3\pmod 4$ 时，我们的同余式无解，而当 $a\equiv 1\pmod 4$ 时，一切奇数 x 都满足它. 但对模 4 来说一切奇数构成两类，各以数 1 及数 3 为其代表元. 因此，在这种情形下我们有两个解 $x\equiv 1$ 及 $x\equiv 3\pmod 4$.

(3)$\alpha=3$，即 $x^2\equiv a\pmod 8$.

a 的可能数值是 $a\equiv 1,3,5,7\pmod 8$，x 是奇数，仍然根据定理 52(§34) 得 $x^2\equiv 1\pmod 8$. 因此，当 $a\equiv 1\pmod 8$ 时，这同余式有四个解 $x\equiv 1,3,5,7\pmod 8$；在其余的情形，即当 $a\equiv 3,5,7$ 时无解.

(4)$a>3$.

若同余式(138) 当 $\alpha>3$ 时有解,则这些解满足模 8 的同样的同余式(因为当 $\alpha>3$ 时能被 2^{α} 除尽的 x^2-a 也能被 2^3 除尽).但是如在情形 3 中我们所看到的,要这样就应当有

$$a\equiv 1\ (\text{mod}\ 8) \tag{139}$$

因此,此条件在 $\alpha>3$ 时是必要的.我们证明它也是充分的.但是我们得先搞清楚:如果同余式(138) 一般说来有解的话,那么它总共有多少解呢? 设 b 是它的某一确定的解,而 x 是它的任何解.我们有

$$b^2\equiv a\ (\text{mod}\ 2^{\alpha}),x^2\equiv a\ (\text{mod}\ 2^{\alpha})$$

因此
$$x^2-b^2\equiv 0\ (\text{mod}\ 2^{\alpha})$$

即
$$(x-b)(x+b)\equiv 0\ (\text{mod}\ 2^{\alpha})$$

设
$$x-b=2^{\kappa}k,x+b=2^{\lambda}l$$

这里 k 与 l 都是奇数.相加并用 2 除,则得

$$x=2^{\kappa-1}k+2^{\lambda-1}l$$

但是作为同余式(138) 之解的 x 应该是奇数.因此,或者 $\kappa-1$ 等于零,或者 $\lambda-1$ 等于零,也就是说两数 κ 与 λ 中一个等于 1,而另一个大于或等于 $\alpha-1$(因为乘积 $(x-b)(x+b)$ 能被 2^{α} 除尽的缘故).

设 $\lambda=1$,则 $\kappa\geqslant\alpha-1$,而我们有

$$x-b=2^{\alpha-1}s$$

这里 s 是任何(不一定是奇的) 数,即

$$x=b+2^{\alpha-1}s$$

最后,即

$$x\equiv b+2^{\alpha-1}s\ (\text{mod}\ 2^{\alpha})$$

(因为同余式(138) 的解对于模 2^{α} 为确定的缘故).当 s 是偶数时 $x\equiv b\ (\text{mod}\ 2^{\alpha})$,当 s 是奇数时 $x\equiv b+2^{\alpha-1}(\text{mod}\ 2^{\alpha})$,这两个解对模 2^{α} 来说是相异的.

现在设 $\kappa=1$,因而,$\lambda\geqslant\alpha-1$,而我们有

$$x+b=2^{\alpha-1}s$$

这里 s 是整数(不一定是奇数).在这种情形下,也和上面一样,我们仍然求得下面两个解:$x\equiv-b\ (\text{mod}\ 2^{\alpha})$,$x\equiv-b+2^{\alpha-1}(\text{mod}\ 2^{\alpha})$.因此,同余式(138) 共有四个解

$$b,b+2^{\alpha-1},-b,-b+2^{\alpha-1}(\text{或}-b-2^{\alpha-1})$$

这些解对于模 2^{α} 来说是全相异的,这一点很容易看出.

现在我们来证明:条件(139) 也是当 $\alpha>3$ 时同余式(138) 有解的充分条

件. 我们已经看到当 $\alpha=3$ 时这条件是充分的，因此可以应用完全归纳法. 设对于同余式

$$x^2 \equiv a \pmod{2^{\alpha-1}} \tag{138a}$$

条件(139) 的充分性也已证明，即当 $\alpha \equiv 1 \pmod 8$ 时这个同余式有解. 若 c 是它的一个解，则我们已经看到，其余的解是

$$c+2^{\alpha-2},\ -c,\ -c+2^{\alpha-2}$$

由此，$c^2 \equiv a \pmod{2^{\alpha-1}}$，即 c^2-a 能被 $2^{\alpha-1}$ 除尽，即 $c^2-a=2^{\alpha-1}k$. 若 k 是偶数，则 c^2-a 能被 2^α 除尽，即 c 是同余式(138) 的解，而我们的论断也已证明. 如果 k 是奇数，则我们取 $(c+2^{\alpha-2})^2-a$. 因为 $c+2^{\alpha-2}$ 也是同余式(138a) 的解，所以这个差也能被 $2^{\alpha-1}$ 除尽. 但是我们有 $(c+2^{\alpha-2})^2-a=(c^2-a)+2^{\alpha-1}c+2^{2\alpha-4}=2^{\alpha-1}k+2^{\alpha-1}c+2^{2\alpha-4}$. 当 $\alpha>3$ 时 $2\alpha-4\geqslant\alpha$，因此

$$(c+2^{\alpha-2})^2-a \equiv 2^{\alpha-1}(k+c) \pmod{2^\alpha}$$

而 k 与 c 都是奇数(k—— 根据条件，c—— 作为 a 是奇数时同余式(138a) 的解)，因此，它们的和是偶数，这就意味着

$$(c+2^{\alpha-2})^2-a \equiv 0 \pmod{2^\alpha}$$

即 $c+2^{\alpha-2}$ 是同余式(138) 的解，于是我们的论断在这种情形也得到了证明.

因此，同余式(138a) 的一个解一定也是同余式(138) 的解. 若用 b 表示这个解，则如我们所看到的：同余式(138) 的其余各解是：$-b, b+2^{\alpha-1}, -b+2^{\alpha-1}$. 所有这些解也都满足同余式(138a)，仅仅是对于式(138a) 来说 b 与 $b+2^{\alpha-1}$(以及 $-b$ 与 $-b+2^{\alpha-1}$) 才是相同的，对同余式(138) 来说，它们却是相异的. 如 b 与 $-b$ 两个解对于式(138a) 来说也是相异的.

定理 78 对于 a 是奇数的同余式(138) 来说：(1) 当 $\alpha=1$ 时恒有一个解；(2) 当 $\alpha=2$ 且 $a\equiv 1 \pmod 4$ 时有两个解，当 $\alpha=2$ 且 $a\equiv 3 \pmod 4$ 时则无解；(3) 当 $\alpha\geqslant 3$(且 a 是奇数) 时，同余式(138) 只在 $a\equiv 1 \pmod 8$ 的情形下才有解，而在这种情形下乃有四个相异的解，其中两个一定也满足同余式 $x^2 \equiv a \pmod{2^{\alpha+1}}$.

由上述的论证也得出当 $\alpha>3$ 时同余式(138) 的解法.

例 1 $x^2\equiv 33 \pmod{64}$. 这里 $a=33\equiv 1 \pmod 8$，因此有解，为了求出这些解来我们看看同余式

$$x^2 \equiv 33 \equiv 1 \pmod 8$$

$$x^2 \equiv 33 \equiv 1 \pmod{16}$$

$$x^2 \equiv 33 \equiv 1 \pmod{32}$$

$$x^2 \equiv 33 \pmod{64}$$

第一个同余式的解是：1,3,5,7，其中1与7也满足第二个同余式；第二个同

余式的其余两个解是:$1+2^3$,$7+2^3$,即第二个同余式的全部的解是:1,7,9,15,其中1与15满足第三个同余式;第三个同余式的其余两个解是:$1+2^4$,$15+2^4$,即第三个同余式的全部的解是:1,15,17,31,其中15与17也满足第四个同余式;第四个同余式的其余两个解是:$15+2^5$,$17+2^5$.

因此,所给同余式全部的解是:15,17,47,49.

当然,并不一定要从具有模8的同余式开始;应当从具有模2^α的这样一个同余式开始:就是只要它的一个解是我们所已知的就行了(其余三个解自然易求得).在本例中第三个同余式显然具有等于1的根,所以从它开始就行了.

例2 $x^2\equiv 89\pmod{256}$.这里$a=89\equiv 1\pmod 8$,即有解.我们有:$89\equiv 9\pmod{16}$,$89\equiv -7\pmod{32}$,$89\equiv 25\pmod{64}$;25是完全平方数.注意:若在具有任意模的同余式$x^2\equiv a\pmod m$中a是完全平方数,则这样的同余式恒有一个解:$x\equiv\sqrt{a}$.在这里就意味着同余式

$$x^2\equiv 25\pmod{64}$$

有一个解5,也就是说可以从这个同余式开始.它的全部的解是

$$5,-5,5+32=37,-5+32=27$$

容易验明这些解中37与27也满足同余式

$$x^2\equiv 89\pmod{128}$$

特别是37还满足同余式

$$x^2\equiv 89\pmod{256}$$

因此,最后这个同余式所有的解是

$$37,-37,37+128=165,-37+128=91$$

§56　当自由项不与模互素的情形

我们现在来看看当我们的同余式的右边a不与模互素的情形.我们将就同余式(114)与(138)一并考究,也就是我们将把p看成任何素数——奇素数或2.

设在同余式(114)中我们有:$a=p^\lambda a_1$,这里a_1不能被p除尽.我们来看两种情形:

(1)$\lambda\geqslant\alpha$,因此,$a\equiv 0\pmod p$而我们的同余式有形式

$$x^2\equiv 0\pmod{p^\alpha}\tag{140}$$

这里我们再分两种情形:

①$\alpha=2\beta$是偶数.

要 x^2 能被 p^α 除尽,就必须要 x 能被 p^β 除尽,即 $x \equiv k \cdot p^\beta \pmod{p^\alpha}$. 当 $k=0,1,2,\cdots,p^\beta-1$ 时我们得(对模 p^α) 相异的解

$$0,p^\beta,2p^\beta,\cdots,(p^\beta-1)p^\beta=p^\alpha-p^\beta$$

它们的个数是 p^β. 当 k 等于另外的整数值时,我们得到与已得诸解同余的解. 因此,在这种情形下,同余式(140) 有 $p^{\frac{\alpha}{2}}$ 个相异的解.

②$\alpha=2\beta+1$ 是奇数.

要 x^2 能被 p^α 除尽,必须 x 能被 $p^{\beta+1}$ 除尽;$x \equiv kp^{\beta+1} \pmod{p^\alpha}$. 当 $k=0,1,2,\cdots,p^\beta-1$ 时我们得到(对模 p^α) 相异的解

$$0,p^{\beta+1},2p^{\beta+1},\cdots,(p^\beta-1)p^{\beta+1}=p^\alpha-p^{\beta+1}$$

它们的个数是:$p^\beta=p^{\frac{\alpha-1}{2}}$. 当 k 等于另外的整数值时我们得到与已得诸解同余的解. 在这种情形下同余式(140) 一共有 $p^{\frac{\alpha-1}{2}}$ 个相异的解.

定理 79　对于任意素数 p(也包括 $p=2$ 在内) 同余式(140) 有 $p^{\left[\frac{\alpha}{2}\right]}$ 个对模 p^α 为相异的解(因为当 α 是偶数时 $\left[\frac{\alpha}{2}\right]$ 等于 $\frac{\alpha}{2}$,而当 α 是奇数时 $\left[\frac{\alpha}{2}\right]$ 等于 $\frac{\alpha-1}{2}$).

(2) 现在设 $\lambda<\alpha$. 我们的同余式有下面的形式

$$x^2 \equiv p^\lambda \cdot a_1 \pmod{p^\alpha} \tag{141}$$

这里 a_1 不能被 p 除尽. 这里我们再分两种情形:

①$\lambda=2\mu$ 是偶数. 由式(141) 可见:x^2 能被 p^λ 除尽,因此,必须 x 能被 p^μ 除尽. 设 $x=p^\mu z$,在这种情形下

$$p^\lambda z^2 \equiv p^\lambda a_1 \pmod{p^\alpha}$$

用 p^λ 约两边及模

$$z^2 \equiv a_1 \pmod{p^{\alpha-\lambda}} \tag{141a}$$

若式(141) 有解,则式(141a) 也就有解,反过来也对. 但是式(141a) 可解的充要条件当 p 是奇素数时是:$\left(\frac{a_1}{p}\right)=1$,而当 $p=2,a-\lambda>2$ 时,应该是 $a_1\equiv 1 \pmod 8$)(§35,定理 78).

设 z 是同余式(141a) 的一个解,则由这个解得到无穷多个值 $z+kp^{\alpha-\lambda}$. 这些值全体(当 k 是任意整数时) 都是(对模 $p^{\alpha-\lambda}$) 同一个解 z 的代表元. 但是,以 p^μ 乘这些值,我们便得到同余式(141) 的解 x,同时对模 p^α 为相异的解将有 p^μ 个,即是

$$p^\mu z,p^\mu(z+p^{\alpha-\lambda}),p^\mu(z+2p^{\alpha-\lambda}),\cdots,p^\mu[z+(p^\mu-1)p^{\alpha-\lambda}]$$

对于 k 的另外诸值我们并不能得到同余式(141)(对模 p^α 来说) 另外的解. 因

此，由同余式(141a)的任一个解即得同余式(141)的 p^{μ} 个(对模 p^{α})相异的解．设 z_1 与 z_2 是同余式(141a)(对模 $p^{\alpha-\lambda}$)的相异两个解．我们证明：由 z_1 所得同余式(141)的任何一个解与由 z_2 所得同余式(141)的任何一个解均不同余(对模 p^{α} 来说)．设

$$p^{\mu}(z_1+rp^{\alpha-\lambda})\equiv p^{\mu}(z_2+sp^{\alpha-\lambda})\ (\bmod\ p^{\alpha})$$

用 p^{μ} 来约两边及模得

$$z_1+rp^{\alpha-\lambda}\equiv z_2+sp^{\alpha-\lambda}(\bmod\ p^{\alpha-\mu})$$

$$z_1-z_2\equiv(s-r)p^{\alpha-\lambda}(\bmod\ p^{\alpha-\mu})$$

但 $\alpha-\lambda<\alpha-\mu$，因此

$$z_1-z_2\equiv(s-r)p^{\alpha-\lambda}(\bmod\ p^{\alpha-\lambda})$$

即
$$z_1-z_2\equiv 0\ (\bmod\ p^{\alpha-\lambda}),z_1\equiv z_2(\bmod\ p^{\alpha-\lambda})$$

即 z_1,z_2 对模 $p^{\alpha-\lambda}$ 为相同，这与假设矛盾．

因此，若同余式(141a)有解，则当 p 是奇数，或 $p=2$ 而 $\alpha-\lambda=2$ 时，同余式(141)有 $2p^{\frac{\lambda}{2}}$ 个解，当 $p=2$ 而 $\alpha-\lambda>2$ 时有 $4p^{\frac{\lambda}{2}}$ 个解，当 $p=2$ 而 $\alpha-\lambda=1$ 时有 $p^{\frac{\lambda}{2}}$ 个解．

②$\lambda=2\mu+1$ 是奇数．由式(141)可见：x 应能被 $p^{\mu+1}$ 除尽．设 $x=p^{\mu+1}z$，则式(141)得到这个形式

$$p^{2\mu+2}z^2\equiv p^{2\mu+1}a_1(\bmod\ p^{\alpha})$$

用 $p^{2\mu+1}$ 约，即

$$pz^2\equiv a_1(\bmod\ p^{\alpha-\lambda})$$

但此同余式没有解，因为 a_1 不能被 p 除尽，即连 z^2 也不可能由它决定(§39，定理60)．因此，在这种情形下同余式(141)也没有解．

定理80　对于 $\lambda<\alpha$，而 a_1 不能被 p 除尽的同余式(141)仅仅在下面几种情形下才有解：或(当 p 是奇素数时)λ 是偶数，且 $\left(\frac{a_1}{p}\right)=1$，或(当 $p=2,\alpha-\lambda=2$ 时)$a_1\equiv 1\ (\bmod\ 4)$，或(当 $p=2,\alpha-\lambda>2$ 时)$a_1\equiv 1\ (\bmod\ 8)$，以及常见的(当 λ 是偶数时)$p=2,\alpha-\lambda=1$．在这些情形下，这个同余式：当 $p=2,\alpha-\lambda=1$ 时有 $p^{\frac{\lambda}{2}}$ 个解；当 p 是奇素数时或当 $p=2,\alpha-\lambda=2$ 时有 $2p^{\frac{\lambda}{2}}$ 个解；当 $p=2,\alpha-\lambda>2$ 时有 $4p^{\frac{\lambda}{2}}$ 个解．

例1　$x^2\equiv 0\ (\bmod\ 81)$，这里 $p=3,\alpha=4$ 是一个偶数．我们得到诸解：0，9，18，27，36，45，54，63，72，这九个解对模81来说是全相异的．

例2　$x^2\equiv 0\ (\bmod\ 128)$，这里 $p=2,\alpha=7$ 是一个奇数．我们得到诸解：0，16，32，48，80，96，112；这七个解对模128来说是全相异的．

例3　$x^2\equiv 36\ (\bmod\ 81)$，这里 $p=3,\alpha=4,a=36=3^2\times 4$．因此，$\lambda=2$ 是

一个偶数，$a_1=4$. 设 $x=3z$，即得 z 的同余式 $z^2\equiv 4\ (\mathrm{mod}\ 9)$，这个同余式显然有解 $z_1\equiv 2, z_2\equiv -2\equiv 7$. 因此，我们得到所给同余式的这样一些解

$$3\times 2=6, 3\times(2+9)=33, 3\times(2+18)=60$$

$$3\times 7=21, 3\times(7+9)=48, 3\times(7+18)=75$$

这六个解对模 81 来说是全相异的.

例 4　$x^2\equiv 164\ (\mathrm{mod}\ 512)$，这里 $p=2, \alpha=9, a=164=2^2\times 41$. 因此，$\lambda=2$ 是一个偶数，$a_1=41\equiv 1\ (\mathrm{mod}\ 8)$. 设 $x=2z$，对于 z 我们即得 $z^2\equiv 41\ (\mathrm{mod}\ 128)$，我们有 $41\equiv 9\ (\mathrm{mod}\ 32)$. 因此，同余式 $z^2\equiv 41\equiv 9\ (\mathrm{mod}\ 32)$ 有解：$3, -3, 3+16=19, -3+16=13$. 这些解中 19 与 13 也满足同余式 $z^2\equiv 41\ (\mathrm{mod}\ 64)$，而 13 还满足同余式 $z^2\equiv 41\ (\mathrm{mod}\ 128)$. 因此，这个同余式有解：$13, -13, 13+64=77, -13+64=51$. 而所给的同余式有下列诸解

$$2\times 13=26, 2\times(14+128)=282, 2\times(-13)=-26$$

$$2\times(-13+128)=230, 2\times 77=154, 2\times(77+128)=410$$

$$2\times 51=102, 2\times(51+128)=358$$

这八个解对模 512 来说是全相异的.

例 5　$x^2\equiv 16\ (\mathrm{mod}\ 32)$，这里 $p=2, \alpha=5, a=16=2^4\times 1$. 因此，$\lambda=4$ 是一个偶数，$a_1=1$. 当 $x=4z$ 时对于 z 我们得到：$z^2\equiv 1(\mathrm{mod}\ 2)$；由此 z 仅有一解：$z\equiv 1$. 所给同余式的解如下

$$4\times 1=4, 4\times(1+2)=12, 4\times(1+2\times 2)=20$$

$$4\times(1+3\times 2)=28$$

这四个解对模 32 来说是全相异的.

§ 57　一 般 情 形

现在我们来看看同余式

$$x^2\equiv a\ (\mathrm{mod}\ m) \tag{142}$$

这里模数 m 是任意的一个(正的) 合数. 设 $m=p^\alpha q^\beta r^\gamma\cdots$ 是数 m 的素因数分解式，则由 § 45，定理 68 的推论 2，同余式(142) 可分解成下面这些同余式

$$\begin{cases} x^2\equiv a\ (\mathrm{mod}\ p^\alpha) \\ x^2\equiv a\ (\mathrm{mod}\ q^\beta) \\ x^2\equiv a\ (\mathrm{mod}\ r^\gamma) \\ \vdots \end{cases} \tag{143}$$

并且当且仅当式(143) 的同余式全都有解时同余式(142) 有解. 同时同余式

(142) 对于模 m 为相异的解的个数等于式(143) 的各同余式对于各自的模为相异的解的个数之乘积.

特别是:若 m 是奇数而 a 与 m 互素,则当且仅当勒让德符号$\left(\frac{a}{p}\right)$,$\left(\frac{a}{q}\right)$,$\left(\frac{a}{r}\right)$,… 全部等于 1 时式(143) 的诸同余式有解;从而式(143) 中的每一个同余式有两个解,因而雅可比符号

$$\left(\frac{a}{m}\right)=\left(\frac{a}{p}\right)^{\alpha}\left(\frac{a}{q}\right)^{\beta}\left(\frac{a}{r}\right)^{\gamma}\cdots=1$$

因为从$\left(\frac{a}{m}\right)=1$ 并不能推出:符号$\left(\frac{a}{p}\right)$,$\left(\frac{a}{q}\right)$,$\left(\frac{a}{r}\right)$,… 全等于 1,所以这只是同余式(142) 可解的必要条件,而不是充分条件.

当 m 是奇数时同余式(142)(对模 m 为相异) 的解的总数可以表示成

$$\left[1+\left(\frac{a}{p}\right)\right]\left[1+\left(\frac{a}{q}\right)\right]\left[1+\left(\frac{a}{r}\right)\right]\cdots \tag{144}$$

实际上,符号$\left(\frac{a}{p}\right)$,$\left(\frac{a}{q}\right)$,$\left(\frac{a}{r}\right)$,… 中只要有一个等于 -1,则对应的因子就等于零,从而同余式(142) 无解(即解的个数等于 0).

如果符号$\left(\frac{a}{p}\right)$,$\left(\frac{a}{q}\right)$,$\left(\frac{a}{r}\right)$,… 全等于 1,则式(144) 中每一个因子都等于 2. 从而式(143) 中每一个同余式都有两个解,而同余式(142) 的解的总数乃是 2^{ρ},这里 ρ 是数 m 的不同素因数的个数,故公式(144) 仍然合适.

定理 81 当 m 是奇数而 a 与 m 互素时,同余式(142) 为可解的必要(但非充分) 条件是:$\left(\frac{a}{m}\right)=1$. 同余式(142) 对模 m 为相异的解的个数由式(144) 表示出来,式中 $p,q,r,\cdots$ 是数 m 的不同的素约数.

我们来解几个一般的例题.

例 1 $x^2\equiv 46 \pmod{105}$. 这里 $105=3\times 5\times 7$ 是一个奇数,$D(46,105)=1$.

所给的同余式可分解成三个同余式

$$x^2\equiv 46\equiv 1 \pmod 3,\ x^2\equiv 46\equiv 1 \pmod 5,\ x^2\equiv 46\equiv 4 \pmod 7$$

显而易见,这三个同余式全是可解的,它们的解是

$$x\equiv\pm 1 \pmod 3,\ x\equiv\pm 1 \pmod 5,\ x\equiv\pm 2 \pmod 7$$

我们用所有可能的公式把这些解组合起来即得题设同余式的全部八个解.

我们先取这样的组合:$x\equiv 1 \pmod 3$,$x\equiv 1 \pmod 5$,$x\equiv 2 \pmod 7$. 由前两个同余式得 $x\equiv 1 \pmod{15}$,即 $x=1+15t$. 把此式代入第三个同余式中,

我们得到 $1+15t\equiv 2\pmod 7$，即 $15t\equiv t\equiv 1\pmod 7$. 因此，$x\equiv 1+15\times 1\equiv 16\pmod{105}$，这就是我们的第一个解.

不难看出，由 $x\equiv -1\pmod 3$，$x\equiv -1\pmod 5$，$x\equiv -2\pmod 7$ 相组合即得解 $x\equiv -16\pmod{105}$.

现在我们来取组合：$x\equiv 1\pmod 3$，$x\equiv -1\pmod 5$，$x\equiv 2\pmod 7$，由前两个同余式得 $x=1+3u\equiv -1\pmod 5$；$3u\equiv -2\equiv 3\pmod 5$，$u=1$，$x\equiv 4\pmod{15}$，$x=4+15t$. 把此式代入第三个同余式中，我们得到 $4+15t\equiv 2\pmod 7$，即 $t=-2$，$x\equiv 4-15\times 2\equiv -26\pmod{105}$. 因此，第三个解是 $x\equiv -26\pmod{105}$，对于"反号的"组合我们立即求得第四个解是 $x\equiv 26\pmod{105}$.

现在我们取 $x\equiv 1\pmod 3$，$x\equiv 1\pmod 5$，$x\equiv -2\pmod 7$. 由前两个同余式得 $x\equiv 1\pmod{15}$；$x=1+15t\equiv -2\pmod 7$，$t\equiv -3\pmod 7$；$x\equiv -44\pmod{105}$，这是第五个解；第六个解是 $x\equiv +44\pmod{105}$.

现在我们取 $x\equiv 1\pmod 3$，$x\equiv -1\pmod 5$，$x\equiv -2\pmod 7$. 我们已经看出由前两个同余式得 $x\equiv 4\pmod{15}$. 因此，$4+15t\equiv -2\pmod 7$，$t\equiv -6\pmod 7$，即 $t\equiv 1\pmod 7$. 因此，$x\equiv 19\pmod{105}$，这是第七个解；而第八个解是 $x\equiv -19\pmod{105}$.

这样一来，我们的八个解如下

$$\pm 16, \pm 19, \pm 26, \pm 44 \pmod{105}$$

例 2　$x^2\equiv 17\pmod{104}$. 这里 $104=2^3\times 13$，$D(17,104)=1$. 把所给的同余式分解成下列两个同余式

$$x^2\equiv 17\equiv 1\pmod 8, x^2\equiv 17\equiv 4\pmod{13}$$

这两个同余式都是可解的. 第一个的解是 ± 1，± 3；第二个的解是 ± 2. 我们仍旧有八种组合.

我们取 $x\equiv 1\pmod 8$，$x\equiv 2\pmod{13}$，由此得出 $x=1+8t\equiv 2\pmod{13}$；$8t\equiv 1\equiv -12\pmod{13}$；$2t\equiv -3\equiv 10\pmod{13}$，$t\equiv 5\pmod{13}$. 因此，$x\equiv 41\pmod{104}$. 这是第一个解；第二个解是 $x\equiv -41\pmod{104}$.

现在我们取组合：$x\equiv 1\pmod 8$，$x\equiv -2\pmod{13}$，由此得出 $x=1+8t\equiv -2\pmod{13}$；$8t\equiv -3\equiv -16\pmod{13}$；$t\equiv -2\pmod{13}$. 因此，$x\equiv 1-8\times 2\equiv -15\pmod{104}$. 这是第三个解，而第四个解是 $x\equiv 15\pmod{104}$.

现在我们取组合：$x\equiv 3\pmod 8$，$x\equiv 2\pmod{13}$，由此得出 $x=3+8t\equiv 2\pmod{13}$；$8t\equiv -1\equiv 12$；$2t\equiv 3\equiv -10$；$t\equiv -5\pmod{13}$. 因此，$x\equiv 3-8\times 5\equiv -37\pmod{104}$. 这是第五个解，而第六个解是 $x\equiv 37\pmod{104}$.

最后,我们取:$x \equiv 3 \pmod{8}$,$x \equiv -2 \pmod{13}$,由此得出 $x = 3 + 8t \equiv -2 \pmod{13}$;$8t \equiv -5 \equiv 8$;$t \equiv 1 \pmod{13}$. 因此,$x \equiv 11 \pmod{104}$. 这是第七个解,而第八个解是 $x \equiv -11 \pmod{104}$.

这样一来,题设同余式的八个解如下

$$\pm 11, \pm 15, \pm 37, \pm 41 \pmod{104}$$

例 3 解同余式 $x^2 - 5x + 16 \equiv 0 \pmod{24}$. 以 4 乘两边及模(§46,情形(1)),即得

$$4x^2 - 20x + 64 \equiv 0 \pmod{96}$$

即
$$(2x - 5)^2 \equiv 25 - 64 \pmod{96}$$

设 $2x - 5 = y$,则

$$y^2 \equiv -39 \pmod{96} \tag{145}$$

这个同余式可化成下列两个同余式

$$y^2 \equiv -39 \equiv -7 \pmod{32},\ y^2 \equiv -39 \equiv 0 \pmod{3}$$

第一个同余式有四个解:$5, -5, 5 + 16 = 21, -5 + 16 = 11$;第二个同余式有一个解 0. 因此,同余式(145) 的解 y 有四种组合. 其中一个是 $y \equiv 0 \pmod{3}$,$y \equiv 5 \pmod{32}$,即 $y = 3t \equiv 5 \equiv -27 \pmod{32}$;$t \equiv -9$. 因此,$y \equiv -27 \pmod{96}$. 这是同余式(145) 的第一个解;第二个解显然是 $y \equiv 27 \pmod{96}$.

其次,我们取组合 $y \equiv 0 \pmod{3}$,$y \equiv 21 \pmod{32}$;我们即得 $y = 3t \equiv 21 \pmod{32}$,即 $t \equiv 7$,$y \equiv 21 \pmod{96}$. 这是同余式(145) 的第三个解,而第四个解是:$y \equiv -21 \pmod{96}$.

由此,我们有同余式(145) 的四个解

$$y \equiv \pm 21, \pm 27 \pmod{96}$$

我们把这些 y 值中的每一个代入公式 $2x - 5 = y$ 中,每次我们确定一个对应的 x 值,即得 x 的值:$13, -8, 16, -11$. 这些值全是整数,但是对模 24 并不全是相异的,即 $13 \equiv -11$,$16 \equiv -8 \pmod{24}$. 因此,所给的同余式只有两个对模 24 为相异的解

$$x_1 \equiv 13 \pmod{24},\ x_2 \equiv 16 \pmod{24}$$

例 4 解同余式 $3x^2 - 16x + 12 \equiv 0 \pmod{36}$.

为了要把这个同余式化成二项同余式,我们用 3 来乘两边及模(§46,情形(2))

$$9x^2 - 48x + 36 \equiv 0 \pmod{108}$$

即
$$(3x - 8)^2 \equiv 64 - 36 \pmod{108}$$

记 $3x - 8 = y$,则

$$y^2 \equiv 28 \pmod{108}$$

这个同余式化成了下面两个

$$y^2 \equiv 28 \equiv 0 \pmod{4}$$

$$y^2 \equiv 28 \equiv 1 \pmod{27}$$

第一个有两个解：0 及 2；第二个也有两个解：± 1.

总共有四种组合. 我们首先取 $y \equiv 0 \pmod{4}$，$y \equiv 1 \pmod{27}$，由此得 $y = 4t = 1 \pmod{27}$. $t = 7$，$y \equiv 28 \pmod{108}$. 这是第一个解；第二解显然是 $y \equiv -28 \pmod{108}$. 其次我们取组合：$y \equiv 2 \pmod{4}$，$y \equiv 1 \pmod{27}$，由此得 $y = 2 + 4t \equiv 1 \pmod{27}$；$4t \equiv -1 \pmod{27}$；$t = -7$；$y \equiv 2 - 4 \times 7 \equiv -26 \pmod{108}$. 这是第三个解，而第四解显然是 $y \equiv 26 \pmod{108}$.

因此，y 有四个值：± 26，± 28. 我们把其中每一个代入公式 $3x - 8 = y$ 中并且每次都算出 x. 但由两个值 $y = 26$ 及 $y = -28$ 得出 x 的分数值，这是不适当的. 由 $y = -26$ 及 $y = 28$ 这两个值得 $x = -6$ 及 $x = 12$，及对模 36 为相异的值. 因此，所给的同余式有两个解.

例 5 解同余式 $5x^2 + x + 4 \equiv 0 \pmod{10}$. 为了要把它化成二项同余式，我们用 $4 \times 5 = 20$ 乘两边及模得

$$100x^2 + 20x + 80 \equiv 0 \pmod{200}$$

即

$$(10x + 1)^2 \equiv 1 - 80 \pmod{200}$$

记 $10x + 1 = y$，则

$$y^2 \equiv -79 \pmod{200} \tag{145}$$

这式可化成 $y^2 \equiv -79 \equiv 1 \pmod{8}$，$y^2 \equiv -79 \equiv -4 \pmod{25}$. 由其中第一个同余式得出四个解：$y \equiv \pm 1$，$\pm 3$. 为了去解第二个同余式，我们首先取

$$y^2 \equiv -4 \equiv 1 \pmod{5}$$

这个同余式的一个解是 $y \equiv 1$. 我们取（§ 54）

$$(1 + \sqrt{-4})^2 = 1 + 2\sqrt{-4} - 4 = -3 + 2\sqrt{-4}$$

解同余式 $-3u \equiv -4 \pmod{25}$，即 $3u \equiv -21 \pmod{25}$，$u \equiv -7$. 因此，$y \equiv -7 \times 2 \equiv -14 \equiv 11 \pmod{25}$. 由此，同余式 $y^2 \equiv -4 \pmod{25}$ 有解：± 11.

因此，在这里我们有八种组合. 我们取其中的一种：$y \equiv 1 \pmod{8}$，$y \equiv 11 \pmod{25}$. 因此，$y = 1 + 8t \equiv 11 \pmod{25}$，$8t \equiv 10$；$4t \equiv 5 \equiv -20$；$t \equiv -5$；$y \equiv 1 - 8 \times 5 \equiv -39 \pmod{200}$. 这是同余式(145) 的一个解；另一个解显然是 $y \equiv 39 \pmod{200}$.

现在我们取组合 $y \equiv 1 \pmod{8}$，$y \equiv -11 \pmod{25}$. 因此，$y = 1 + 8t \equiv -11 \pmod{25}$；$8t \equiv -12$；$2t \equiv -3 \equiv 22$，$t \equiv 11$；$y \equiv 1 + 8 \times 11 \equiv 89 \pmod{200}$. 这是同余式 (145) 的第三个解；第四个解是

$y \equiv -89 \pmod{200}$.

现在我们取组合 $y \equiv 3 \pmod 8$，$y \equiv 11 \pmod{25}$. 因此，$y = 3 + 8t \equiv 11 \pmod{25}$；$8t \equiv 8$，$t \equiv 1$；$y \equiv 3 + 8 \times 1 \equiv 11 \pmod{200}$. 这是同余式(145)的第五个解，而第六个解是 $y \equiv -11 \pmod{200}$.

最后，我们取组合 $y \equiv 3 \pmod 8$，$y \equiv -11 \pmod{25}$. 因此，$y = 3 + 8t \equiv -11 \pmod{25}$；$8t \equiv -14$；$4t \equiv -7 \equiv 18$；$2t \equiv 9 \equiv -16$；$t \equiv -8$；$y \equiv 3 - 8 \times 8 \equiv -61 \pmod{200}$. 这是同余式(145)的第七个解，而第八个解是 $y \equiv 61 \pmod{200}$. 因此，我们有同余式(145)的八个解

$$\pm 11, \pm 39, \pm 61, \pm 89$$

把这些解中的每一个代入公式 $10x + 1 = y$ 并确定 x. 但由 $-11, 39, -61, 89$ 诸值得到 x 的分数值，乃不适用. 当其 $y = 11, -39, 61, -89$ 时我们得 $x = 1, -4, 6, -9$. 但是对模 10 来说这些值不全相异：$1 \equiv -9$，$6 \equiv -4$. 因此，我们只有所给同余式的两个对模 10 为相异的解

$$x_1 \equiv 1 \pmod{10}, x_2 \equiv 6 \pmod{10}$$

注意　最后三个例题也可以用另外的方法来解，不去先化二次同余式成二项同余式(依照 §46)，而是用几个以素数乘方为模的同余式来代换这个二项同余式(依照 §45)，可以按相反的步骤来进行：先用几个以素数乘方为模的同余式代换我们的同余式，然后就其中每一个同余式化成二项同余式. 有的时候这种方法更为便利.

我们用第二种方法来解例 5 的同余式

$$5x^2 + x + 4 \equiv 0 \pmod{10}$$

把它化成这样的同余式

$$5x^2 + x + 4 \equiv 0 \pmod 5$$

$$5x^2 + x + 4 \equiv 0 \pmod 2$$

把第一式对模 5 简化系数，而第二式对模 2 简化系数，即

$$x - 1 \equiv 0 \pmod 5$$

$$x^2 + x = x(x + 1) \equiv 0 \pmod 2$$

因为 $x(x + 1)$ 恒为偶数，所以第二个同余式对任何数 x 都满足. 由第一个同余式得 $x \equiv 1 \pmod 5$. 因此：

(1) 当 $x \equiv 0 \pmod 2$，$x \equiv 1 \pmod 5$ 时我们得

$$x \equiv 6 \pmod{10}$$

(2) 当 $x \equiv 1 \pmod 2$，$x \equiv 1 \pmod 5$ 时我们得

$$x \equiv 1 \pmod{10}$$

我们看出，在所研究的这个例题中这种解法的确比第一种解法高明.

习　　题

71. 用以素数乘方为模的同余式组代换同余式 $8x^4-9x^3+12x^2-8\equiv 0\pmod{72}$(§45).

答：$x^2(x-4)\equiv 0\pmod{8}$，$x^4-3x^2-1\equiv 0\pmod{9}$.

72. 将下列二次同余式化成二项同余式：(1)$4x^2-11x-3\equiv 0\pmod{13}$；(2)$5x^2-11x+16\equiv 0\pmod{45}$；(3)$12x^2+8x-15\equiv 0\pmod{44}$(§46).

答：(1)$y^2\equiv 0\pmod{13}$，$y=x-3$；(2)$y^2\equiv -16\pmod{225}$，$y=5x+17$；(3)$y^2\equiv 49\pmod{132}$，$y=6x+2$.

73. 利用欧拉判别法确定：(1) 三个数 2,3,5 中哪些个是对模 13 的平方剩余，哪些个是非剩余；(2) 三个数 5,7,8 中哪些个是对模 17 的平方剩余，哪些个是平方非剩余(§47).

答：(1)2 与 5 是非剩余，3 是剩余；(2)5 与 7 是非剩余，8 是剩余.

74. 以 $p=19$，$a=5$ 为例来验证高斯引理(§48).

答：$\mu=4$，$\left(\frac{5}{19}\right)=1$.

75. 计算勒让德符号：(1)$\left(\frac{94}{109}\right)$；(2)$\left(\frac{111}{271}\right)$；(3)$\left(\frac{342}{677}\right)$；(4)$\left(\frac{93}{131}\right)$；(5)$\left(\frac{2\ 115}{6\ 269}\right)$；(6)$\left(\frac{589}{1\ 283}\right)$(§49).

答：(1),(3),(5),(6) $+1$；(2),(4) -1.

76. 计算勒让德及雅可比符号：(1)$\left(\frac{47}{125}\right)$；(2)$\left(\frac{5\ 610}{6\ 649}\right)$；(3)$\left(\frac{131}{283}\right)$；(4)$\left(\frac{116}{397}\right)$；(5)$\left(\frac{328}{625}\right)$(§50).

答：(1),(3) -1；(2),(4),(5) $+1$.

77. 直接计算雅可比符号$\left(\frac{521}{825}\right)$，然后，通过分解它成勒让德符号并计算这些勒让德符号来加以验证(§50).

答：-1.

78. 求数 p 的所有平方剩余：(1)$p=11$；(2)$p=13$；(3)$p=17$；(4)$p=19$(§51).

答：(1)1,3,4,5,9；(2)1,3,4,9,10,12；(3)1,2,4,8,9,13,15,16；(4)1,4,5,6,7,9,11,16,17.

79. 证明：当 $p=4k+1$ 时两个数 a 与 $p-a$ 同为平方剩余或同为非剩余，而当 $p=4k+3$ 时两个数 a 与 $p-a$ 中一个是平方剩余而另一个是非剩余（§48）.

80. 求形式 t^2-7u^2 的所有素约数（§51）.

答：$2,7,28k\pm1,28k\pm3,28k\pm9$.

81. 求形式 t^2-14u^2 的所有素约数（§51）.

答：$2,7,56k\pm1,56k\pm5,56k\pm9,56k\pm11,56k\pm13,56k\pm25$.

82. 求形式 t^2+5u^2 的所有素约数（§51）.

答：$2,5,20k+1,20k+3,20k+7,20k+9$.

83. 解同余式：(1)$x^2\equiv19\pmod{31}$；(2)$x^2\equiv15\pmod{53}$；(3)$x^2\equiv11\pmod{59}$；(4)$x^2\equiv3\pmod{37}$（§52）.

答：(1)$x\equiv\pm9$；(2)$x\equiv\pm11$；(3) 无解；(4)$x\equiv\pm15$.

84. 解同余式：(1)$x^2\equiv65\pmod{101}$；(2)$x^2\equiv7\pmod{83}$；(3)$x^2\equiv43\pmod{49}$（§52）.

答：(1)$x\equiv\pm41$；(2)$x\equiv\pm16$；(3)$x\equiv\pm32$.

85. 用柯尔金法解同余式：(1)$x^2\equiv11\pmod{313}$；(2)$x^2\equiv8\pmod{641}$（§53）.

答：(1)$a\equiv\pm18$；(2)$x\equiv\pm134$.

86. 解同余式：(1)$x^2\equiv24\pmod{125}$；(2)$x^2\equiv18\pmod{343}$；(3)$x^2\equiv13\pmod{243}$（§54）.

答：(1)±32；(2)±19；(3)±16.

87. 解同余式：(1)$x^2\equiv57\pmod{512}$；(2)$x^2\equiv41\pmod{1\,024}$；(3)$x^2\equiv17\pmod{16\,384}$（§55）.

答：(1)$\pm85,\pm171$；(2)$\pm205,\pm307$；(3)$\pm1\,769,\pm6\,423$.

88. 解同余式：(1)$x^2\equiv0\pmod{625}$；(2)$x^2\equiv0\pmod{1\,331}$（§56）.

答：(1)25 个形如 $25k$ 的解，这里 $k=0,1,2,\cdots,24$；(2)11 个形如 $121k$ 的解，这里 $k=0,1,2,\cdots,10$.

89. 解同余式：(1)$x^2\equiv19\pmod{90}$；(2)$x^2\equiv98\pmod{343}$；(3)$x^2\equiv81\pmod{729}$；(4)$x^2\equiv2\,500\pmod{3\,125}$；(5)$x^2\equiv27\pmod{243}$；(6)$x^2\equiv192\pmod{512}$（§56）.

答：(1)$\pm17,\pm37$；(2)$\pm21,\pm28,\pm70,\pm77,\pm119,\pm126,\pm168$；(3)$\pm9,\pm72,\pm90,\pm153,\pm171,\pm234,\pm252,\pm315,\pm333$；(4)$\pm50,\pm75,\pm175,\pm200,\pm300,\pm325$ 等，双号考虑在内一共 50 个解；(5) 与(6) 无解.

90. 解同余式：(1)$x^2\equiv34\pmod{495}$；(2)$x^2\equiv48\pmod{416}$（§57）.

答:(1) $\pm 23, \pm 32, \pm 67, \pm 122$;(2) $\pm 36, \pm 68, \pm 140, \pm 172$.

91. 解同余式:(1) $8x^2 + 15x - 6 \equiv 0 \pmod{56}$;(2) $12x^2 - 11x - 1 \equiv 0 \pmod{30}$.

答:(1)2,18;(2)1,7.

92. 解同余式:$x^2 + 18x - 18 \equiv 0 \pmod{342}$(§57).

答:12,-30,84,-102,126,-144.

93. 解同余式:$x^2 + x + 4 \equiv 0 \pmod{32}$(§57).

答:12,-13,19,44.

94. 解同余式:$x^2 + 8x - 20 \equiv 0 \pmod{45}$(§57).

答:2,5,17,20,32,35.

元根与指数

第五章

§58 元　　根

在§37中我们曾经介绍了已知数a对于模m所属的方次数这一概念.在定理59中又曾经讲过:对于与m互素的任何数a,这种方次数n都是存在的.从费马—欧拉定理的第二个证明得到下面的定理.

定理82　与m互素的一切数a对于模m所属的方次数都是数$\varphi(m)$的约数.

若费马—欧拉定理是不用定理59而证明的,而因为由费马—欧拉定理$a^{\varphi(m)}\equiv a^0 \pmod m$,而定理59的第二部分告诉我们:$\varphi(m)\equiv 0 \pmod n$,即$\varphi(m)$能被$n$除尽,所以定理82可由定理59与费马—欧拉定理直接导出.

前面已经说明(§37),所有这些乘幂:$a^0=1,a^1,a^2,\cdots,a^{n-1}$对模$m$而言是全相异的,并且都是下面同余式的解

$$x^n\equiv 1 \pmod m \tag{146}$$

因为显然$(a^\lambda)^n=(a^n)^\lambda\equiv 1 \pmod m$.

我们来确定:a^λ对于模m属于怎样的方次数.

设$(a^\lambda)^k=a^{\lambda k}\equiv 1 \pmod m$,则(按定理59)$\lambda k\equiv 0 \pmod n$.引用记号:$D(\lambda,n)=d,n=dn_1,\lambda=d\lambda_1$,则得$d\lambda_1 k$能被$dn_1$除尽,即$\lambda_1 k$能被$n_1$除尽.但是$D(\lambda_1,n_1)=1$(§4,定理10),因此,$k$能被$n_1$除尽(§7,定理15),$k=n_1 z$,这里$z$是整数.另一方面,$(a^\lambda)^{n_1}=a^{d\lambda_1 n_1}=a^{\lambda_1 dn_1}=a^{\lambda_1 n}\equiv 1 \pmod m$.这就证明:$n_1$是适合$(a^\lambda)^{n_1}\equiv 1 \pmod m$的最小方次数,即$n_1$乃是$a^\lambda$对于模$m$所属的方次数.

定理 83　若 a 对于模 m 属于方次数 n，则 a^{λ} 对于这个模属于方次数 $\frac{n}{D(\lambda,n)}$.

推论 1　当且仅当 λ 与 n 互素时，a^{λ} 与 a 对于模 m 属于同一方次数 n.

定义　同余式(146) 的解 x 如果对于模 m 属于方次数 n，那么称 x 为这个同余式的元根.

推论 2　若已知同余式(146) 有一个元根，则这个同余式至少有 $\varphi(n)$ 个元根.

由定理 82 即得，同余式(146) 仅当 n 是数 $\varphi(m)$ 的约数时才能有元根. 但是并不能由此推出：对于数 $\varphi(m)$ 的任一约数 n 同余式(146) 就一定有元根，即并不见得对于数 $\varphi(m)$ 的任一约数 n 便有数 a 存在，a 使对于模 m 属于方次数 n.

数 $\varphi(m)$ 本身也在数 $\varphi(m)$ 的约数之中.

定义　当 $n=\varphi(m)$ 时同余式(146) 的元根(如果它们存在的话) 称为数 m 本身的元根.

我们来研究：怎样的数才有元根？先来证明下面的辅助定理.

辅助定理　若 $a^{\lambda_1}\equiv 1 \pmod{m_1}$，$a^{\lambda_2}\equiv 1 \pmod{m_2}$，$\cdots$，$a^{\lambda_k}\equiv 1 \pmod{m_k}$，则 $a^{\mu}\equiv 1 \pmod{M}$，这里 $\mu=M(\lambda_1,\lambda_2,\cdots,\lambda_k)$，$M=M(m_1,m_2,\cdots,m_k)$.

证　若 $a^{\lambda_\alpha}\equiv 1 \pmod{m_\alpha}$，则当 κ 是任意正整数时也有 $a^{\kappa\lambda_\alpha}\equiv 1 \pmod{m_\alpha}$. 因此，$a^{\mu}\equiv 1 \pmod{m_\alpha}$，这里 $\alpha=1,2,\cdots,k$. 但是若 $a^{\mu}-1$ 能被 $m_1,m_2,\cdots,m_k$ 除尽，则 $a^{\mu}-1$ 也就能被 M 除尽(根据 §3，定理 8). 因此，$a^{\mu}\equiv 1 \pmod{M}$.

现在设 $m=p^{\alpha}q^{\beta}r^{\gamma}\cdots$ 是 m 的素因数分解式. 因为 p^{α}，q^{β}，r^{γ} 等乘幂两两互素，所以 $m=M(p^{\alpha},q^{\beta},r^{\gamma},\cdots)$(§8，定理 17).

若数 a 与 m 互素，则数 a 也必与 p^{α}，q^{β}，r^{γ} 等乘幂的每一个互素. 设 a 对于模 p^{α} 属于方次数 κ，对于模 q^{β} 属于方次数 λ，对于模 r^{γ} 属于方次数 μ，依此类推，又设 $\xi=M(\kappa,\lambda,\mu,\cdots)$，则由所证明的辅助定理得

$$a^{\xi}\equiv 1 \pmod{m}$$

若 a 是数 m 的元根，则 $\xi=\varphi(m)$. 但是，一方面，$\varphi(m)=\varphi(p^{\alpha})\varphi(q^{\beta})\varphi(r^{\gamma})\cdots$(§35，定理 54，推论 1)；另一方面，根据定理 82，κ 是数 $\varphi(p^{\alpha})$ 的约数，λ 是数 $\varphi(q^{\beta})$ 的约数，μ 是数 $\varphi(r^{\gamma})$ 的约数，……. 因此，$\kappa\leqslant\varphi(p^{\alpha})$，$\lambda\leqslant\varphi(q^{\beta})$，$\mu\leqslant\varphi(r^{\gamma})$，$\cdots$. 假如这些式子当中有一个取不等号，那么便有 $\kappa\lambda\mu\cdots<\varphi(p^{\alpha})\varphi(q^{\beta})\varphi(r^{\gamma})\cdots$. 但是 $\xi\leqslant\kappa\lambda\mu\cdots$，这意味着将有 $\xi<\varphi(m)$. 因此，应有 $\kappa=\varphi(p^{\alpha})$，$\lambda=\varphi(q^{\beta})$，$\mu=\varphi(r^{\gamma})$，$\cdots$，即 a 应为 p^{α}，q^{β}，r^{γ}，$\cdots$ 的元根. 此外，应有 $\xi=$

$\kappa\lambda\mu\cdots$，即 $\varphi(p^{\alpha}),\varphi(q^{\beta}),\varphi(r^{\gamma}),\cdots$ 应该是两两互素的. 但若 p 与 q 是两个相异的奇素数，则

$$\varphi(p^{\alpha})=p^{\alpha-1}(p-1),\varphi(q^{\beta})=q^{\beta-1}(q-1)$$

是两个偶数，即并不互素. 因此，m 不可能有两个相异的奇素约数，即 m 应有形式 $m=2^{\rho}p^{\alpha}$. 但因 $\varphi(2^{\rho})=2^{\rho-1}$，当 $\rho>1$ 时 $2^{\rho-1}$ 乃是一个偶数，也就是意味着并不与 $\varphi(p^{\alpha})$ 互素.

因此，仅仅当 $m=p^{\alpha}$，或 $m=2p^{\alpha}$，或 $m=2^{\rho}$ 时，数 m 才可能有元根. 但是容易明白，在最后这一情形应有 $\rho=1$ 或 2.

实际上，设 $\rho>2$ 且 a 是奇数，即与 2^{ρ} 互素，则 a 有形式 $a=4k\pm1$，因而我们有

$$a^{2^{\rho-2}}=1\pm2^{\rho}k+2^{\rho+1}N$$

这里 N 是某一整数，即

$$a^{2^{\rho-2}}\equiv1\ (\mathrm{mod}\ 2^{\rho})$$

另一方面，$\varphi(2^{\rho})=2^{\rho-1}$，即 $2^{\rho-2}=\frac{1}{2}\varphi(2^{\rho})$，且对于与 2^{ρ} 互素的任一个数 a

$$a^{\frac{1}{2}\varphi(2^{\rho})}\equiv1\ (\mathrm{mod}\ 2^{\rho})$$

即数 2^{ρ} 没有元根.

定理 84 只有下面这些数才可能有元根：$2,4,p^{\alpha},2p^{\alpha}$，这里 p 是奇素数，而 α 是任何正整方次数.

我们看出，对于这样的数来说元根确实存在.

§59 素数模的情形

我们来看奇素数模 p 的情形，设 a 对于模 p 属于方次数 n，则同余式

$$x^{n}\equiv1\ (\mathrm{mod}\ p)\tag{146a}$$

除了 $1,a,a^{2},\cdots,a^{n-1}$ 这些根以外没有其他的根（对于模 p 来说），这可由 §44 的定理 64 导出. 因此，同余式(146a) 只要有一个元根，那么它就恰恰有 $\varphi(n)$ 个元根，这是 §58 中定理 83 推论 2 的更准确的说法. 在这一情形（按定理 82），n 应当是数 $\varphi(p)=p-1$ 的约数.

我们取下面同余式来看

$$x^{p-1}\equiv1\ (\mathrm{mod}\ p)\tag{146b}$$

根据费马－欧拉定理这个同余式为不能被 p 除尽的任何数所满足，因而，也就为同余式(146a) 的一切根所满足，这里 n 是数 $p-1$ 的任何约数，即为这个同余

式的一切元根所满足.

但是不能被 p 除尽的任何数,即同余式(146b) 的任何根,一定对于模 p 属于某一方次数 n,而且这个方次数是数 $p-1$ 的约数.

我们求出数 $p-1$ 的一切约数 $d,d',d'',\cdots$(除了 1 及数 $p-1$ 本身外) 并用 $\psi(d),\psi(d'),\psi(d''),\cdots$ 表示对于模 p 属于方次数 $d,d',d'',\cdots$ 的那些数的个数. 但是我们知道,$\psi(d)=\varphi(d)$,或 $\psi(d)=0$,对于 $\psi(d'),\psi(d''),\cdots$ 也都一样. 另一方面,因为不能被 p 除尽的任何数,即同余式(146b) 的任一个根,一定对于模 p 属于方次数 d,或 d',或 d'',……,所以 $\sum\limits_{d}\psi(d)=p-1$.

但是由高斯公式(§35,定理 55) $\sum\limits_{d}\varphi(d)=p-1$,因此,$\sum\limits_{d}\psi(d)=\sum\limits_{d}\varphi(d)$. 在这里,左边的每一项要么等于零,要么等于右边的对应项. 既然两边的和相等,也就意味着对应项应该两两相等. 因此,诸数 $\psi(d)$ 中无论哪一个也不能等于零,而对于任何的 d 都有 $\psi(d)=\varphi(d)$. 特别地,当 $d=p-1$ 时,$\psi(p-1)=\varphi(p-1)$.

定理 85　对于任何奇素数 p 来说都有元根存在,这些元根的个数等于 $\varphi(p-1)$.

并没有一个切实可行的方法用来求一个已知素数的元根(即,至少求出它的一个元根),只有纯凭试验的方法,充其量只将它略加整理罢了.

§60　当模是奇素数之乘幂的情形

我们现在来看以奇素数之乘幂为模的情形:$m=p^{\alpha}$,数 p^{α} 的元根是与 p^{α} 互素(即不能被 p 除尽) 的这样一个数 a. 它对于模 p^{α} 属于方次数

$$\varphi(p^{\alpha})=p^{\alpha-1}(p-1)$$

设数 a 对于模 p 属于方次数 n. 因此,$q^{n}\equiv 1 \pmod{p}$,即 $a^{n}=1+pN$. 由此

$$a^{np^{\alpha-1}}=(1+pN)^{p^{\alpha-1}}=1+p^{\alpha}M$$

这里 M 是一个整数,因为根据牛顿二项式定理$(1+pN)^{p^{\alpha-1}}$ 的展开式中从第二项起所有的项都能被 p^{α} 除尽的,所以

$$a^{n}p^{\alpha-1}\equiv 1 \pmod{p^{\alpha}}$$

但是当 $n<p-1$ 时,既然 $np^{\alpha-1}<p^{\alpha-1}(p-1)=\varphi(p^{\alpha})$,即当 $n<p-1$ 时,数 a 不可能是数 p^{α} 的元根. 因此,数 p^{α} 的元根(如果存在的话) 应该也是数 p 的元

根.

设 g 是数 p 的元根,则有

$$g^{p-1} \equiv 1 \pmod{p}$$

即 $g^{p-1}=1+Np$,N 是整数.我们来看当 N 不能被 p 除尽的情形,即当 $g^{p-1}-1$ 能被 p 除尽,但不能被 p^2 除尽的情形.

我们有

$$g^{p(p-1)}=(1+Np)^p=1+Np^2+Mp^3$$

这里 M 是一个不能被 p 除尽的整数(N 也一样),因为根据牛顿二项式定理,$(1+Np)^p$ 的展开式中从第三项起所有的项都能被 p^3 除尽,而因为第四项起所有的项都能被 p^4 除尽的缘故此,所以可以写

$$g^{p(p-1)}=1+Lp^2$$

这里 L 是一个不能被 p 除尽的整数.我们取这个等式两边再自乘 p 次,即得

$$g^{p^2(p-1)}=(1+Lp^2)^p=1+Lp^3+Kp^5$$

这里 K 是整数,即

$$g^{p^2(p-1)}=1+Hp^3$$

这里 H 是不能被 p 除尽的整数,依此类推.这样(由完全归纳法),我们求得普遍的公式

$$g^{p^\lambda(p-1)}=1+Pp^{\lambda+1} \tag{147}$$

这里 P 是不能被 p 除尽的整数.换个写法,即

$$g^{p^\lambda(p-1)} \equiv 1 \pmod{p^{\lambda+1}}$$

但是,如果 $\mu>\lambda+1$ 的话,并没有 $g^{p^\lambda(p-1)} \equiv 1 \pmod{p^\mu}$.

设 n 是 g 对于模 p^α 所属的方次数.因此,$g^n \equiv 1 \pmod{p^\alpha}$,因而,也有 $g^n \equiv 1 \pmod{p}$.意即 n 能被 g 对于模 p 所属的方次数除尽,即被 $p-1$ 除尽.另一方面,由费马－欧拉定理,$g^{p^{\alpha-1}(p-1)} \equiv 1 \pmod{p^\alpha}$,因而 $p^{\alpha-1}(p-1)$ 能被 n 除尽.因此,n 有形式

$$n=p^t(p-1)$$

这里 $0 \leqslant t \leqslant a-1$.

若假定 $t<a-1$,则我们将有

$$g^{p^t(p-1)} \equiv 1 \pmod{p^\alpha}$$

可是由式(147)知这个同余式是不正确的.因此,$t=\alpha-1$,而 g 是数 p^α 的元根.

现在我们来研究当 $g^{p-1}-1$ 能被 p^2 除尽的情形.设 $g^{p-1}-1=p^2N$,即 $g^{p-1}=1+Np^2$,在这种情形下我们得

$$g^{p^{\alpha-2}(p-1)}=(1+Np^2)^{p^{\alpha-2}}=1+Mp^\alpha$$

这里 M 是整数,就意味着

$$g^{p^{\alpha-2}(p-1)} \equiv 1 \pmod{p^\alpha}$$

因为对于模 p^α，g 乃属于不大于 $p^{\alpha-2}(p-1) < \varphi(p^\alpha)$ 的方次数，所以 g 不是数 p^α 的元根.

对于任意整数 k，所有形如 $f=g+kp$ 的数与 g 一起都是数 p 的元根. 所有这些数对于模 p 是相互同余的. 但对于模 p^α 诸数 f 不全是相互同余的：当 $k=0$，$1,2,\cdots,p^{\alpha-1}-1$ 时，诸数 $f=g+kp$ 对于模 p^α 是相异的，然而对于 k 的其他整数值，其对应的 f 值乃是与 $k=0,1,2,\cdots,p^{\alpha-1}-1$ 时所得的值是相互同余的，这就是说，对于模 p^α 互不同余的 f 值一共有 $p^{\alpha-1}$ 个. 我们来研究这些 f 值中哪一些是数 p^α 的元根. 为了这个目的应该去研究：在什么情形下 $f^{p-1}-1$ 能被 p 除尽，而不能被 p^2 除尽.

设 $g^{p-1}-1=Np$，则

$$f^{p-1}-1=(g+kp)^{p-1}-1=(g^{p-1}-1)+p(p-1)kg^{p-2}+Lp^2$$

这里 L 是整数，即

$$f^{p-1}-1=Np+p(p-1)kg^{p-2}+Lp^2$$

用 g 乘此同余式的两边(g 是不能被 p 除尽的) 有

$$(f^{p-1}-1)g=Ngp+p(p-1)kg^{p-1}+Lgp^2$$

但 $g^{p-1}=1+Np$，因此

$$(f^{p-1}-1)g=Ngp+p(p-1)k(Np+1)+Lgp^2$$

换个写法，即

$$(f^{p-1}-1)g=(Ng-k)p+Kp^2 \tag{148}$$

这里 K 是某一整数. 这里我们分两种情形：

(1) N 不能被 p 除尽(即 $g^{p-1}-1$ 不能被 p^2 除尽). 要想式(148) 的右边不能被 p^2 除尽，就必须 $u=Ng-k$ 不能被 p 除尽，$k=Ng-u$. 设 u 取小于 $p^{\alpha-1}$ 且不能被 p 除尽的值，这种值的个数是 $\varphi(p^{\alpha-1})=p^{\alpha-2}(p-1)$. 我们求出它们的对应 k 值，并且把这些值代入式子 $f=g+kp$ 中，即得那些是数 p^α 的元根的 f 值，因为对于这些 f 的值 $f^{p-1}-1$ 不能被 p^2 除尽.

(2) 现在设 N 能被 p 除尽(即 $g^{p-1}-1$ 能被 p^2 除尽)，在这种情形下只有当 k 不能被 p 除尽时式(148) 的右边才不能被 p^2 除尽. 因此，在这里我们直截了当地给 k 以小于 $p^{\alpha-1}$ 且不能被 p 除尽的全体 $\varphi(p^{\alpha-1})$ 个值. f 的这些对应值也就都是数 p^α 的元根.

因此，在一般情形下，由数 p 的元根 g 便得数 p^α 的对于模 p^α 为相异的 $\varphi(p^{\alpha-1})$ 个元根. 因为 $f_1=g_1+k_1p$ 与 $f_2=g_2+k_2p$，当 g_1 与 g_2(对于模 p) 相异时，纵然对于模 p 而言也是互不同余的. 所以显而易见，由数 p 的两个(对于模 p) 相异的元根 g_1 与 g_2 也得到数 p^α 的(对于模 p^α) 全相异的元根. 因此，由

于数 p 的元根共有 $\varphi(p-1)$ 个,而由其中的每一个都得出数 p^α 的 $\varphi(p^{\alpha-1})$ 个元根,又因 $p-1$ 与 $p^{\alpha-1}$ 互素,故可应用定理54的推论1(§35),所以数 p^α 对于模 p^α 为相异的元根共有

$$\varphi(p-1)\cdot\varphi(p^{\alpha-1})=\varphi(p^{\alpha-1}(p-1))=\varphi(\varphi(p^\alpha)) \tag{149}$$

个. 由此有下面的定理.

定理86 奇素数 p 的乘幂 p^α 恒有元根,元根的个数是 $\varphi(\varphi(p^\alpha))$. 由数 p 的每一元根即得数 p^α 的对于模 p^α 为相异的 $\varphi(p^{\alpha-1})$ 个元根. 当且仅当 $g^{p-1}-1$ 能被 p 除尽,而不能被 p^2 除尽时,数 p 的元根 g 本身是数 p^α 的元根.

例1 求数27的元根. 在这里 $p=3,\alpha=3,\varphi(27)=27\times\frac{2}{3}=18,\varphi(18)=18\times\frac{1}{2}\times\frac{2}{3}=6$. 因此,数27有六个元根. 其次,$\varphi(p-1)=\varphi(2)=1$,即数3只有一个元根,这个元根等于2. $p^{\alpha-1}=3^2=9,\varphi(9)=9\times\frac{2}{3}=6$. 因此,由2这一个根应该得出数27的全体六个根. 我们有 $2^2-1=3\times1$,即 $N=1$ 不能被3除尽,而我们在这里有情形(1). 对于 u 我们得到 $\varphi(9)=6$ 个小于9而与9互素的值. 这就是1,2,4,5,7,8. 由公式 $k=Ng-u=2-u$ 我们求得对应的 k 值,即 $k=1,0,-2,-3,-5,-6$. 最后由公式 $f=g+kp=2+3k$ 算出 f 的值,我们得到数27的全体六个元根

$$5,2,-4\equiv23,-7\equiv20,-13\equiv14,-16\equiv11$$

例2 求数25的元根,这里 $p=5,\alpha=2,\varphi(25)=25\times\frac{4}{5}=20,\varphi(20)=20\times\frac{1}{2}\times\frac{4}{5}=8$. 因此,数25有八个元根. 因为 $p^{\alpha-1}=5,\varphi(5)=4$,所以由数5的每一个元根得出数25的四个元根. 数5有 $\varphi(4)=2$ 个元根,即2与3. 我们有 $2^4-1=5\times3,N=3$ 不能被5除尽,即在这里我们有情形(1),$k=Ng-u=6-u,u=1,2,3,4$. 因此,$k=5,4,3,2$. $f=g+kp=2+5k$. 由此 $f_1=27\equiv2,f_2=22\equiv-3,f_3=17\equiv-8,f_4=12$.

对于3的根我们有 $3^4-1=5\times16,N=16$ 不能被5除尽,即我们仍然有情形(1). $k=Ng-u=48-u,u=1,2,3,4,k=47,46,45,44$. 对于模25,即 $k=-3,-4,-5,-6,f=3+5k$. 由此得

$$f_5=-12\equiv13,f_6=-17\equiv8,f_7=3,f_8=-2\equiv23$$

§61 当模是奇素数乘幂之2倍的情形

我们现在来看模 $m=2p^\alpha$ 的情形,这里 p 是奇素数.

定理 87　不能被 p 除尽的奇数 a，对于模 p^α 以及对于模 $2p^\alpha$，乃属于同一方次数.

证　设 $a^n \equiv 1 \pmod{p^\alpha}$，即 $a^n - 1$ 能被 p^α 除尽；而 $a^n - 1$ 又能被 2 除尽(因为两个奇数的差是一个偶数). 因此，$a^n - 1$ 也能被 $2p^\alpha$ 除尽(根据 §8，定理 17 的推论). 这也就是，$a^n \equiv 1 \pmod{2p^\alpha}$.

相反地，若 $a^n - 1$ 能被 $2p^\alpha$ 除尽，则它也能被 p^α 除尽. 这就证明了我们的定理.

于是，数 p^α 的任一奇元根也就是数 $2p^\alpha$ 的元根. 它的导出乃由于 $\varphi(2)=1$，故 $\varphi(2p^\alpha)=\varphi(2)\varphi(p^\alpha)=\varphi(p^\alpha)$，且若 $a^{\varphi(p^\alpha)} \equiv 1 \pmod{p^\alpha}$，则(当 a 为奇数时)$a^{\varphi(2p^\alpha)} \equiv 1 \pmod{2p^\alpha}$. 如果 a 是数 p^α 的一个偶元根，那么 $a+p^\alpha$ 是一个奇数，而仍然是数 p^α 的元根，意即是数 $2p^\alpha$ 的元根. 两个数 a 与 $a+p^\alpha$ 对于模 p^α 不是相异的，但对于模 $2p^\alpha$ 却是相异的，且其中一个是偶数，而另一个是奇数. 因此，数 $2p^\alpha$ 的元根的个数与数 p^α 的元根的个数一样多，即

$$\varphi(\varphi(p^\alpha))=\varphi(\varphi(2p^\alpha))$$

例如，数 54 的元根个数和数 27 的一样，即是 6(参看 §60，例 1). 27 的元根，我们已经看出，是 2，5，11，14，20，23. 因此，数 54 的元根是 $2+27=29$，5，11，$14+27=41$，$20+27=47$，23.

余下还要看模是 2 与 4 的情形.

当 $m=2$ 时，与模互素的数只有一类，可以把 1 看成它的代表元. 同时，因为

$$\varphi(2)=1$$

即

$$1^{\varphi(2)} \equiv 1 \pmod{2}$$

而可以把 1 看成数 2 的元根.

当 $m=4$ 时，与模互素的数有两类，它们的代表元是 1 及 3. 在这里 $\varphi(4)=2$ 且 $3^{\varphi(4)} \equiv 1 \pmod{4}$，因此，3 乃是数 4 的元根，而且(对于模 4)它是唯一的元根. 而 $\varphi(\varphi(4))=\varphi(2)=1$，在这里，和上述情形相仿，也就是元根的个数是 $\varphi(\varphi(4))$.

定理 88　数 $2p^\alpha$(p 是奇素数)有 $\varphi(\varphi(2p^\alpha))$ 个元根；数 p^α 的任一奇元根也是数 $2p^\alpha$ 的元根.

定理 89　数 2 及 4 都有元根；数 2 有唯一的元根 1；数 4 有唯一的元根 -3.

于是，如在定理 84 中所说，可能有元根的那些数，其元根确实存在.

§ 62　指数的一般性质

设模 m 是一个有元根的数，即 $m=2$，或 4，或 p^α，或 $2p^\alpha$(p 是奇素数，α 是正

整数.在特别情形,$\alpha=1$).设 g 是数 m 的一个元根,则所有乘幂 $g, g^2, g^3, \cdots, g^{\varphi(m)}$ 对于模 m 是全相异的(§37与§58).而所有这些乘幂也和 g 一样,是与 m 互素的,这就意味着,它们乃是与 m 互素的数对于模 m 的全体 $\varphi(m)$ 个类的代表元.由此可见,若 a 是与 m 互素的任一个数,则有一个而且只有一个方次数 $\alpha(1 \leqslant \alpha \leqslant \varphi(m))$ 使

$$g^{\alpha} \equiv a \pmod{m} \tag{150}$$

因为 $g^{\varphi(m)} \equiv g^0 \equiv 1 \pmod{m}$,所以也可以对于 α 规定这样的条件:$0 \leqslant \alpha \leqslant \varphi(m)-1$.因为同余式(150)若为 α 所满足,则同时也为一切方次数 $\alpha + k\varphi(m)$ 所满足,这里 k 是任意整数,所以在式(150)中的方次数 α 如果没有这些条件的限制,便是无穷多值地确定的.一般地,若 $g^{\alpha} \equiv g^{\beta} \pmod{m}$,则 $\alpha \equiv \beta \pmod{\varphi(m)}$,或 $\beta = \alpha + k\varphi(m)$[①].

由此可见,与 m 互素的对于模 m 的诸类数,以及对于模 $\varphi(m)$ 的所有各类数,两者之间存在着一一对应关系:若 a 是与 m 互素的对于模 m 的一类数的代表元,而 α 是对应的对于模 $\varphi(m)$ 的一类数的代表元,则恒有

$$a \equiv g^{\alpha} \pmod{m}$$

这里 g 是数 m 的某一个完全确定了的元根.数 α(以及对于模 $\varphi(m)$ 属于 α 的整个一类)称为数 a(以及对于模 m 属于 a 的整个一类)的指数.用记号表示成

$$\alpha \equiv \operatorname{ind} a \pmod{\varphi(m)}$$

因为指数乃与选取来作为底的元根 g 有关,所以,或者更准确地表示成

$$\alpha \equiv \operatorname{ind}_g a \pmod{\varphi(m)}$$

定理 90 乘积的指数(对于模 $\varphi(m)$ 来说)与各个因子的指数之和同余[②].

证 设 $\operatorname{ind} a \equiv \alpha, \operatorname{ind} b \equiv \beta \pmod{\varphi(m)}$,于是,$a \equiv g^{\alpha}, b \equiv g^{\beta} \pmod{m}$.因而 $ab \equiv g^{\alpha+\beta} \pmod{m}$,即

$$\operatorname{ind}(ab) \equiv \alpha + \beta \equiv \operatorname{ind} a + \operatorname{ind} b \pmod{\varphi(m)}$$

这可直接推广到两个以上的因子.

若所有的因子都是相等的,则得到下面的推论.

推论 (以自然数为方次数的)幂的指数(对于模 $\varphi(m)$ 来说)与这幂之底的指数乘上幂的方次数所得之积同余.写成公式,即

$$\operatorname{ind}(a^n) \equiv n \cdot \operatorname{ind} a \pmod{\varphi(m)}$$

---

① 也可以引入具有负方次数的乘幂.这样的乘幂 $x = g^{-n}$ 表示同余式 $g^n x \equiv 1 \pmod{m}$ 的解.可以验证,我们的结论对于负方次数仍然正确.

② 有时又说:乘积的指数等于各个因子指数的和,但这是不准确的说法.在指数系统中我们没有等式,而只有对于模 $\varphi(m)$ 的同余式.

定理91　对于模m的分数：$\frac{b}{a}\ (\bmod m)$，即同余式：$ax\equiv b\ (\bmod m)$的解（参看第三章末的习题53）. 特别地，当b能被a除尽时就是通常的商数$\frac{b}{a}$；这种对于模m的分数其指数（对于模$\varphi(m)$来说）乃是与分子和分母的指数之差同余的.

证　当然，假定a及b都是与m互素的. 若$ax\equiv b\ (\bmod m)$，则x也与m互素. 由定理90：$\operatorname{ind} a+\operatorname{ind} x\equiv \operatorname{ind} b\ (\bmod \varphi(m))$. 因此，$\operatorname{ind} x\equiv \operatorname{ind} b-\operatorname{ind} a\ (\bmod \varphi(m))$，这就是所要证明的.

定理92　1的指数恒与0同余，底（即元根g本身）的指数与1同余，数-1（即$m-1$）的指数与$\frac{1}{2}\varphi(m)$同余，即

$$\operatorname{ind} 1\equiv 0\ (\bmod \varphi(m)),\operatorname{ind} g\equiv 1\ (\bmod \varphi(m))$$

$$\operatorname{ind}(-1)\equiv \operatorname{ind}(m-1)\equiv \frac{1}{2}\varphi(m)\ (\bmod \varphi(m))$$

证　前两个同余式直接从下面两式导出

$$g^0\equiv 1\ (\bmod m),g^1\equiv g\ (\bmod m)$$

我们来推证第三个同余式. 我们有：$g^{\varphi(m)}\equiv 1\ (\bmod m)$，即

$$g^{\varphi(m)}-1=(g^{\frac{1}{2}\varphi(m)}-1)(g^{\frac{1}{2}\varphi(m)}+1)\equiv 0\ (\bmod m)$$

若$m=p^\alpha$（p是奇素数），则因其差为2不能被p除尽，所以两因子不可能同时被p除尽. 因此，这两个因子中有一个（而且只有一个）能被p^α除尽. 但是因为g是数$m=p^\alpha$的元根，即对于模p^α属于方次数$\varphi(m)$，所以$g^{\frac{1}{2}\varphi(m)}-1$不能被$p^\alpha$除尽. 因此

$$g^{\frac{1}{2}\varphi(m)}+1\equiv 0\ (\bmod p^\alpha)$$

即

$$g^{\frac{1}{2}\varphi(m)}\equiv -1\ (\bmod p^\alpha)$$

而这就证明了$\frac{1}{2}\varphi(m)\equiv \operatorname{ind}(-1)\ (\bmod \varphi(m))$.

若$m=2p^\alpha$，则$g^{\frac{1}{2}\varphi(m)}+1$仍然能被$p^\alpha$除尽，此外，因为$g$是奇数，所以$g^{\frac{1}{2}\varphi(m)}+1$是偶数. 因此，在这里第三个同余式也是正确的.

当$m=4$时我们直接验证

$$\frac{1}{2}\varphi(4)=1,g=3,3^1\equiv -1\ (\bmod 4)$$

最后，当$m=2$时第三个同余式就不能成立了，因为这时$\varphi(2)=1$，$\frac{1}{2}\varphi(2)$不是整数.

定理93　除$m=2$的情形外，数m的元根恒为m的平方非剩余.

证　若 a 是 m 的平方剩余，则必存在整数 x，适合 $x^2 \equiv a \pmod{m}$；x 和 a 一样也与 m 互素. 把这同余式两边自乘 $\frac{1}{2}\varphi(m)$ 次，我们得到

$$x^{\varphi(m)} \equiv a^{\frac{1}{2}\varphi(m)} \pmod{m}$$

但由费马－欧拉定理

$$x^{\varphi(m)} \equiv 1 \pmod{m}$$

因此

$$a^{\frac{1}{2}\varphi(m)} \equiv 1 \pmod{m}$$

可见 a 对于模 m 属于不大于 $\frac{1}{2}\varphi(m)$ 的方次数，因而不可能是数 m 的元根.

§63　用指数的演算(一)

我们看到指数有许多和对数类似的地方. 可以说：指数乃是就模而言的对数. 根据定理 90 ～ 92，指数也有和对数同样的应用，正如我们在例题中所表明的那样，可以用于解同余式的问题. 为了应用之便必须有一个就不同的模编造好了的指数表. 根据它可以由与已知模互素的任一已知数(类) 查出它的指数来；反之，也可以由已知指数查出数来.

已经有编好的素数模在 2 000 以内的这种指数表. 对于每一个模都有一个成对的表：用它的一部分(在 I 字下面的) 可以由已知数来查指数；用另一部分(在 N 字下面的) 可以由已知指数来查数[①].

这些表的每一部分都是排成矩形形状的. 在第一横栏中列有数字 0，1，2，…，9；在第一竖栏中也列有数字 0，1，2，…；在开头(对于不很大的模) 这些数字并不是很多. 要查已知数的指数，我们就在第一竖栏中去找这个数的十位数字，而在第一横栏中去找它的个位数字. 由所找到的十位数字所在的那一列和个位数字所在的那一行在这表的内部相交的地方就可查出所求的指数. 至于由已知指数来查数也完全相仿.

当然，在每一个对于模 p 的表中数和指数都只有从 1 到 $p-1$ 的这些数(指数也可以取从 0 到 $p-2$ 的这些数)，即是对于数和指数都只取它们的最小正剩余. 因此，要用这些表去求某一数的指数时，我们必须事先求出这个数的最小正剩余.

要编造对于已知素数模 p 的指数表时，就必须有所编造指数系统的底，即

---

① I 是拉丁文 Index(指数) 的字首；N 是拉丁文 Numerus(数) 的字首.

数 p 的这个元根 g:其方次数就是我们的指数.对于每一个模 p,这个底都在表上表明出来.此外,在对于每一个模的表上也给出了它的其余一切元根.

对于已知的模即有一个具有已知底的指数系统,若取同一模的另外任一元根作底,则恒可把底改换,即改换指数系统.我们就一般的形状来看这个问题.设 g 与 g_1 是数 m 的两个元根,并且数 a 与 m 互素.设

$$a \equiv g^{\alpha} \equiv g_1^{\alpha_1} \pmod{m} \tag{151}$$

即 $\alpha \equiv \mathrm{ind}_g a \pmod{\varphi(m)}, \alpha_1 \equiv \mathrm{ind}_{g_1} a \pmod{\varphi(m)}$

根据定理 90 的推论,由同余式(151) 我们得到

$$\alpha \equiv \alpha_1 \mathrm{ind}_g g_1 \pmod{\varphi(m)}$$

$$\alpha_1 \equiv \alpha \mathrm{ind}_{g_1} g \pmod{\varphi(m)}$$

即

$$\begin{cases}\mathrm{ind}_g a \equiv \mathrm{ind}_{g_1} a \cdot \mathrm{ind}_g g_1 \pmod{\varphi(m)} \\ \mathrm{ind}_{g_1} a \equiv \mathrm{ind}_g a \cdot \mathrm{ind}_{g_1} g \pmod{\varphi(m)}\end{cases} \tag{152}$$

由式(152) 的第一个公式可以从以 g_1 为底的系统改换成以 g 为底的系统.由式(152) 的第二个公式得到从以 g 为底的系统到以 g_1 为底的系统的改换.在式(152) 的第一个公式中设 $a=g$ 并注意 $\mathrm{ind}_g g \equiv 1$(定理 92),我们即得

$$\mathrm{ind}_{g_1} g \cdot \mathrm{ind}_g g_1 \equiv 1 \pmod{\varphi(m)} \tag{153}$$

公式(152) 与(153) 是和从一个对数系统改换到(具另一底的) 另一对数系统的公式相仿的.表达式 $\mathrm{ind}_{g_1} g$ 或 $\mathrm{ind}_g g_1$ 是和对数理论中的所谓"模" 相仿的.

例 1 在关于模 59 的表中我们找到:$\mathrm{ind}_{10} 43 \equiv 13 \pmod{58}$,求 $\mathrm{ind}_6 43$.为此我们由表上找出 $\mathrm{ind}_{10} 6 \equiv 57$.因此,根据公式(152)

$$13 \equiv 57 \mathrm{ind}_6 43 \pmod{58}$$

解这个一次同余式,得

$$\mathrm{ind}_6 43 \equiv -13 \equiv 45 \pmod{58}$$

我们再来解几个关于指数理论之应用的例题.

例 2 解同余式:$36x \equiv 57 \pmod{83}$.

正如在应用对数时我们就一个已知式或已知方程的两边"取对数" 一样,我们在这里也可以说:就一个已知的同余式"取指数",即是改换成指数间的关系

$$\mathrm{ind}\ 36 + \mathrm{ind}\ x \equiv \mathrm{ind}\ 57 \pmod{82}$$

从指数表中我们找到:$\mathrm{ind}\ 36 = 28, \mathrm{ind}\ 57 = 29$.因此

$$28 + \mathrm{ind}\ x \equiv 29 \pmod{82}$$

即 $\mathrm{ind}\ x \equiv 29 - 28 \equiv 1 \pmod{82}$

从表中我们找出 $x \equiv 50 \pmod{83}$.(这里 50 是这个指数系统的底,底的指数等

于 1.)

例 3 $8x \equiv -11 \pmod{37}$. 在这里先作代换：$-11 \equiv 26$，即

$$8x \equiv 26 \pmod{37}$$

改换成指数

$$\text{ind } 8 + \text{ind } x \equiv \text{ind } 26 \pmod{36}$$

即

$$33 + \text{ind } x \equiv 24 \pmod{36}$$

$$\text{ind } x \equiv -9 \equiv 27 \pmod{36}$$

$$x \equiv 31 \pmod{37}$$

在还没有改换成指数之前，我们就可以用 2 来约同余式的两边，便得

$$4x \equiv 13 \pmod{37}$$

从而

$$22 + \text{ind } x \equiv 13 \pmod{36}$$

又得

$$\text{ind } x \equiv -9 \equiv 27 \pmod{36}$$

例 4 $x^2 \equiv 31 \pmod{43}$. 改换成指数

$$2\text{ind } x \equiv \text{ind } 31 \equiv 32 \pmod{42}$$

$$\text{ind } x \equiv 16 \pmod{21}$$

而对于模 42 我们有 ind x 的两个相异的值

$$\text{ind } x_1 \equiv 16 \pmod{42}, \text{ind } x_2 \equiv 16 + 21 \equiv 37 \pmod{42}$$

由此

$$x_1 \equiv 17 \pmod{43}, x_2 \equiv 26 \pmod{43}$$

乃是两个解，而且 $26 \equiv -17 \pmod{43}$.

例 5 $x^2 \equiv 23 \pmod{47}$，我们有

$$2\text{ind } x \equiv \text{ind } 23 \equiv 39 \pmod{46}$$

不过因为模与未知项的系数都能被 2 除尽，但是自由项 39 不能被 2 除尽，所以这个同余式没有解（§39，定理 60）. 因此，所给的二次同余式也没有解，即 23 乃是模 47 的平方非剩余. 计算勒让德符号

$$\left(\frac{23}{47}\right) = -\left(\frac{47}{23}\right) = -\left(\frac{1}{23}\right) = -1$$

即得到验证.

§64 用指数的演算(二)

借指数之助容易去解任何的 n 次（特别是二次）二项同余式或者去证明所

给的同余式无解.我们就普遍情形来研究这个问题.

给了同余式

$$x^n \equiv a \pmod m \tag{154}$$

我们假定 m 有元根且 a 与 m 互素.改换成指数

$$n \text{ ind } x \equiv \text{ind } a \pmod{\varphi(m)}$$

设 $D(n,\varphi(m))=d$.要使这个同余式可解,其必要且充分的条件乃是 $\text{ind } a$ 能被 d 除尽,即 $\text{ind } a = kd$.在这种情形下,可以用 d 来约上面同余式的两边及模

$$\frac{n}{d}\text{ind } x \equiv \frac{\text{ind } a}{d} \equiv k \left(\text{mod } \frac{\varphi(m)}{d}\right)$$

这个同余式对于模 $\frac{\varphi(m)}{d}$ 有一个解而且只有一个解,但是对于模 $\varphi(m)$,它则有 d 个相异的解 $\text{ind } x$,而同余式(154)对于模 m 有 d 个相异的解 x.如果 g 是这个指数系统的底,那么我们就有

$$g^{\text{ind } a} \equiv g^{kd} \equiv a \pmod m$$

将这同余式的两边自乘 $\frac{\varphi(m)}{d}$ 次,即得

$$g^{k\varphi(m)} \equiv a^{\frac{\varphi(m)}{d}} \pmod m$$

但按费马－欧拉定理,左边是与 1 同余的,因此

$$a^{\frac{\varphi(m)}{d}} \equiv 1 \pmod m \tag{155}$$

反之,现在设条件(155)是满足的,则有

$$g^{\text{ind } a} \equiv a \pmod m$$

两边自乘 $\frac{\varphi(m)}{d}$ 次,根据式(154)得

$$g^{\frac{\varphi(m)}{d}\text{ind } a} \equiv 1 \pmod m$$

因此,$\frac{\varphi(m)}{d}\text{ind } a$ 能被 $\varphi(m)$ 除尽,即 $\text{ind } a$ 能被 d 除尽,由此可见,同余式(154)有解.

定理 94 若模 m 有元根,则当 $D(m,a)=1$ 时,要使 n 次同余式(154)有解,其必要且充分条件是条件(155)成立,这里 $d=D(n,\varphi(m))$,这时有 d 个对于模 m 为相异的解.特别地,当 $m=p$ 时(p 是一个奇素数)条件(155)有下面的形式

$$a^{\frac{p-1}{d}} \equiv 1 \pmod p \tag{155a}$$

当 $n=2$ 时恒有 $d=2$(因为 $p-1$ 是偶数),而条件(155a)变成了欧拉判别法(§47,式(115)).

推论 1　若 $D(n,\varphi(m))=1$，则对于与 m 互素的任何 a，同余式(154) 有一个解而且只有一个解.

推论 2　对于任何的底，平方剩余的指数恒为偶数，而平方非剩余的指数恒为奇数.

这可由定理 94 的证明导出.

例 1　$x^5 \equiv 14 \pmod{41}$. 改换成指数

$$5\text{ind } x \equiv \text{ind } 14 \equiv 25 \pmod{40}$$

即

$$\text{ind } x \equiv 5 \pmod{8}$$

因此，我们有五个解

$$\text{ind } x_1 \equiv 5 \pmod{40}, \text{ind } x_2 \equiv 13 \pmod{40}, \text{ind } x_3 \equiv 21 \pmod{40}$$

$$\text{ind } x_4 \equiv 29 \pmod{40}, \text{ind } x_5 \equiv 37 \pmod{40}$$

由此

$$x_1 \equiv 27, x_2 \equiv 24, x_3 \equiv 35, x_4 \equiv 22, x_5 \equiv 15 \pmod{41}$$

在这里条件(155a) 有形式：$14^8 \equiv 1 \pmod{41}$，它是满足的.

例 2　$x^3 \equiv 42 \pmod{53}$. 这里 $D(3,52)=1$. 因此，我们的同余式有一个解而且只有一个解. 改换成指数

$$3\text{ind } x \equiv \text{ind } 42 \equiv 20 \pmod{52}$$

我们得到 $\text{ind } x \equiv 24 \pmod{52}$，因此

$$x \equiv 49 \equiv -4 \pmod{53}$$

例 3　$x^6 \equiv 22 \pmod{59}$. 这里 $D(6,58)=2$. 因此，只需 ind 22 是偶数，这个同余式便有两个解. 我们有

$$6\text{ind } x \equiv \text{ind } 22 \equiv 12 \pmod{58}$$

即

$$3\text{ind } x \equiv 6 \pmod{29}$$

$$\text{ind } x \equiv 2 \pmod{29}$$

$$\text{ind } x_1 \equiv 2 \pmod{58}, \text{ind } x_2 \equiv 31 \pmod{58}$$

$$x_1 \equiv 41 \pmod{59}, x_2 \equiv 18 \pmod{59}$$

§ 65　当模是数 2 之乘幂时的指数

我们现在来看看模 $m=2^\alpha$ 的情形，其中 $\alpha>2$. 我们曾经看出，任一奇数都满足同余式：$a^{\frac{1}{2}\varphi(2^\alpha)} \equiv 1 \pmod{2^\alpha}$，$\frac{1}{2}\varphi(2^\alpha)=2^{\alpha-2}$. 由此可见，$2^\alpha$ 没有元根. 但是

我们可以证明有这样的数存在，对于模 2^{α} 它属于方次数 $2^{\alpha-2}$. 例如 5 就是这样的一个数.

我们有 $5=1+2^2, 5^2=1+2^3+2^4\equiv 1 \pmod{2^3}$，但 $5^2\not\equiv 1 \pmod{2^4}$. 其次 $5^{2^2}=(5^2)^2=1+2^4+2^5+\cdots\equiv 1 \pmod{2^4}$，但 $5^2\not\equiv 1 \pmod{2^5}$.

设已证明

$$5^{2^{\lambda-2}}\equiv 1 \pmod{2^{\lambda}}$$

但

$$5^{2^{\lambda-2}}\not\equiv 1 \pmod{2^{\lambda+1}}$$

于是

$$5^{2^{\lambda-2}}=1+2^{\lambda}k$$

这里 k 是奇数. 因而

$$5^{2^{\lambda-1}}=(5^{2^{\lambda-2}})^2=1+2^{\lambda+1}k+2^{2\lambda}k^2$$

这就意味着

$$5^{2^{\lambda-1}}\equiv 1 \pmod{2^{\lambda+1}}$$

但

$$5^{2^{\lambda-1}}\not\equiv 1 \pmod{2^{\lambda+2}}$$

由此可见，对于任何大于 2 的 α

$$5^{2^{\alpha-2}}\equiv 1 \pmod{2^{\alpha}}$$

但当 $\nu<\alpha-2$ 时，$5^{2^{\nu}}\not\equiv 1 \pmod{2^{\alpha}}$. 这就证明了 5 对于模 2^{α} 属于方次数 $2^{\alpha-2}$.

由此可见，诸数 $5^0=1, 5, 5^2, 5^3, \cdots, 5^{2^{\alpha-2}}-1$ 对于模 2^{α} 互不同余. 诸数 $-1, -5, -5^2, -5^3, \cdots, -5^{2^{\alpha-2}}-1$ 对于模 2^{α} 也互不同余. 并且也与诸数 5^{λ} 不同余，因为诸数 5^{λ} 有形式 $4k+1$，而诸数 -5^{μ} 有形式 $4k+3$，因而，它们即使对于模 4 来说已经是不同余的了.

于是，我们有 $2\times 2^{\alpha-2}=2^{\alpha-1}=\varphi(2^{\alpha})$ 个形如

$$(-1)^{\kappa}\times 5^{\lambda}\quad (\kappa=0,1, \lambda=0,1,2,\cdots,2^{\alpha-2}-1)$$

的数. 它们全是奇数，也就是与 2^{α} 互素并且对于模 2^{α} 为相异的. 因此，它们乃是与 2^{α} 互素（即奇数）的所有各类的代表元. 任一奇数 a 是与一个且只与一个具有一定方次数 κ 与 λ 的乘积 $(-1)^{\kappa}\times 5^{\lambda}$ 同余的，其中 κ 对于模 2 为确定的，而 λ 对于模 $2^{\alpha-2}$ 为确定的.

由此可见，任一奇数对应于两个指数 ——κ 与 λ. 容易验证，定理 90,91 对于这些指数是正确的（分别对于每一指数）. 也可以构造指数表来（不过每一数对应于两个指数 ——κ 与 λ 罢了），并且可以用它来解同余式.

例如，设模 $=2^4=16$. 我们构造指数表（表 1）如下：

表 1

数:	1	3	5	7	9	11	13	15
指数 κ:	0	1	0	1	0	1	0	1
指数 λ:	0	3	1	2	2	1	3	0

我们解同余式:$5x \equiv 11 \pmod{16}$;改换成指数,我们得:

对于指数 κ:$0+\kappa \equiv 1 \pmod{2}$.

对于指数 λ:$1+\lambda \equiv 1 \pmod{4}$.

由此,$\kappa \equiv 1 \pmod{2}$,$\lambda \equiv 0 \pmod{4}$,因而

$$x \equiv 15 \equiv -1 \pmod{16}$$

§ 66　对于合数模的指数

现在设 m 是任一合数模,$m=p_1^{\alpha_1}p_2^{\alpha_2}\cdots p_n^{\alpha_n}$ 是它的素因数分解式. 设 g_λ 是数 $p_\lambda^{\alpha_\lambda}$ 的任一元根(假定 p_λ 是奇数. 如果 $p_1=2$ 且 $\alpha_1>2$,那么我们取两个数:-1 与 5 来代替 g_1).

其次,设 a 是与 m 互素的任一数. 在这种情形下,a 也与每一数 $p_\lambda^{\alpha_\lambda}$ 互素. 因此,有这样的方次数 ν_λ 存在(对于模 $\varphi(p_\lambda^{\alpha_\lambda})$ 为确定),使其 $a\equiv g_\lambda^{\nu_\lambda} \pmod{p_\lambda^{\alpha_\lambda}}$(若 $p_1=2$,$\alpha_1>2$,则我们用乘积 $(-1)^{\nu_1}\times 5^{\nu'_1}$ 代替 $g_1^{\nu_1}$,因为 $a\equiv(-1)^{\nu_1}\times 5^{\nu'_1} \pmod{2^{\alpha_1}}$).

由此可见,我们有 n 个这样的方次数或"指数":$\nu_1,\nu_2,\cdots,\nu_n$(若 $p_1=2$,$a_1>2$,则有 $n+1$ 个指数:$\nu_1,\nu'_1,\nu_2,\cdots,\nu_n$). 它们组成数 a 的指数组.

我们用如下确定的诸数 a_λ 来代替诸数 g_λ

$$a_\lambda \equiv g_\lambda \pmod{p_\lambda^{\alpha_\lambda}}$$

当 $\mu\neq\lambda$ 时

$$a_\lambda \equiv 1 \pmod{p_\mu^{\alpha_\mu}}$$

每一数 g_λ 对应于对模 $p_1^{\alpha_1}p_2^{\alpha_2}\cdots p_n^{\alpha_n}=m$ 为唯一确定的一个数 a_λ(§ 43,定理 62 的推广). 而我们有(对于 p_λ 全是奇数时的情形)

$$a \equiv a_1^{\nu_1}a_2^{\nu_2}\cdots a_n^{\nu_n} \pmod{m}$$

因为由此 $a\equiv g_\lambda^{\nu_\lambda} \pmod{p_\lambda^{\alpha_\lambda}}$,这是应该如此的.

诸数 $a_1,a_2,\cdots,a_n$ 对于模 m 组成与 m 互素之诸数的基. 与 m 互素的任何数 a 对于模 m 乃与形如

$$a_1^{\nu_1} a_2^{\nu_2} \cdots a_n^{\nu_n}$$

的乘积同余，这里每一数 ν_λ 对于对应的模 $\varphi(p_\lambda^{\alpha_\lambda})$ 是唯一确定的.

给了 ν_λ 的值 $\nu_\lambda = 0, 1, 2, \cdots, \varphi(p_\lambda^{\alpha_\lambda}) - 1 (\lambda = 1, 2, \cdots, n)$，我们即得与 m 互素且对于模 m 来说互不同余的 $\varphi(p_1^{\alpha_1})\varphi(p_2^{\alpha_2})\cdots\varphi(p_n^{\alpha_n}) = \varphi(m)$ 个 a，即与 m 互素的 $\varphi(m)$ 类之代表元.

若 $p_1 = 2, \alpha_1 = 1$，则只有 $g_1 = 1$.

若 $p_1 = 2, \alpha_1 = 2$，则 $g_1 = 3$.

若 $p_1 = 2, \alpha_1 > 2$，则前面已经指出，我们有两个数：-1 与 5 用以代替一个数 g_1. 当 $p_1 = 2, \alpha_1 > 2$ 时我们确定两个数来代替一个数 a_1

$$a_1 \equiv -1 \pmod{2^{\alpha_1}}, a'_1 \equiv 5 \pmod{2^{\alpha_1}}$$

当 $\lambda \neq 1$ 时

$$a_1 \equiv a'_1 \equiv 1 \pmod{p_\lambda^{\alpha_\lambda}}$$

对于这样确定的指数组，定理 90 与 91 仍然正确. 例如，若

$$a \equiv a_1^{\nu_1} a_2^{\nu_2} \cdots a_n^{\nu_n} \pmod{m}, b \equiv a_1^{\rho_1} a_2^{\rho_2} \cdots a_n^{\rho_n} \pmod{m}$$

则显然

$$ab \equiv a_1^{\nu_1+\rho_1} a_2^{\nu_2+\rho_2} \cdots a_n^{\nu_n+\rho_n} \pmod{m}$$

同时 $\nu_\lambda + \rho_\lambda$ 可以就模 $\varphi(p_\lambda^{\alpha_\lambda})$ 化简.

在这里还是可以编造指数表，不过每一个(与 m 互素的) 数对应于 n 个(或 $n+1$ 个) 指数罢了. 在解二项同余式时，只需其中系数与 m 互素，那么也可以利用这个指数表.

例如，$m = 105 = 3 \times 5 \times 7, \varphi(m) = \varphi(105) = 105 \times \frac{2}{3} \times \frac{4}{5} \times \frac{6}{7} = 48$，即在这里有 48 类与 105 互素的数. 与 105 互素的每一数有三个指数 —— 即 3，5，7.

我们取 $g_1 = 2, g_2 = 2, g_3 = 3$(3，5，7 各数的元根) 并造表 2 如下：

表 2

数	1	2	4	8	11	13	16	17	19	21	23	26
对于 3 的指数	0	1	0	1	1	0	0	1	0	0	1	1
对于 5 的指数	0	1	2	3	0	3	0	1	2	1	3	0
对于 7 的指数	0	2	4	0	4	3	2	1	5	0	2	5
数	29	31	32	34	37	38	41	43	44	46	47	52
对于 3 的指数	1	0	1	0	0	1	1	0	1	0	1	0
对于 5 的指数	2	0	1	2	1	3	0	3	2	0	1	1
对于 7 的指数	0	1	4	3	2	1	3	0	2	4	5	1

续表2

数	53	58	59	61	62	64	67	68	71	73	74	76
对于 3 的指数	1	0	1	0	1	0	0	1	1	0	1	0
对于 5 的指数	3	3	2	0	1	2	1	3	0	3	2	0
对于 7 的指数	4	2	1	5	3	0	4	5	0	1	4	3
数	79	82	83	86	88	89	92	94	97	101	103	104
对于 3 的指数	0	0	1	1	0	1	1	0	0	1	0	1
对于 5 的指数	2	1	3	0	3	2	1	2	1	0	3	2
对于 7 的指数	2	5	3	2	4	5	0	1	3	1	5	3

我们还要找对于模 105 诸数的基，即从下列同余式来确定 a_1, a_2, a_3

$$a_1 \equiv 2 \pmod 3, a_1 \equiv 1 \pmod 5, a_1 \equiv 1 \pmod 7$$
$$a_2 \equiv 1 \pmod 3, a_2 \equiv 2 \pmod 5, a_2 \equiv 1 \pmod 7$$
$$a_3 \equiv 1 \pmod 3, a_3 \equiv 1 \pmod 5, a_3 \equiv 3 \pmod 7$$

求得

$$a_1 \equiv 71 \pmod{105}, a_2 \equiv 22 \pmod{105}, a_3 \equiv 31 \pmod{105}$$

由此可见，与 105 互素的任何数 a 对于模 105 确定如下

$$a \equiv 71^{\nu_1} \times 22^{\nu_2} \times 31^{\nu_3} \pmod{105}$$

这里 $\nu_1 = 0$ 或 1；$\nu_2 = 0, 1, 2$ 或 3；$\nu_3 = 0, 1, 2, 3, 4$ 或 5.

利用所造的表，解同余式

$$x^2 \equiv 46 \pmod{105}$$

用 ν_1, ν_2, ν_3 表示数 x(对于 3,5,7) 的指数，则改换成指数——先对于模 3，然后对于模 5，其次对于模 7——我们求得 ν_1, ν_2, ν_3 的下列同余式

$$2\nu_1 \equiv 0 \pmod 2, 2\nu_2 \equiv 0 \pmod 4, 2\nu_3 \equiv 4 \pmod 6$$

这些同余式每一个有两个解

$$\nu_1 \equiv 0, 1; \nu_2 \equiv 0, 2; \nu_3 \equiv 2, 5$$

我们可以把 ν_1 的每一个值与 ν_2 的每一个值和 ν_3 的每一个值搭配起来，即得下列指数的八种组合

0,0,2;0,0,5;0,2,2;0,2,5;1,0,2;1,0,5;1,2,2;1,2,5

对于这每一种组合我们在表 2 上求得对应的值

16,61,79,19,86,26,44,89

这就是所解同余式的八个根.

习　　题

95. 求所有与 m 互素的数对于模 m 所属的方次数，当：(1)$m=5$；(2)$m=8$；(3)$m=10$；(4)$m=11$；(5)$m=24$(§58).

答：(1)2 与 3 对于 4；4 对于 2.(2)3,5,7 对于 2.(3)3 与 7 对于 4；9 对于 2.(4)2,6,7,8 对于 10；3,4,5,9 对于 5；10 对于 2.(5)5,7,11,13,17,19,23 对于 2.

96. 求下面诸数所有的元根：(1)7；(2)17；(3)29；(4)47(§59).

答：(1)3,5；(2)3,5,6,7,10,11,12,14；(3)2,3,8,10,11,14,15,18,19,21,26,27；(4)5,10,11,13,15,19,20,22,23,26,29,30,31,33,35,38,39,40,41,43,44,45.

97. 求下面诸数所有的元根：(1)49；(2)125；(3)121；(4)81(§60).

答：(1)3,5,10,12,17,19,24,26,38,40,45,47；(2)2,3,8,12,13,17,22,23,27,28,33,37,38,42,47,48,52,53,58,62,63,67,72,73,77,78,83,87,88,92,97,98,102,103,108,112,113,117,122,123；(3)2,6,7,8,13,17,18,19,24,28,29,30,35,39,41,46,50,51,52,57,61,62,63,68,72,73,74,79,83,84,85,90,95,96,101,105,106,107,116,117；(4)2,5,11,14,20,23,29,32,38,41,47,50,56,59,65,68,74,77.

98. 求下面诸数所有的元根：(1)14；(2)22；(3)50；(4)162(§61).

答：(1)3,5；(2)7,13,17,19；(3)3,13,17,23,27,33,37,47；(4)5,11,23,29,41,47,59,65,77,83,95,101,113,119,131,137,149,155.

99. 证明：$(a^{-1})^n \equiv (a^n)^{-1} \pmod{m}$，其中 a 是与 m 互素的具有负方次数的乘幂是就模 m 而言的(§62).

100. 证明公式：$a^k \cdot a^l \equiv a^{k+l} \pmod{m}$，$(a^k)^l \equiv a^{kl} \pmod{m}$ 对于就模 m 而言的负方次数仍然成立(假定 a 是与 m 互素的)(§62).

101. 证明：当 a 与 m 互素时 $a^\alpha \equiv a^\beta \pmod{m}$ 成立的必要且充分条件是 $\alpha \equiv \beta \pmod{n}$ 成立，这里 n 是 a 对于模 m 所属的方次数，而 α 与 β 为任意正的或负的整数.

102. 取元根 7 作为底来重造一个素数 11 的指数表(§63).

103. 取元根 2 作为底来重造一个素数 19 的指数表(§63).

104. 借指数之助解同余式：(1)$18x \equiv 42 \pmod{89}$；(2)$11x \equiv 13 \pmod{31}$；(3)$35x+15 \equiv 0 \pmod{97}$(§63).

答：(1)32；(2)4；(3)55.

105. 借指数之助解同余式：(1)$x^2 \equiv 59 \pmod{83}$；(2)$x^2 \equiv 32 \pmod{43}$；

(3)$x^2 \equiv -17 \pmod{53}$;(4)$x^2 \equiv 26 \pmod{67}$(§63).

答:(1) ± 15;(2) 无解;(3) ± 6;(4) ± 9.

106. 借指数之助解同余式:(1)$x^3 \equiv 15 \pmod{41}$;(2)$x^5 \equiv 17 \pmod{29}$;(3)$x^7 \equiv 3 \pmod{61}$(§64).

答:(1)7;(2)17;(3)27.

107. 借指数之助解同余式:(1)$x^3 \equiv 22 \pmod{43}$;(2)$x^6 \equiv 15 \pmod{53}$;(3)$x^4 \equiv 11 \pmod{59}$;(4)$x^8 \equiv 13 \pmod{23}$;(5)$x^8 \equiv 8 \pmod{89}$(§64).

答:(1)19,28,39;(2) ± 4;(3) 无解;(4) ± 9;(5) ± 6, ± 17, ± 26, ± 44.

108. 取元根 2 作为底对于模 27 构造一个指数表,并借此表之助以解同余式:(1)$5x \equiv 13 \pmod{27}$;(2)$x^2 \equiv 10 \pmod{27}$(§60,§62,§63).

答:(1)8;(2) ± 8.

109. 取元根 3 作为底对于模 50 构造一个指数表,并借此表之助以解同余式:(1)$17x \equiv 39 \pmod{50}$;(2)$x^2 \equiv 29 \pmod{50}$(§61,§62,§63).

答:(1)17;(2) ± 23.

110. 构造一个模 24 的指数表并求这个模的基(§66).

答:基为 7,13,17.

111. 对于模 36 再做上题.

答:基为 19,29.

第六章 关于二次形式的一些知识

§67 定　　义

两个自变数的二次齐次函数，也就是形如

$$\varphi(x,y)=ax^2+bxy+cy^2$$

的表达式叫作二元二次形式. 在数论中乃研究具有整系数 a, b, c 的，而且自变量 x 及 y 也只取整数值的这种形式. 二次形式由其系数 a, b, c 完全确定，故可缩记为

$$\varphi=(a,b,c)$$

二次形式论的主要问题在于决定：一个给定的整数 m 是否能用一个给定的二次形式 (a,b,c) 来"表示"，如果能，那么就去求出所有这些"表示式"来. 换句话说，就是在于查明：不定方程

$$ax^2+bxy+cy^2=m$$

是否有整数解 x, y. 如果有，那么就去求出所有这些整数解来.

由这个基本问题可见有下面两个问题好提出：求能用给定的二次形式来表示的所有整数；以及相反地，求能用以表示所给整数的所有二次形式. 这两个问题可化成下面一个问题：即求表示同样一些数的二次形式；这样的一些形式叫作等价的，可以证明：这种形式而且只有这种形式可用自变量 x, y 具有行列式等于 ± 1 的一次变换来互相转化.

但是二次形式的理论并不局限于所说的问题，这也将与二次无理数论、与连分数论、甚至与椭圆函数论有着密切的联系.

表达式 $D=b^2-4ac$ 叫作形式 (a,b,c) 的判别式. 所给形式诸系数 a, b, c 的最大公约数 s 叫作形式 (a,b,c) 的约数；若 $a=sa'$, $b=sb'$, $c=sc'$，则

$$(a,b,c)=s(a',b',c')$$

系数互素的形式(a',b',c')叫作基本形.显然

$$D=b^2-4ac=s^2(b'^2-4a'c')$$

设整数k由形式(a,b,c)所表示,即有整数α,γ存在,使其

$$a\alpha^2+b\alpha\gamma+c\gamma^2=k \tag{156}$$

设$D(\alpha,\gamma)=s$.当$s>1$时表示法是非常态的;如果$s=1$,即α与γ互素,则表示法是常态的.设$\alpha=s\alpha',\gamma=s\gamma'$,则由式(156)我们得到

$$k=s^2k',k'=a\alpha'^2+b\alpha'\gamma'+c\gamma'^2$$

而数k'的表示法是常态的.

我们还要注意:若形式(a,b,c)不是基本形,而s是它的约数,则凡可用这个形式来表示的任一数k必能被s除尽,$k=sk_1$,而k_1就由基本形(a',b',c')所表示(这里$a=sa',b=sb',c=sc'$).

因此,只要研究基本形以及用基本形表示诸数的常态表示法就够了.

§68 可分形式

一个(具有整系数的)二次形式,如果能表示成仍然具有整系数的两个一次形式之乘积,那么我们就称它为可分的.

辅助定理 若一个具有整系数的二次形式能表示成具有有理系数的两个一次形式之乘积,则它必为可分的,即必可表示成具有整系数的两个一次形式之乘积.

证 设$\varphi=(a,b,c)=(\alpha'x+\beta'y)(\gamma'x+\delta'y)$,式中$\alpha',\beta',\gamma',\delta'$都是有理分数.通分以后再去分母,即以分母$s$[①]来乘这个等式的两边

$$s\varphi=(\alpha x+\beta y)(\gamma x+\delta y)$$

式中$\alpha,\beta,\gamma,\delta$都是整数.并且,一约简后,我们就可以使得$D(\alpha,\beta,s)=1,D(\gamma,\delta,s)=1$.于是

$$sa=\alpha\gamma,sb=\alpha\delta+\beta\gamma,sc=\beta\delta \tag{157}$$

设$p>1$是数s的素约数.式(157)中第一个等式说明:α或γ,例如α能被p除尽.同样,式(157)中第三个等式说明:β或δ能被p除尽.但既然α能被p除尽,则因$D(\alpha,\beta,s)=1$,故β不能被p除尽,因此δ必能被p除尽.然则式(157)中第二个等式表明:$\beta\gamma$能被p除尽,可是由于β与γ都不能被p除尽(γ不能被p

① 老实说,s乃是α',β'的公分母与γ',δ'的公分母之乘积.

除尽是因为 $D(\gamma,\delta,s)=1$)，所以这是不可能的. 由此可见，$s=1$，即 $\varphi=(\alpha x+\beta y)(\gamma x+\delta y)$ 具有整系数 $\alpha,\beta,\gamma,\delta$，而辅助定理证毕.

定理 95 二次形式 $\varphi(a,b,c)$，当且仅当它的判别式 D 是完全平方数时，是可分的.

证 设 $\varphi=(\alpha x+\beta y)(\gamma x+\delta y)$，则 $a=\alpha\gamma$，$b=\alpha\delta+\beta\gamma$，$c=\beta\delta$，因此

$$D=b^2-4ac=(\alpha\delta+\beta\gamma)^2-4\alpha\beta\gamma\delta=(\alpha\delta-\beta\gamma)^2$$

反过来，设 $D=\varepsilon^2$ 是完全平方数，当 $a\neq 0$ 时我们有

$$4a\varphi=4a(ax^2+bxy+cy^2)=(2ax+by)^2-Dy^2=$$
$$[2ax+(b+\varepsilon)y][2ax+(b-\varepsilon)y]$$

由此
$$\varphi=\frac{1}{4a}[2ax+(b+\varepsilon)y][2ax+(b-\varepsilon)y]$$

从而按上述辅助定理可见：形式 φ 是可分解的.

若 $a=0$，则 $D=b^2$，$\varphi=y(bx+cy)$.

当二次形式是一个一次形式的平方时，我们得到特殊情形. 对于这个情形我们来证明下述的定理.

定理 96 二次形式，当且仅当其判别式 $D=0$ 时，是一次形式的平方(乘上一个常数因子).

证 设 $\varphi=s(\alpha x+\beta y)^2=s\alpha^2x^2+2s\alpha\beta xy+s\beta^2y^2$，则

$$D=4s^2\alpha^2\beta^2-4s\alpha^2s\beta^2=0$$

反过来，现在设 $D=0$. 这种情形按定理 95，形式 φ 是可分的(因为 0 是完全平方). 设

$$\varphi=s(\alpha x+\beta y)(\gamma x+\delta y)$$

并且 $D(\alpha,\beta)=1$，$D(\gamma,\delta)=1$，我们有

$$D=s^2(\alpha\delta-\beta\gamma)^2=0$$

自然 $s\neq 0$，所以 $\alpha\delta-\beta\gamma=0$，即

$$\alpha\delta=\beta\gamma \tag{158}$$

我们认定 φ 不是恒等于零的，因此，当 $\alpha=0$ 时 $\beta\neq 0$. 然则由式(158)即得：$\gamma=0$，这个二次形式就呈下面的形式

$$\varphi=s\beta\delta\cdot y^2$$

相仿地，当 $\delta=0$ 时 $\beta=0$，从而 $\varphi=s\alpha\gamma x^2$.

现在设 $\alpha,\beta,\gamma,\delta$ 全异于零. 按式(158)$\alpha\delta$ 能被 γ 除尽，而 γ 与 δ 互素，因此，α 能被 γ 除尽. 同样，由式(158)我们得出：γ 也能被 α 除尽，即 $\alpha=\pm\gamma$. 如果需要的话，改变 s 的符号，于是我们总可以认为 α 与 γ 都是正的. 因此，$\alpha=\gamma$，从而由式(158)我们得到 $\beta=\delta$，即

$$\varphi = s(\alpha x + \beta y)^2$$

这就是所要证明的.

若 $\varphi = (\alpha x + \beta y)(\gamma x + \delta y)$ 是可分形式,则当 $x : y = \delta : -\gamma$ 或 $x : y = \beta : -\alpha$ 时将有 $\varphi = 0$,即方程 $\varphi = 0$ 有不同为零的整数解 x, y. 例如,$x = \beta, y = -\alpha$. 反过来,若 $\varphi = 0$ 对于某些不同为零的 x, y 值成立,即

$$4a(ax^2 + bxy + cy^2) = (2ax + by)^2 - Dy^2 = 0 \tag{159}$$

当 $y = 0$ 时得 $2ax = 0$. 但因 $x \neq 0$,则 $a = 0$,而形式 $\varphi = y(bx + cy)$ 是可分的. 如果 $y \neq 0$,那么由式(159) 得

$$D = \left(\frac{2ax + by}{y}\right)^2$$

即 D 是完全平方数,因而(根据定理 95),形式 φ 是可分的.

定理 97 若二次形式 φ 为可分的,则其必要与充分条件是:有不同为零的 x, y 的整数值存在,可使 φ 变成零.

例 1 $\varphi = 5x^2 - 6xy - 8y^2$ 是可分形式,因为对于它:$D = 36 + 4 \times 5 \times 8 = 196 = 14^2$ 是一个完全平方数.

实际上

$$\begin{aligned} 4 \times 5 \times \varphi = 100x^2 - 120xy - 160y^2 = \\ (10x - 6y)^2 - (14y)^2 = \\ (10x - 20y)(10x + 8y) \end{aligned}$$

由此

$$\varphi = (x - 2y)(5x + 4y)$$

当 $x = 2, y = 1$ 时 $\varphi = 0$. 同样地,当 $x = -4, y = 5$ 时 $\varphi = 0$.

例 2 $\varphi = 18x^2 - 24xy + 8y^2$,这里的 $D = 24^2 - 4 \times 18 \times 8 = 0$. 因此,$\varphi$ 是完全平方数(除了一个常数因子不计外). 实际上

$$\varphi = 2(3x - 2y)^2$$

§ 69 有定形式与不定形式

现在设具有判别式 D 的形式 $\varphi = (a, b, c)$ 是不可分的. 我们有公式

$$4a\varphi = (2ax + by)^2 - Dy^2 \tag{160}$$

分成两种情形:

(1)$D < 0$. 设 $D = -\Delta, \Delta > 0$,则式(160) 形如

$$4a\varphi = (2ax + by)^2 + \Delta y^2 \tag{160a}$$

这个等式的右边(也就意味着左边),当 x, y 为一切整数值时,都是正的. 因此,

当 x,y 为任何整数值时,形式 φ 恒与 a 同号(从而也与 c 同号,因为在这个情形下 a 与 c 有同样的符号). 这种形式叫作有定的,当 $a>0$ 时叫作正定的,当 $a<0$ 时叫作负定的.

(2)$D>0$,则由式(160) 我们有:

当 $x=b, y=-2a$ 时,$4a\varphi=-4Da^2<0$;

当 $x=a, y=0$ 时,$4a\varphi=4a^4>0$.

因此,这种形式当 x,y 为整数值时可正可负. 这种形式叫作不定的.

注意　可分形式当 $D=0$ 时是有定的,当 $D\neq 0$ 时是不定的.

§70　形如 x^2+ay^2 的形式

我们来看看形如 x^2+ay^2 的二次形式,其中 a 是整数. 当 $a>0$ 时它是正定的;当 $a<0$ 时它是不定的. 我们使 x 及 y 取整数值,并且只取使 x 与 ay 互素的整数值.

定理 98　当 $D(x,ay)=1$ 时形式 x^2+ay^2 的任一大于 2 的素约数 p 必满足条件 $\left(\frac{-a}{p}\right)=1$.

证　定理 98 可由 §51 中的定理 76 直接导出. 但它也很容易直接证明:若 x^2+ay^2 能被大于 2 的素数 p 除尽,即 $x^2+ay^2\equiv 0 \pmod p$,则

$$x^2\equiv -ay^2 \pmod p$$

因此,$-ay^2$ 是数 p 的平方剩余,即

$$\left(\frac{-ay^2}{p}\right)=\left(\frac{-a}{p}\right)\left(\frac{y^2}{p}\right)=\left(\frac{-a}{p}\right)=1$$

这就是所要证明的.

设 $a>0$ 且 $a<p$,这里 p 是大于 2 的素数,我们取方程

$$x^2+ay^2=p \tag{161}$$

定理 99　若在所说的条件下方程(161) 有整数解 x,y,则 x 与 y 是互素的(即解 x,y 是本义的),并且这个解是唯一的.

注意　显然,若(x,y)是方程(161) 的解,则$(-x,y)$,$(x,-y)$,$(-x,-y)$也同为方程(161) 的解. 我们把这四个解看成是一个解.

证　满足方程(161) 的数 x 与 y 显然是互素的,因为否则它们必将同被 p 所除尽,从而 x^2+ay^2 将会大于 p 了.

设(x_1,y_1)与(x_2,y_2)是方程(161) 的两个解,即

$$x_1^2+ay_1^2=p, x_2^2+ay_2^2=p \tag{162}$$

我们先设 $a>1$. 以 y_2^2 来乘式(162) 中第一方程的两边，而以 y_1^2 来乘第二个方程的两边，再边边相减，即得

$$(x_1y_2-x_2y_1)(x_1y_2+x_2y_1)=p(y_2^2-y_1^2)$$

由此可见，$x_1y_2-x_2y_1$ 或 $x_1y_2+x_2y_1$ 总有一个能被 p 除尽；又因它们的和 $2x_1y_2$ 是不能被 p 除尽的，所以这两个式子不能同时被 p 除尽.

将式(162) 中两个等式边边相乘，我们便得出

$$(x_1x_2+ay_1y_2)^2+a(x_1y_2-x_2y_1)^2=p^2 \tag{163}$$

即

$$(x_1x_2-ay_1y_2)^2+a(x_1y_2+x_2y_1)^2=p^2 \tag{163a}$$

(1) 设 $x_1y_2-x_2y_1$ 能被 p 除尽，则由式(163)，即得 $x_1y_2-x_2y_1=0$(因为 $a>1$)，即

$$\frac{x_1}{y_1}=\frac{x_2}{y_2}$$

但因这两个分数都是不可约的，所以，$x_2=x_1$，$y_2=y_1$.

(2) 现在设 $x_1y_2+x_2y_1$ 能被 p 除尽，但是 $x_1y_2+x_2y_1>0$(因为我们可以认为 x_1,y_1,x_2,y_2 全是正的)，因此，$x_1y_2+x_2y_1=np$，这里 $n\geqslant 1$. 而按式(163a)，当 $a>1$ 时这是不可能的.

现在设 $a=1$，即方程(161) 呈下面的形式

$$x^2+y^2=p \tag{164}$$

正如当 $a>1$ 时一样，我们得出 $x_1y_2-x_2y_1$ 或 $x_1y_2+x_2y_1$ 总有一个能被 p 除尽，而当 $a=1$ 时公式(163)，(163a) 也照样成立. 并且我们得到：

(1) 当 $x_1y_2-x_2y_1$ 能被 p 除尽时，$x_1y_2-x_2y_1=0$，$x_2=x_1$，$y_2=y_1$.

(2) 当 $x_1y_2+x_2y_1$ 能被 p 除尽时，$x_1y_2+x_2y_1=p$. 然则根据式(163a)，$x_1x_2-y_1y_2=0$，$\frac{x_1}{y_1}=\frac{y_2}{x_2}$，$x_1=y_2$，$y_1=x_2$. 显而易见，若$(x,y)$ 是方程(164) 的解，则(y,x) 也是这个方程的解. 由此两个解我们并不认为它们有什么不同，也就是在这里实际上只有一个解.

推论 若方程(161) 有整数解，则$\left(\frac{-a}{p}\right)=1$.

这可由定理 98 导出，因为对于任一个整数解(x,y)，x 与 ay 是互素的.

§ 71 某些不定方程的解

现在我们转论当 a 为某些特殊值时方程(161) 的(整数) 解. 对于这种情形

我们先推出一个普遍定理. 根据 §70 末的推论，方程(161) 为可解的必要条件是$\left(\frac{-a}{p}\right)=1$，即同余式 $t^2 \equiv -a \pmod p$ 应该有解. 我们用 t 来表示适合$0<t<\frac{p}{2}$ 的那个解. 分解$\frac{t}{p}$ 成连分数

$$\frac{t}{p}=\cfrac{1}{a_1+\cfrac{1}{a_2+\ddots+\cfrac{1}{a_s}}}$$

并用记号$\frac{p_1}{q_1}=\frac{0}{1},\frac{p_2}{q_2}=\frac{1}{a_1},\cdots,\frac{p_{s+1}}{q_{s+1}}=\frac{t}{p}$ 表示渐近分数. 总可找到这样的两个相邻的渐近分数$\frac{p_n}{q_n}$ 与$\frac{p_{n+1}}{q_{n+1}}$，使其

$$q_n<\sqrt{p},q_{n+1}>\sqrt{p}$$

我们有(参看 §24 的式(39))

$$\left|\frac{t}{p}-\frac{p_n}{q_n}\right|=\frac{|tq_n-pp_n|}{pq_n}<\frac{1}{q_nq_{n+1}}$$

由此

$$(tq_n-pp_n)^2<\frac{p^2}{q_{n+1}^2}<\frac{p^2}{p}=p$$

$$(tq_n-pp_n)^2+aq_n^2<p+aq_n^2<p+ap=(a+1)p$$

在左边去括号，即得

$$(tq_n-pp_n)^2+aq_n^2=(t^2+a)q_n^2+pN$$

式中 N 是整数，但因 $t^2\equiv -a \pmod p$，故 t^2+a 能被 p 除尽. 因此上述不等式的整个左边能被 p 除尽.

定理 100　若 t 是同余式 $t^2 \equiv -a \pmod p$ 的解，且 $0<t<\frac{p}{2}$，又$\frac{p_n}{q_n}$ 是$\frac{t}{p}$ 分解成连分数的一个渐近分数，适合 $q_n<\sqrt{p}$ 但 $q_{n+1}>\sqrt{p}$，则

$$(tq_n-pp_n)^2+aq_n^2<(a+1)p \tag{165}$$

且这个不等式的左边必能被 p 除尽.

现在考究几个特殊情形.

(1)$a=1$. 我们有方程(164)：$x^2+y^2=p$. 这个方程有整数解的必要条件是$\left(\frac{-1}{p}\right)=1$，即(§48，性质(4)) p 应该是形如 $4k+1$ 的数，t 是同余式

$$t^2 \equiv -1 \pmod p$$

的解.

公式(165) 在这里成了下面的形式

$$(tq_n - pp_n)^2 + q_n^2 < 2p$$

但左边是能被 p 除尽而且异于零的,因此,它是等于 p 的,即

$$(tq_n - pp_n)^2 + q_n^2 = p \tag{166}$$

而我们再一次地得到了定理 42. 不过现在既证明了方程式(164) 的整数解 x, y 是唯一的,而且又给出了如何去求它的方法.

例 1 已知方程 $x^2 + y^2 = 53$,在这里

$$t = 23$$

$$\frac{t}{p} = \frac{23}{53} = \cfrac{1}{2 + \cfrac{1}{3 + \cfrac{1}{3 + \cfrac{1}{2}}}}$$

于是我们求出

$$p_n = p_3 = 3, q_n = q_3 = 7$$

并根据公式(166)

$$x = 23 \times 7 - 53 \times 3 = 2, y = 7$$

得

$$x^2 + y^2 = 2^2 + 7^2 = 53$$

(2)$a = 2$. 我们有方程式 $x^2 + 2y^2 = p$. 这个方程式有整数解的必要条件是 $\left(\frac{-2}{p}\right) = 1$,即 $\left(\frac{-1}{p}\right)\left(\frac{2}{p}\right) = 1$. 因此两个记号 $\left(\frac{-1}{p}\right)$ 与 $\left(\frac{2}{p}\right)$ 同号,即二者同为 1 或同为 -1.

但若 $p = 4k + 1 = 8l \pm 1$,即 $\left(\frac{-1}{p}\right) = \left(\frac{2}{p}\right) = 1$,若 $p = 4k + 3 = 8l \pm 3$,则 $\left(\frac{-1}{p}\right) = \left(\frac{2}{p}\right) = -1$(§ 48,性质(4),(5)). 因此,$p$ 应该有形式 $8l + 1$ 或 $8l + 3$. 这就是我们的方程式有整数解的必要条件. 我们来证明这个条件也是充分的. 由公式(165) 得

$$(tq_n - pp_n)^2 + 2q_n^2 < 3p$$

即(能被 p 除尽的) 左边或者等于 p,或者等于 $2p$. 若$(tq_n - pp_n)^2 + 2q_n^2 = p$,则我们的方程式是有解的,如果$(tq_n - pp_n)^2 + 2q_n^2 = 2p$,那么我们可断言:$tq_n - pp_n = 2v$ 必为分数. 然则,以 2 去约,即得

$$q_n^2 + 2v^2 = p$$

即我们的方程式仍然是有解的:$x = q_n, y = v$.

例 2 已知方程式 $x^2 + 2y^2 = 43$,43 是形如 $8l + 3$ 的数. 因此,我们的方程

式有整数解. 对于 t 有同余式: $t^2 \equiv -2 \pmod{43}$, 求出 $t=16$, 并分解 $\frac{t}{p}=\frac{16}{43}$ 成连分数, 即得 $p_n=1, q_n=3$. 其次, $tq_n-pp_n=5, 5^2+2\times 3^2=43$, 即解得 $x=5$, $y=3$.

(3) $a=3$. 我们的方程式是 $x^2+3y^2=p$. 这个方程式有整数解的必要条件是 $\left(\frac{-3}{p}\right)=1$. 但是(根据互反性定理与 §48, 性质(4))

$$\left(\frac{-3}{p}\right)=(-1)^{\frac{p-1}{2}}\left(\frac{p}{3}\right)(-1)^{\frac{p-1}{2}\cdot\frac{3-1}{2}}=\left(\frac{p}{3}\right)$$

当 $p=3k+1$ 时 $\left(\frac{p}{3}\right)=1$, 又因 p 是奇数, 所以这就等于说 p 是形如 $6k+1$ 的数. 我们证明这也是我们的方程式有整数解的充分条件. 由公式(165)得

$$(tq_n-pp_n)^2+3q_n^2<4p$$

即(能被 p 除尽的)左边等于 $p, 2p$ 或 $3p$. 用记号: $tq_n-pp_n=\lambda$.

若 $\lambda^2+3q_n^2=p$, 则我们的方程式是有解的.

$\lambda^2+3q_n^2=2p$ 的情形是不可能的: 若 λ 与 q_n 都是偶数, 则 $\lambda^2+3q_n^2$ 能被 4 除尽; 若 λ 与 q_n 都是奇数, 则 $\lambda^2\equiv q_n^2\equiv 1 \pmod 4$(§34, 定理 52). 然则 $\lambda^2+3q_n^2\equiv 0 \pmod 4$, 而 $2p$ 不能被 4 除尽.

若 $\lambda^2+3q_n^2=3p$, 则由此可见: λ 能被 3 除尽, $\lambda=3\mu$, 因此, $9\mu^2+3q_n^2=3p$, $q_n^2+3\mu^2=p$.

例 3 已知方程式 $x^2+3y^2=37$, 37 是形如 $6k+1$ 的数, 即是满足了有整数解的条件. t 的同余式是 $t^2\equiv -3 \pmod{37}$, 求出 $t=16$. 分解 $\frac{16}{37}$ 成连分数, 即得 $q_n=2, p_n=1$. 其次, $tq_n-pp_n=-5, 5^2+3\times 2^2=37$, 因此, 解为 $x=5, y=2$.

于是, 我们已经证明了下列的定理.

定理 101 任一个形如 $8k+1$ 或 $8k+3$(而且只有这些形状)的素数可以表示成一个平方的二倍与另一个平方之和的形式, 而且只有一种表示法.

定理 102 任一形如 $6k+1$(而且只有这个形状)的素数可以表示成一个平方的三倍与另一个平方之和的形式, 而且只有一种表示法.

这两个定理等同于定理 42(§31), 费马提出, 欧拉所证明的.

§72 注　　意

我们还要说说下面几点:

在公式(165) 中,我们已经取了同余式 $t^2 \equiv -a \pmod p$ 的小于$\frac{p}{2}$的根 t. 这个同余式的第二个根(即它的最小正剩余) 是 $p-t>\frac{p}{2}$. 我们便可以取它来代替 t. 我们来看看$\frac{p-1}{p}$的连分数是怎样的? 若$\frac{t}{p}=\frac{1}{z}$,这里

$$z=a_1+\cfrac{1}{a_2+\cfrac{}{\ddots+\cfrac{1}{a_s}}}$$

则

$$\frac{p-t}{p}=1-\frac{1}{z}=\frac{z-1}{z}$$

即

$$\frac{p-t}{p}=\frac{1}{\frac{z}{z-1}}=\frac{1}{1+\frac{1}{z-1}}=\cfrac{1}{1+\cfrac{1}{(a_1-1)+\cfrac{1}{a_2+\cfrac{}{\ddots+\cfrac{1}{a_s}}}}}$$

因为 $t<\frac{p}{2}$,则$\frac{t}{p}<\frac{1}{2}$,即 $a_1-1>0$.

因此,将$\frac{p-t}{p}$化成连分数的分解式较$\frac{t}{p}$的分解式要多一节. 当 $k\geqslant 3$ 时,$\frac{p-t}{p}$的分解式中第 k 个部分分母和$\frac{t}{p}$的分解式中第 $k-1$ 个部分分母完全一样. 至于渐近分数,若用$\frac{p_k}{q_k}$表示$\frac{t}{p}$分解式的第k 个渐近分数,而用$\frac{p'_k}{q'_k}$表示$\frac{p-t}{p}$分解式的第 k 个渐近分数,则易验明

$$q'_{k+1}=q_k,\ p'_{k+1}=q_k-p_k \quad (\text{当 } k>1 \text{ 时})$$

对于定理 100(§ 71) 的记号我们有

$$q'_{n+1}<\sqrt{p}<q'_{n+2}$$

$$(p-t)q'_{n+1}-pp'_{n+1}=-tq'_{n+1}+p(q'_{n+1}-p'_{n+1})=-tq_n+pp_n=(tq_n-pp_n)$$

因此,若我们用根 $p-t$ 来代替根t,公式(165) 的左边不变,即整个公式(165) 仍旧正确. 因此之故,在 § 71 所分析的 $a=1,2,3$ 各情形中,以根 $p-t$ 代替根t 之后,我们即可求出方程(161) 的唯一的解.

§ 73　方程 $x^2+y^2=m$

现在我们提出关于方程

$$x^2+y^2=m \tag{167}$$

之整数解的问题，式中 m 是一个奇的合数. 从定理 98 我们可以断言：数 m 的任一素约数 p 都应该满足条件 $\left(\frac{-1}{p}\right)=1$，即应呈 $4k+1$ 的形式. 这是方程(167) 有整数解的必要条件.

我们证明它也是充分的. 若这个条件被满足了，则由 §57 可见，方程式

$$t^2\equiv -1 \pmod{m} \tag{167}$$

有解. 对于模 m 为相异的解共计有 2^ρ 个，这里 ρ 是数 m 之相异素约数的个数.

但若形如 t 与 $-t\equiv m-t$ 的两个解并不认为是本质上相异的，则我们说：同余式(168) 本质上相异的解之个数是 $2^{\rho-1}$. 分解 $\frac{t}{m}$（这里 t 是式(168) 的一个解）成连分数并且在这里也用 $\frac{p_n}{q_n}$ 来表示适合 $q_n<\sqrt{m}$ 及 $q_{n+1}\geqslant\sqrt{m}$ 的渐近分数，则我们在这里也导出公式(166)，不过这里用合数 m 代替 p 罢了

$$(tq_n-mp_n)^2+q_n^2=m$$

由此也就得到方程(167) 的一个解.

例 1 已知方程式 $x^2+y^2=1\ 369$. 因为 $1\ 369=37^2$，而 37 是形如 $4k+1$ 的数，所以对于这个方程式有整数解的条件是满足的. 我们解同余式

$$t^2\equiv -1 \pmod{1\ 369}$$

因此根据 §54 中所讲的方法，我们来解同余式

$$b^2\equiv -1 \pmod{37}$$

得到 $b=6$. 现在取

$$(6+\sqrt{-1})^2=35+12\sqrt{-1}$$

解同余式 $35u\equiv -1 \pmod{1\ 369}$，得到 $u\equiv 352$. 此后我们得出

$$t\equiv 352\times 12=4\ 224\equiv 117$$

我们来分解 $\frac{117}{1\ 369}$ 成连分数

$$\frac{117}{1\ 369}=\cfrac{1}{11+\cfrac{1}{1+\cfrac{1}{2+\cfrac{1}{2+\cfrac{1}{1+\cfrac{1}{11}}}}}}$$

计算渐近分数，我们得出：$q_n=35$，$p_n=3$. 其次，我们得出 $tq_n-mp_n=12$. 因此，我们得到解：$x=12$，$y=35$.

实际上，$12^2+35^2=37^2=1\ 369$.

例 2 已知方程式 $x^2+y^2=1\ 105$. 对于它因为 $1\ 105=5\times 13\times 17$,而这些素因数全是形如 $4k+1$ 的数,所以有整数解的条件是满足的. 我们解同余式

$$t^2\equiv -1\ (\mathrm{mod}\ 1\ 105) \tag{169}$$

这个同余式可化成下面一组同余式(§57)

$$t^2\equiv -1\ (\mathrm{mod}\ 5),t^2\equiv -1\ (\mathrm{mod}\ 13),t^2\equiv -1\ (\mathrm{mod}\ 17)$$

这些同余式的解是

$$t\equiv \pm 2\ (\mathrm{mod}\ 5),t\equiv \pm 5\ (\mathrm{mod}\ 13),t\equiv \pm 4\ (\mathrm{mod}\ 17)$$

用所有可能的方法把它们互相组合起来,马上就得到同余式(169) 的八个解

$$\pm 268,\pm 463,\pm 47,\pm 242$$

本质上相异的解有四个,即:268,463,47,242(在这里 $\rho=3$,因此,$4=2^{\rho-1}$).

(1) 我们取 $t=268$ 时得出:$\frac{268}{1\ 105}=(0,4,8,8,4)$,$q_n=33$,$p_n=8$,$tq_n-mp_n=4$. 因此,一组解是 $x=4$,$y=33$.

(2) 当 $t=463$ 时得出:$\frac{463}{1\ 105}=(0,2,2,1,1,2,2,1,1,2,2)$,$q_n=31$,$p_n=13$,$tq_n-mp_n=12$. 因此,第二组解是 $x=12$,$y=31$.

(3) 当 $t=47$ 时得出:$\frac{47}{1\ 105}=(0,23,1,1,23)$,$q_n=24$,$p_n=1$,$tq_n-mp_n=23$. 因此,第三组解是 $x=23$,$y=24$.

(4) 当 $t=242$ 时得出:$\frac{242}{1\ 105}=(0,4,1,1,3,3,1,1,4)$,$q_n=32$,$p_n=7$,$tq_n-mp_n=9$. 因此,第四组解是 $x=9$,$y=32$.

在一般的情形也就可以去证明:所求的 $2^{\rho-1}$ 个(在我们的情形有 4 个)解是相异的,而其他的解并不存在.

定理 103 奇数 $m>0$ 当且仅当它只能被形如 $4k+1$ 的素数除尽时才能常态地表示成两个互素的平方数之和的形式. 若 ρ 是 m 的这种相异素约数的个数,则 m 表示成两个平方数之和的形式共有 $2^{\rho-1}$ 个相异的表示法.

我们现在来看当 m 是偶数时的方程式(167),设它有常态的解(即 x 与 y 是互素的). 在这种情形 x 与 y 都是奇数. 根据 §34 定理 52,我们有 $x^2\equiv y^2\equiv 1\ (\mathrm{mod}\ 8)$,$m=x^2+y^2\equiv 2\ (\mathrm{mod}\ 8)$,即 m 是形如 $2m_1$ 的数,这里 m_1 是形如 $4k+1$ 的数. 这就是说,只有不能被 4 除尽的数才能表示成互素的两个平方之和的形式. 显然当

$$2m_1=x^2+y^2$$

时我们得到

$$m_1=\left(\frac{x+y}{2}\right)^2+\left(\frac{x-y}{2}\right)^2$$

即奇数 m_1 被表示成两个平方数之和的形式，而要能这样的话它必须满足定理 103 的条件. 反过来，设

$$m_1 = u^2 + v^2$$

则

$$2m_1 = (u+v)^2 + (u-v)^2$$

显然，数 $2m_1$ 的相异表示法对应于数 m_1 的相异表示法；反过来也对.

定理 104 一个偶数能常态地表示成两个平方数之和的形式，其必要且充分条件是：它是形如 $2m$ 的数，这里 m 是只能被形如 $4k+1$ 的素数除尽的一个奇数. 数 $2m$ 的相异表示法的个数与数 m 的相同.

例如，我们有 $61 = 5^2 + 6^2$. 由此，$122 = (6+5)^2 + (6-5)^2 = 11^2 + 1^2$.

§74 表示一整数成四个平方数之和的形式

在本书前五章中所讲的数论上的知识统统都是属于名叫"乘法"数论的东西，因为在那里取来作为众数间的基本运算的是乘法（以及作为乘法之反运算的除法），而大多数的定理都是关于数的可约性，关系到一数表示成乘积形式的. 整个同余式论基本上只能看成可约性的比较复杂的情形.

在目前第六章中所探究的是将一个数表示成和的形式，即加法在这里起着基本的作用. 这些问题乃是属于名叫"堆垒"数论的东西. 数论的这一分支是更加复杂，而且是方兴未艾的，不是像乘法数论那样成熟了. 当然，这两个分支也彼此紧密地联系着，并且有许多定理既属于这个分支又属于另一分支.

我们再来证明一个属于堆垒数论的重要定理. 这个定理也应归功于费马.

定理 105 任一个自然数必可表示成四个平方数之和.

证 取下列恒等式

$$\begin{vmatrix} a & -b \\ b' & a' \end{vmatrix} \cdot \begin{vmatrix} c & -d \\ d' & c' \end{vmatrix} = \begin{vmatrix} ac+bd & -(a'd-b'c) \\ ad'-bc' & a'c'+b'd' \end{vmatrix}$$

或即

$$(aa'+bb')(cc'+dd') = (ac+bd)(a'c'+b'd') + (ad'-bc')(a'd-b'c) \tag{170}$$

在这里我们设

$$a = x_0 + \mathrm{i}x_1, b = x_2 + \mathrm{i}x_3, c = y_0 - \mathrm{i}y_1, d = y_2 - \mathrm{i}y_3$$
$$a' = x_0 - \mathrm{i}x_1, b' = x_2 - \mathrm{i}x_3, c' = y_0 + \mathrm{i}y_1, d' = y_2 + \mathrm{i}y_3$$

在这种情形

$$aa' = x_0^2 + x_1^2, bb' = x_2^2 + x_3^2, cc' = y_0^2 + y_1^2, dd' = y_2^2 + y_3^2$$

公式(170)有下面的形式

$$(x_0^2+x_1^2+x_2^2+x_3^2)(y_0^2+y_1^2+y_2^2+y_3^2)=z_0^2+z_1^2+z_2^2+z_3^2 \quad (171)$$

这里

$$z_0=x_0y_0+x_1y_1+x_2y_2+x_3y_3$$
$$z_1=x_0y_1-x_1y_0+x_2y_3-x_3y_2$$
$$z_2=x_0y_2-x_2y_0+x_3y_1-x_1y_3$$
$$z_3=x_0y_3-x_3y_0+x_1y_2-x_2y_1$$
$$ac+bd=z_0-\mathrm{i}z_1, a'c'+b'd'=z_0+\mathrm{i}z_1$$
$$ad'-bc'=z_2-\mathrm{i}z_3, a'd-b'c=z_0+\mathrm{i}z_3$$

公式(171)可以直接推广到几个四数平方和的乘积.

引理 几个四数平方和的乘积依然可以表示成四数平方之和.

由此可见:对于素数 p 可以证明定理105.

当 $p=2$ 时,我们有 $2=1^2+1^2+0^2+0^2$.

设 $p>2$,即是一个奇素数,我们来讨论一下这两种情形:

(1) p 是形如 $4k+3$ 的数,即 $-1\equiv p-1$ 是数 p 的平方剩余.这种情形在数列 $1,2,3,\cdots,p-1$ 中必然会遇到相邻两数 a 与 $a+1$,使 a 是数 p 的平方剩余,而 $a+1$ 是非剩余(因为第一个数1是剩余,而最后一个数 $p-1$ 是非剩余).然而 $(-1)(a+1)=-a-1$ 是平方剩余(因为它是两个非剩余的乘积).因此,有整数 x,y 存在,使

$$x^2\equiv a\ (\mathrm{mod}\ p), y^2\equiv -a-1\ (\mathrm{mod}\ p)$$

并且 $0<x<\frac{p}{2}, 0<y<\frac{p}{2}$.

将这两个同余式两边分别相加,即得

$$x^2+y^2+1\equiv 0\ (\mathrm{mod}\ p)$$

即

$$x^2+y^2+1=pq$$

同时,因为 $p\geqslant 3$,所以

$$pq=x^2+y^2+1\leqslant 2\left(\frac{p-1}{p}\right)^2+1=$$
$$\frac{p^2-2p+3}{2}\leqslant\frac{p^2-2p+p}{2}=\frac{p^2-p}{2}$$

由此

$$q\leqslant\frac{p-1}{2}, q<\frac{p}{2}$$

(2) 现在设 p 是形如 $4k+1$ 的数,即 -1 是数 p 的平方剩余.因此,有正整数 $x<\frac{p}{2}$ 存在,使 $x^2\equiv -1\ (\mathrm{mod}\ p)$,即

$$x^2+1=pq\leqslant\left(\frac{p-1}{2}\right)^2+1=\frac{p^2-2p+5}{4}<\frac{2p^2}{4}=p\cdot\frac{p}{2}$$

即在这里也有 $q<\frac{p}{2}$.

于是,在情形(1)中有 $pq=0^2+x^2+y^2+1$;而在情形(2)中有 $pq=0^2+0^2+x^2+1$;在两种情形下都是 $q<\frac{p}{2}$.

若 $q=1$,则对于数 p 定理 105 也已证明.

设 $q>1$. $pq=x_0^2+x_1^2+x_2^2+x_3^2$,$x_0,x_1,x_2,x_3$ 是互素的(因为在情形(1)与情形(2)中,如我们所看到的,其中一个平方数为 1). 我们取诸数 x_0,x_1,x_2,x_3 对于模 q 的绝对最小剩余作为 y_0,y_1,y_2,y_3,即

$$y_\lambda\equiv x_\lambda\ (\mathrm{mod}\ q),\ -\frac{q}{2}<y_\lambda\leqslant\frac{q}{2}\quad(\lambda=0,1,2,3)$$

于是

$$\sum_{\lambda=0}^{3}y_\lambda^2\equiv\sum_{\lambda=0}^{3}x_\lambda^2\ (\mathrm{mod}\ q)$$

即

$$\sum_{\lambda=0}^{3}y_\lambda^2\equiv pq\equiv 0\ (\mathrm{mod}\ q)$$

因此

$$\sum_{\lambda=0}^{3}y_\lambda^2=qr$$

而

$$\sum_{\lambda=0}^{3}y_\lambda^2\leqslant 4\left(\frac{q}{2}\right)^2=q^2$$

即

$$qr\leqslant q^2,r\leqslant q$$

若 $r=q$,则每个 y_λ 应等于它的最大值,即$\frac{q}{2}$. 然而,这就是每个 $x_\lambda\equiv y_\lambda=\frac{q}{2}\equiv 0\ \left(\mathrm{mod}\ \frac{q}{2}\right)$,即每个 x_λ 都能被$\frac{q}{2}$除尽. 既然所有的 x_λ 互素,因此,$\frac{q}{2}=1$,$q=2$. 因此,$x_\lambda\equiv 1\ (\mathrm{mod}\ 2)$,即所有的 x_λ 都是奇数,且 $x_\lambda^2\equiv 1\ (\mathrm{mod}\ 8)$(§34,定理 52). 然则

$$\sum_{\lambda=0}^{3}x_\lambda^2\equiv 4\equiv 0\ (\mathrm{mod}\ 4)$$

即

$$\sum_{\lambda=0}^{3}x_\lambda^2=pq=2p\equiv 0\ (\mathrm{mod}\ 4)$$

但因 p 是奇数,所以这是不正确的. 因此,$r<q$.

我们由诸数 x_λ,y_λ 组成诸数 z_λ,使其适合所证明的辅助定理

$$\sum_{\lambda=0}^{3}x_\lambda^2\cdot\sum_{\lambda=0}^{3}y_\lambda^2=\sum_{\lambda=0}^{3}z_\lambda^2=pq\cdot qr=pq^2r$$

但是所有的数 z_λ 都能被 p 除尽,因为

$$z_0 \equiv y_0^2 + y_1^2 + y_2^2 + y_3^2 = qr \equiv 0 \pmod q$$
$$z_1 \equiv y_0 y_1 - y_1 y_0 + y_2 y_3 - y_3 y_2 \equiv 0 \pmod q$$

z_2 与 z_3 仿此.

设

$$D(z_0, z_1, z_2, z_3) = qd$$
$$z_\lambda = qdx'_\lambda \quad (\lambda = 0,1,2,3)$$
$$D(x'_0, x'_1, x'_2, x'_3) = 1$$

于是
$$q^2 d^2 \sum_{\lambda=0}^{3} x'^2_\lambda = pq^2 r, \sum_{\lambda=0}^{3} x'^2_\lambda = \frac{pr}{d^2}$$

pr 能被 d^2 除尽,而 $r < q < \frac{p}{2}$,这就是说,$d^2 \leqslant pr < p^2$,$d < p$.因为 p 是素数,所以 d 是与 p 互素的.因此,r 能被 d^2 除尽

$$\frac{r}{d^2} = q' < q$$

$$\sum_{\lambda=0}^{3} x'^2_\lambda = pq'$$

若 $q' = 1$,则定理 105 也已证明.若 $q' > 1$,则同样论证,我们得出

$$\sum_{\lambda=0}^{3} x''^2_\lambda = pq''$$

依此类推.但是渐减的自然数列 $q > q' > q'' > \cdots$ 是有限的,即经有限次这些步骤之后我们便把 p 表示成了四数平方之和的形式.定理 105 就这样得以证明.

习　　题

112.问下列诸形式是不是可分的:(1)$(4,5,-9)$;(2)$(12,-4,-5)$;(3)$(2,1,-3)$;(4)$(3,10,3)$;(5)$(25,-70,49)$.并在可分的情形将它分解成一次因子(§68).

答:(1)$(4x+9y)(x-y)$;(2)$(2x+y)(6x-5y)$;(3)$(2x+3y)(x-y)$;(4)$(3x+y)(x+3y)$;(5)$(5x-7y)^2$.

113.问 x,y 是哪些整数值时下列形式变成零?(1)$(4,5,-9)$;(2)$(1,8,7)$;(3)$(2,5,-8)$(§68).

答:(1) 当 $x=y$ 与 $x=9t, y=-4t$ 时,这里 t 是任意整数;(2) 当$x=-y$ 与 $x=-7y$ 时;(3) 仅当 $x=y=0$ 时.

114.将下列各数表示成两个数平方之和的形式:(1)97;(2)113;(3)157;

(4)233(§71).

答:(1)4^2+9^2;(2)7^2+8^2;(3)6^2+11^2;(4)8^2+13^2.

115.将下列各数表示成一个平方的二倍与另一个平方之和的形式:(1)41;(2)131;(3)193;(4)267(§71).

答:(1)$3^2+2\times4^2$;(2)$9^2+2\times5^2$;(3)$11^2+2\times6^2$;(4)$13^2+2\times7^2$.

116.将下列各数表示成一个平方的三倍与另一个平方之和的形式:(1)43;(2)151;(3)157;(4)307(§71).

答:(1)$4^2+3\times3^2$;(2)$2^2+3\times7^2$;(3)$7^2+3\times6^2$;(4)$8^2+3\times9^2$.

117.求方程式$x^2+y^2=m$的整数解,这里m分别是(1)841;(2)3 721;(3)5 329;(4)2 197;(5)625(§73).

答:(1)20,21;(2)11,60;(3)48,55;(4)9,46;(5)15,20.

118.求方程式$x^2+y^2=m^2$的整数解,这里m分别是:(1)305;(2)377;(3)629;(4)697(§73).

答:(1)4,17;7,16.(2)4,19;11,16.(3)2,25;10,23.(4)11,24;16,21.

119.求方程式$x^2+y^2=1\ 885$的整数解(§73).

答:有四个解:6,43;11,42;21,38;27,34.

120.用试验的方法将下列诸数表示成四个平方数之和的形式:126,374,593,1 000(§74).

俄国和苏联数学家在数论方面的成就

第七章

§75 欧　　拉

在“十月革命”以前的俄国，数论早已达到了很高的水平.俄国数学家在数论方面的研究和他们所得的结果都占有头等重要的地位.可以说数论首先是在俄国(在欧拉的工作中)形成科学的.数论的各支——解析数论、代数数论与几何数论无一不是肇始于俄国.到苏联时代数论更是蓬勃地发展起来了.新的一支——超越数论也诞生了.

在本章中，我们谨略述俄国及前苏联数学家在数论上所发现的最主要成果，只在讲到切比雪夫在数论方面的研究时比较详细一点.

我们先来看看欧拉在数论方面的伟大成就.欧拉的名字在本书前几章中讲到若干极重要的定理和问题时，就已经提到过.

莱昂哈德·欧拉是一位 18 世纪天才横溢的数学家，他的一生大部分时间是在俄国度过的，曾任彼得堡科学院院士，他的许多科学论著曾在这个科学院的刊物上发表.欧拉实际上是数论的创始人，在他涉及数学暨其应用各分支的756篇论文中，约有一百篇左右是关于数论方面的.欧拉这些论文在 1849 年曾翻印成拉丁文版本，分为两卷，书名是《算学全集》(*Commentationes arithmeticae collectae*).

这些论文的内容琳琅满目，其中很多篇是关于二次、三次及四次不定方程的整数解的.特别是我们在第六章中所讨论过的关于将一个数表示成两个平方数之和，或一个平方数的二倍与另一个平方数之和，或一个平方数的三倍与另一个平方数之和等形式的那些定理就是欧拉所证明的(提出这些定理的是费马，是在 17 世纪).

欧拉有许多论文是论及素数的.他证明了当 $n=5$ 时数 $2^{2^5}+1$ 即能被 641 除尽,从而推翻了费马认为(当 n 是自然数时)凡是形如 $2^{2^n}+1$ 的数必为素数的臆测.欧拉曾引进以他的名字命名而以 $\varphi(m)$ 来表示的那种函数.我们曾在第三章中讨论过这种函数,而且就在那里也曾叙述过为欧拉所推广和证明的所谓费马小定理.欧拉给出了所谓佩尔(Pell)方程 $ax^2+1=y^2$ 的整数解.他顺便提供了化平方根为连分数的展开法,并曾引进了名为"欧拉括号"的函数(我们曾在第二章中讨论过这种函数).

欧拉还有整套的论文是关于素数平方剩余论的.他提供了平方剩余的判别法(所谓"欧拉判别法"—— 参看第四章,§47).关于平方剩余与非剩余之乘积的定理,化成 $\left(\frac{-1}{p}\right)$ 与 $\left(\frac{2}{p}\right)$ 之公式的规则,而且他第一个发表了(但是没有证明)有名的平方互反性定律.

元根与指数这两个概念也是欧拉所给出的(参看第五章).

欧拉证明了 $x^3+y^3=z^3$, $x^4\pm y^4=z^2$ 等方程不可能有有理数解.(这是所谓的费马大定理之特例,费马大定理是说:当 n 为大于 2 的自然数时,方程 $x^n+y^n=z^n$ 没有整数解.)

最后,欧拉首先把解析方法应用到数论的研究上去,而在这一方面他是解析数论的创始人.譬如,在第一章,§12 与 §13 中我们曾经援引了欧拉关于素数的集合是无限的这一定理的证明,并曾导出了欧拉公式(在 §13,定理 24 中).欧拉在其他地方也应用着解析方法,例如在推导下面这个美妙的公式时

$$\begin{aligned}\sigma(n)=&\sigma(n-1)+\sigma(n-2)-\sigma(n-5)-\sigma(n-7)+\\&\sigma(n-12)+\sigma(n-15)-\sigma(n-22)-\cdots\end{aligned}\tag{172}$$

这里 $\sigma(n)$ 表示数 n 的所有约数之和(参看 §17),而诸减数 $1,2,5,7,12,15,\cdots$ 适合公式 $\frac{3z^2\pm z}{2}$,同时右边的多项式一直加到 $n-x$ 变成负数之前为止,并且认为 $\sigma(0)=n$.

例如

$$\sigma(20)=\sigma(19)+\sigma(18)-\sigma(15)-\sigma(13)+\sigma(8)+\sigma(5)=42$$

必须指出,还有大量形形色色、丰富多彩的表纷然杂陈于欧拉有关数论的各种著作中.

§76　切比雪夫(一)

切比雪夫是 19 世纪最伟大的一位数学家,他任教于莫斯科大学,1847 年迁

居彼得堡,曾任彼得堡大学教授,并从 1859 年起为常任院士. 在数学暨其应用的许多领域中 —— 数论、概率论、解析,切比雪夫都有着重要的论著,他又是新的一支数学 —— 函数近迫论或最佳近似法的创始人.

切比雪夫的博士学位论文《同余式论》在 1849 年出版. 这篇论文的基础部分(前六章)不啻是一部数论初等教程的教科书. 而它的最后两章(第七章及第八章)与附录乃是异常宝贵的,其中陈述了切比雪夫本人的研究成果. 最后一个(第三)附录:"论不大于已知数的素数个数之确定法",单独成一篇学术专论. 我们准备比较详细地来讲述它.

我们要指出,勒让德在他的《数论》(1808 年)第二版(第二卷第四分册,§8)中提出了一个公式,由它可以相当准确地定出介于 1 与已知界限 x 之间素数的个数,这个公式即

$$y=\frac{x}{\ln x-1.08366} \tag{173}$$

接着,勒让德在一张从 10 000 到 10^6 的素数表上检验这个公式,同时发现式(173)中的 y 值与小于 x 的素数个数吻合得相当好. 因此,勒让德不去证明公式(173),而只是由实验来检验它. 切比雪夫在《同余式论》的最后一个"附录"中证明了公式(173)是不正确的.

让我们详细地来叙述切比雪夫的研究吧!

定理 Ⅰ 若 $\varphi(x)$ 表示小于 x 的素数的个数,n 是任一自然数,$\rho>0$,则当 ρ 趋于零时,函数

$$\sum_{x=2}^{\infty}\left[\varphi(x+1)-\varphi(x)-\frac{1}{\ln x}\right]\frac{\ln^n x}{x^{1+\rho}} \tag{174}$$ ①

趋于有限的极限.

证 我们先来证明:当 $\rho\to 0$ 时下列各式对于 ρ 的导数都趋于有限的极限

$$\sum\frac{1}{m^{1+\rho}}-\frac{1}{\rho} \tag{175}$$

$$\ln\rho-\sum\ln\left(1-\frac{1}{\mu^{1+\rho}}\right) \tag{176}$$

$$\sum\ln\left(1-\frac{1}{\mu^{1+\rho}}\right)+\sum\frac{1}{\mu^{1+\rho}} \tag{177}$$

这里求和的时候 m 通过从 2 到 ∞ 的一切自然数,而 μ 通过从 2 到 ∞ 的一切素数.

① $\ln^n x$ 表示 $(\ln x)^n$.

我们有$\frac{e^{-x}}{e^{x}-1}=\sum e^{-mx}$($m$ 通过从 2 到 ∞ 的整数). 于是

$$\int_0^{\infty}\frac{e^{-x}}{e^{x}-1}x^{\rho}dx=\sum\int_0^{\infty}e^{-mx}x^{\rho}dx$$

但是$\int_0^{\infty}e^{-mx}x^{\rho}dx=\frac{1}{m^{1+\rho}}\int_0^{\infty}e^{-x}x^{\rho}dx$(设 $mx=z$ 即得),因此

$$\int_0^{\infty}\frac{e^{-x}}{e^{x}-1}x^{\rho}dx=\sum\frac{1}{m^{1+\rho}}\int_0^{\infty}e^{-x}x^{\rho}dx \tag{178}$$

其次

$$\int_0^{\infty}e^{-x}x^{-1+\rho}dx=\frac{1}{\rho}\int_0^{\infty}e^{-x}x^{\rho}dx \tag{179}$$

这个公式的得来,只需应用分部积分法的公式,设 $u=e^{-x}$,$dv=x^{-1+\rho}dx$,则 $v=\frac{x^{\rho}}{\rho}$,再注意$\left[\frac{1}{\rho}e^{-x}x^{\rho}\right]_0^{\infty}=0$.

将等式(178) 与(179) 两边分别相减,即得

$$\sum\frac{1}{m^{1+\rho}}-\frac{1}{\rho}=\frac{\int_0^{\infty}\left(\frac{1}{e^{x}-1}-\frac{1}{x}\right)e^{-x}x^{\rho}dx}{\int_0^{\infty}e^{-x}x^{\rho}dx} \tag{180}$$

从式(180) 可见,式(175) 对于 ρ 的 n 阶导数表示出来是一个分数,它的分母是

$$\left(\int_0^{\infty}e^{-x}x^{\rho}dx\right)^{n+1}$$

而分子是下列诸积分的整函数

$$\int_0^{\infty}\left(\frac{1}{e^{x}-1}-\frac{1}{x}\right)e^{-x}x^{\rho}dx$$

$$\int_0^{\infty}\left(\frac{1}{e^{x}-1}-\frac{1}{x}\right)e^{-x}x^{\rho}\ln x\,dx,\cdots,\int_0^{\infty}\left(\frac{1}{e^{x}-1}-\frac{1}{x}\right)e^{-x}x^{\rho}\ln^{n}x\,dx$$

$$\int_0^{\infty}e^{-x}x^{\rho}dx,\int_0^{\infty}e^{-x}x^{\rho}\ln x\,dx,\cdots,\int_0^{\infty}e^{-x}x^{\rho}\ln^{n}x\,dx$$

当 $\rho\to 0$ 时,因为这个分数的分母趋于 1,而分子中的积分仍然是有限而连续的,所以这个分数趋于有限的极限.

再看式(176). 由欧拉公式我们有(参看 §13,定理 24)

$$\prod\left(1-\frac{1}{\mu^{1+\rho}}\right)^{-1}=1+\sum\frac{1}{m^{1+\rho}}$$

两边取对数

$$-\sum\ln\left(1-\frac{1}{\mu^{1+\rho}}\right)=\ln\left(1+\sum\frac{1}{m^{1+\rho}}\right)$$

两边加上 $\ln \rho$,有

$$\ln \rho-\sum \ln\left(1-\frac{1}{\mu^{1+\rho}}\right)=\ln\left[\left(1+\sum \frac{1}{m^{1+\rho}}\right)\rho\right]=$$

$$\ln\left[1+\rho+\left(\sum \frac{1}{m^{1+\rho}}-\frac{1}{\rho}\right)\rho\right]$$

这个等式的左边就是式(176).这个等式说明:式(176)对于 ρ 的导数表示出来是一个分数,它的分母是

$$\left[1+\rho+\left(\sum \frac{1}{m^{1+\rho}}-\frac{1}{\rho}\right)\rho\right] \quad (m\text{ 是自然数})$$

而分子是 ρ 与式(175)以及式(175)对于 ρ 的导数的整函数.但是我们已经证明:式(175)与它对于 ρ 的导数当 $\rho\to 0$ 时趋于有限的极限,特别是

$$\lim_{\rho\to 0}\left[1+\rho+\left(\sum \frac{1}{m^{1+\rho}}-\frac{1}{\rho}\right)\rho\right]=1$$

由此可见,当 $\rho\to 0$ 时,式(176)以及它的所有导数都趋于有限的极限.

再看式(177),它对于 ρ 的一阶导数是

$$\sum \frac{1}{\mu^{2+2\rho}}\frac{\ln \mu}{1-\frac{1}{\mu^{1+\rho}}}$$

它的高阶导数表示出来是形如

$$\sum \frac{1}{\mu^{2+2\rho}}\frac{\ln^{p}\mu}{1-\frac{1}{\mu^{1+\rho}}}\frac{1}{\mu_s\left(1-\frac{1}{\mu^{1+\rho}}\right)^{r}}$$

的有限多项式,式中 p,r,s 都不小于0.但当 $\rho>0$ 与 $\rho=0$ 时所有这些项全有有限的值,因为在求和符号下这个式子是一个对于 $\frac{1}{\mu}$ 不低于二阶的无穷小.因此,当 $\rho\to 0$ 时这些式子都趋于有限的极限.

由此可见,(175),(176),(177)三个式子当 $\rho\to 0$ 时都趋于有限的极限这件事得到了证明.

因此,下式也趋于有限的极限

$$\frac{\mathrm{d}^{n}\left[\sum \ln\left(1-\frac{1}{\mu^{1+\rho}}\right)+\sum \frac{1}{\mu^{1+\rho}}\right]}{\mathrm{d}\rho^{n}}+\frac{\mathrm{d}^{n}\left[\ln \rho-\sum \ln\left(1-\frac{1}{\mu^{1+\rho}}\right)\right]}{\mathrm{d}\rho^{n}}+$$

$$\frac{\mathrm{d}^{n-1}\left(\sum \frac{1}{m^{1+\rho}}-\frac{1}{\rho}\right)}{\mathrm{d}\rho^{n-1}}$$

此式简化以后成为下面的形式

$$\pm\left(\sum \frac{\ln^{n}\mu}{\mu^{1+\rho}}-\sum \frac{\ln^{n-1}m}{m^{1+\rho}}\right) \tag{181}$$

但是式(174) 等于

$$\sum_{x=2}^{\infty}[\varphi(x+1)-\varphi(x)]\frac{\ln^n x}{x^{1+\rho}}=\sum\frac{\ln^n \mu}{\mu^{1+\rho}}$$

与

$$\sum_{x=2}^{\infty}\frac{\ln^{n-1}x}{x^{1+\rho}}=\sum\frac{\ln^{n-1}m}{m^{1+\rho}}$$

两式之差,即取“+”号的式(181). 因此,式(174) 当 $\rho\to 0$ 时趋于有限的极限,即定理 Ⅰ 得以证明.

其次我们有

$$\frac{1}{\ln x}-\int_x^{x+1}\frac{\mathrm{d}x}{\ln x}=\frac{1}{\ln x}-\frac{1}{\ln(x+\theta)}=\frac{\ln\left(1+\dfrac{\theta}{x}\right)}{\ln x\ln(x+\theta)}$$

式中 $0<\theta<1$. 此式当 $x\to\infty$ 时是对于 $\frac{1}{x}$ 的一阶无穷小. 因此,下式

$$\left(\frac{1}{\ln x}-\int_x^{x+1}\frac{\mathrm{d}x}{\ln x}\right)\frac{\ln^n x}{x^{1+\rho}}$$

当 $x\to\infty$ 时是对于 $\frac{1}{x}$ 的 $2+\rho$ 阶无穷小,而和

$$\sum_{x=2}^{\infty}\left(\frac{1}{\ln x}-\int_x^{x+1}\frac{\mathrm{d}x}{\ln x}\right)\frac{\ln^n x}{x^{1+\rho}}$$

是有限的. 把它与式(174) 加起来,得到下面的推论.

推论　式

$$\sum_{x=2}^{\infty}\left[\varphi(x+1)-\varphi(x)-\int_x^{x+1}\frac{\mathrm{d}x}{\ln x}\right]\frac{\ln^n x}{x^{1+\rho}}\tag{182}$$

当 ρ 趋于零时趋于有限的极限.

§ 77　切比雪夫(二)

定理 Ⅱ　从 $x=2$ 到 $x=\infty$,表示小于 x 的素数个数的函数 $\varphi(x)$ 无限多次满足不等式

$$\varphi(x)>\int_2^x\frac{\mathrm{d}x}{\ln x}-\frac{\alpha x}{\ln^n x}\tag{183}$$

与不等式

$$\varphi(x)<\int_2^x\frac{\mathrm{d}x}{\ln x}+\frac{\alpha x}{\ln^n x}\tag{183a}$$

而且不论 α 如何小,不论自然数 n 如何大.

证　我们就不等式(183a) 来证明定理,对于(183) 这个定理相仿地即可证

明.

假定相反的情形,即设不等式(183a)只为有限个数 x 所满足.设 a 是这样一个整数,适合 $a > e^n$ 而且也大于能满足不等式(183a)的 x 的最大值.在这种情形下,当 $x > a$ 时有

$$\varphi(x) \geqslant \int_2^x \frac{dx}{\ln x} + \frac{\alpha x}{\ln^n x} \tag{184}$$

由 $a > e^n$ 可见,$\ln x > n$.因此

$$\varphi(x) - \int_2^x \frac{dx}{\ln x} \geqslant \frac{\alpha x}{\ln^n x}, \frac{n}{\ln x} < 1 \tag{184a}$$

而在这种情形下,如我们所证明的,式(170)当 $\rho \to 0$ 时无限增加,但是我们已经证明它是趋于有限的极限的.

式(182)可以写成形式

$$\lim_{s\to\infty} \sum_{x=2}^{s} \left[\varphi(x+1) - \varphi(x) - \int_x^{x+1} \frac{dx}{\ln x}\right] \frac{\ln^n x}{x^{1+\rho}} \tag{182a}$$

假设 $s > a$,则在符号 lim 右边的式子可以表示成形式

$$C + \sum_{x=a+1}^{s} \left[\varphi(x+1) - \varphi(x) - \int_x^{x+1} \frac{dx}{\ln x}\right] \frac{\ln^n x}{x^{1+\rho}} \tag{185}$$

式中

$$C = \sum_{x=2}^{s} \left[\varphi(x+1) - \varphi(x) - \int_x^{x+1} \frac{dx}{\ln x}\right] \frac{\ln^n x}{x^{1+\rho}}$$

当 $\rho > 0$ 及 $\rho = 0$ 时 C 有有限的值.

我们把下面这个容易验证的公式应用到式(185)

$$\sum_{x=a+1}^{s} u_x (v_{x+1} - v_x) = u_s v_{s+1} - u_a v_{a+1} - \sum_{x=a+1}^{s} v_x (u_x - u_{x-1})$$

并设

$$v_x = \varphi(x) - \int_2^x \frac{dx}{\ln x}, u_x = \frac{\ln^n x}{x^{1+\rho}}$$

在这种情形下,式(185)变成下面的形式

$$\begin{aligned} &C - \left[\varphi(a+1) - \int_2^{a+1} \frac{dx}{\ln x}\right] \frac{\ln^n a}{a^{1+\rho}} + \left[\varphi(s+1) - \int_2^{s+1} \frac{dx}{\ln x}\right] \frac{\ln^n s}{s^{1+\rho}} - \\ &\sum_{x=a+1}^{s} \left[\varphi(x) - \int_2^x \frac{dx}{\ln x}\right] \left[\frac{\ln^n x}{x^{1+\rho}} - \frac{\ln^n (x-1)}{(x-1)^{1+\rho}}\right] \end{aligned} \tag{185a}$$

我们有

$$\frac{d}{dx}\left(\frac{\ln^n x}{x^{1+\rho}}\right) = \left[\frac{n}{\ln x} - (1+\rho)\right] \frac{\ln^n x}{x^{2+\rho}}$$

应用拉格朗日中值定理,我们即得

$$-\left[\frac{\ln^n x}{x^{1+\rho}}-\frac{\ln^n(x-1)}{(x-1)^{1+\rho}}\right]=\left[1+\rho-\frac{n}{\ln(x-\theta)}\right]\frac{\ln^n(x-\theta)}{(x-\theta)^{2+\rho}}$$

式中 $0<\theta<1$，θ 当然与 x 有关. 式(185a) 即成下面的形式

$$C-\left[\varphi(a+1)-\int_2^{a+1}\frac{\mathrm{d}x}{\ln x}\right]\frac{\ln^n a}{a^{1+\rho}}+\left[\varphi(s+1)-\int_2^{s+1}\frac{\mathrm{d}x}{\ln x}\right]\frac{\ln^n s}{s^{1+\rho}}+$$
$$\sum_{x=a+1}^{s}\left[\varphi(x)-\int_2^x\frac{\mathrm{d}x}{\ln x}\right]\left[1+\rho-\frac{n}{\ln(x-\theta)}\right]\frac{\ln^n(x-\theta)}{(x-\theta)^{2+\rho}}\tag{185b}$$

用 F 表示此式的前面两项，并注意，由式(185a) 的第三项大于 0，我们得到结论：整个式(185b) 大于

$$F+\sum_{x=a+1}^{s}\left[\varphi(x)-\int_2^x\frac{\mathrm{d}x}{\ln x}\right]\left[1+\rho-\frac{n}{\ln(x-\theta)}\right]\frac{\ln^n(x-\theta)}{(x-\theta)^{2+\rho}}\tag{186}$$

从同样的不等式(184a) 中，我们得到结论：在式(186) 中摆在求和符号后面这个函数在求和的范围内是正的. 此外，又因为 $\rho>0$，$x\geqslant a+1$，$\theta<1$，所以

$$1+\rho-\frac{n}{\ln(x-\theta)}>1-\frac{n}{\ln a}$$

其次

$$\varphi(x)-\int_2^x\frac{\mathrm{d}x}{\ln x}>\frac{\alpha(x-\theta)}{\ln^n(x-\theta)}\tag{187}$$

因为根据式(184a) 的第一个不等式，式(187) 的左边不小于$\frac{\alpha x}{\ln^n x}$. 而

$$\frac{\alpha x}{\ln^n x}>\frac{\alpha(x-\theta)}{\ln^n(x-\theta)}$$

此式可如下推得：因为函数$\frac{\alpha x}{\ln^n x}$ 对于 x 的导数

$$\frac{\alpha}{\ln^n x}\left(1-\frac{n}{\ln x}\right)>0$$

(根据式(184a) 的第二个不等式)，所以函数$\frac{\alpha x}{\ln^n x}$ 随 x 的增加而增加. 于是式(186) 大于

$$F+\sum_{x=a+1}^{s}\frac{\alpha(x-\theta)}{\ln^n(x-\theta)}\left(1-\frac{n}{\ln a}\right)\frac{\ln^n(x-\theta)}{(x-\theta)^{2+\rho}}$$

简化这个式子，我们即得

$$F+\alpha\left(1-\frac{n}{\ln a}\right)\sum_{x=a+1}^{s}\frac{1}{(x-\theta)^{1+\rho}}$$

而此式大于

$$F+\alpha\left(1-\frac{n}{\ln a}\right)\sum_{x=a+1}^{s}\frac{1}{x^{1+\rho}}$$

对于 $s=\infty$,此式是

$$F+\alpha\left(1-\frac{n}{\ln a}\right)\sum_{x=a+1}^{\infty}\frac{1}{x^{1+\rho}} \tag{188}$$

但是相仿地容易导出公式(178)

$$\int_0^{\infty}\frac{\mathrm{e}^{-ax}}{\mathrm{e}^x-1}x^{\rho}\mathrm{d}x=\sum_{x=a+1}^{\infty}\frac{1}{m^{1+\rho}}\cdot\int_0^{\infty}\mathrm{e}^{-x}x^{\rho}\mathrm{d}x$$

因此,式(188) 表示成下面的形式

$$F+\alpha\left(1-\frac{n}{\ln a}\right)\frac{\int_0^{\infty}\frac{\mathrm{e}^{-ax}}{\mathrm{e}^x-1}x^{\rho}\mathrm{d}x}{\int_0^{\infty}\mathrm{e}^{-x}x^{\rho}\mathrm{d}x}$$

但因分母中的积分趋于 1,而分子中的积分无限增加,所以当 $\rho\to 0$ 时上式无限增加.

由此可见,当 $\rho\to 0$ 时,式(182) 也无限增加,而这是和定理 Ⅰ 相矛盾的.因此,定理 Ⅱ 得以证明.

§ 78 切比雪夫(三)

定理 Ⅲ 当 $x\to\infty$ 时式 $\frac{x}{\varphi(x)}-\ln x$ 不可能有异于 -1 的极限值.

证 设 $L=\lim\limits_{x\to\infty}\left(\frac{x}{\varphi(x)}-\ln x\right)$,于是对于无论如何小的 $\varepsilon>0$,就总可以找到一个相当大的 N,使当 $x>N$ 时,恒有

$$L-\varepsilon<\frac{x}{\varphi(x)}-\ln x<L+\varepsilon \tag{189}$$

但由定理 Ⅱ,不等式(183) 与(183a) 为 x 的无数多个值所满足,因而也为某些(无数多个) 大于 N 的 x 值所满足.对于这些值由式(189) 即得

$$\frac{x}{\int_2^x\frac{\mathrm{d}x}{\ln x}-\frac{\alpha x}{\ln^n x}}-\ln x>L-\varepsilon$$

$$\frac{x}{\int_2^x\frac{\mathrm{d}x}{\ln x}+\frac{\alpha x}{\ln^n x}}-\ln x<L+\varepsilon$$

由此即得

$$L+1<\frac{x-(\ln x-1)\left(\int_2^x \frac{\mathrm{d}x}{\ln x}-\frac{\alpha x}{\ln^n x}\right)}{\int_2^x \frac{\mathrm{d}x}{\ln x}-\frac{\alpha x}{\ln^n x}}+\varepsilon$$

$$L+1>\frac{x-(\ln x-1)\left(\int_2^x \frac{\mathrm{d}x}{\ln x}+\frac{\alpha x}{\ln^n x}\right)}{\int_2^x \frac{\mathrm{d}x}{\ln x}+\frac{\alpha x}{\ln^n x}}-\varepsilon$$

由这两个不等式可见，$|L+1|$ 不超过下两式之一的绝对值

$$\frac{x-(\ln x-1)\left(\int_2^x \frac{\mathrm{d}x}{\ln x}\mp\frac{\alpha x}{\ln^n x}\right)}{\int_2^x \frac{\mathrm{d}x}{\ln x}\mp\frac{\alpha x}{\ln^n x}}\pm\varepsilon \tag{190}$$

但是 ε 可以取得无论如何小，至于式(190) 中的分式，则是当 $x\to\infty$ 时趋于零的. 要求得这一结果，只需分别微分分子和分母(按洛必达 L'Hospital 法则) 并求所得导数之比的极限. 而分母的导数是

$$\frac{1}{\ln x}\mp\frac{\alpha}{\ln^n x}\pm\frac{n\alpha}{x\ln^{n+1} x}$$

分子的导数是

$$1-\frac{1}{x}\left(\int_2^x \frac{\mathrm{d}x}{\ln x}\mp\frac{\alpha x}{\ln^n x}\right)-(\ln x-1)\left(\frac{1}{\ln x}\mp\frac{\alpha}{\ln^n x}\pm\frac{n\alpha}{x\ln^{n+1} x}\right)=$$

$$1-\frac{1}{x}\int_2^x \frac{\mathrm{d}x}{\ln^n x}\pm\frac{\alpha x}{\ln^n x}-1\pm\frac{\alpha}{\ln^{n-1} x}\mp\frac{n\alpha}{x\ln^n x}+\frac{1}{\ln x}\mp\frac{\alpha}{\ln^n x}\pm\frac{n\alpha}{x\ln^{n+1} x}=$$

$$\frac{1}{\ln x}-\frac{1}{x}\int_2^x \frac{\mathrm{d}x}{\ln x}\pm\frac{\alpha}{\ln^{n-1} x}\mp\frac{n\alpha}{x\ln^n x}\pm\frac{n\alpha}{x\ln^{n+1} x}$$

我们取分子导数与分母导数之比

$$\frac{1-\frac{\ln x}{x}\int_2^x \frac{\mathrm{d}x}{\ln x}\pm\frac{\alpha}{\ln^{n-2} x}\mp\frac{n\alpha}{x\ln^{n-1} x}\pm\frac{n\alpha}{x\ln^n x}}{1\mp\frac{\alpha}{\ln^{n-1} x}\pm\frac{n\alpha}{x\ln^n x}} \tag{191}$$

当 $x\to\infty$ 时所得分式的分母趋于 1. 在分子中第三、四、五各项趋于零. 至于这个式子

$$\frac{\ln x}{x}\int_2^x \frac{\mathrm{d}x}{\ln x}=\int_2^x \frac{\mathrm{d}x}{\ln x}:\frac{x}{\ln x}$$

为了求它当 $x\to\infty$ 时的极限，我们再应用洛必达法则

$$\lim_{x\to\infty}\left(\frac{\ln x}{x}\int_2^x \frac{\mathrm{d}x}{\ln x}\right)=\lim_{x\to\infty}\left(\frac{1}{\ln x}:\frac{\ln x-1}{\ln^2 x}\right)=\lim_{x\to\infty}\left(\frac{\ln x}{\ln x-1}\right)=1$$

于是，当 $x\to\infty$ 时分式(191) 的极限等于零.

因此，我们得到：只需 x 相当地大，就可以使 $|L+1|$ 任意地小. 但因$L+1$ 与 x 无关，故得结论 $L+1=0$，$L=-1$，而定理 Ⅲ 得证.

所证得的定理驳倒了勒让德公式(参看式(173))，根据这个公式对于很大的 x 值可取

$$\varphi(x)=\frac{x}{\ln x-1.08366}$$

由此
$$\frac{x}{\varphi(x)}-\ln x=-1.08366$$

这也就是当 $x\to\infty$ 时这个式子的极限，但是根据定理 Ⅲ，这个极限如果存在的话，应该是等于 -1 的.

不过要想从素数表上看出切比雪夫公式的$\int_2^x\frac{\mathrm{d}x}{\ln x}$ 较之勒让德公式(173)优越的地方，则现有的素数表乃嫌太小. 在现有的表的限度内这两个式子彼此相差很小. 而这个差数

$$\frac{x}{\ln x-1.08366}-\int_2^x\frac{\mathrm{d}x}{\ln x}$$

当 $x=\mathrm{e}^{\frac{(1.08366)^2}{0.08366}}\approx 1\ 247\ 689$ 时有极小值. 在往后增加时这个差数便无限增大.

在所讲这个著作末尾的地方切比雪夫还对两个公式做了订正，如果应用勒让德的臆测，那么这两个公式便有不正确的形式，即

$$\frac{1}{2}+\frac{1}{3}+\frac{1}{5}+\frac{1}{7}+\frac{1}{11}+\cdots+\frac{1}{x}=C+\ln\ln x$$

(而不是 $C+\ln(\ln x-0.08366)$)

$$\left(1-\frac{1}{2}\right)\left(1-\frac{1}{3}\right)\left(1-\frac{1}{5}\right)\left(1-\frac{1}{7}\right)\cdots\left(1-\frac{1}{x}\right)=\frac{C_0}{\ln x}$$

$\left(\text{而不是}\frac{C_0}{\ln x-0.08366}\right)$这里 C 与 C_0 是与 x 无关的确定常数.

§79　切比雪夫(四)

现在谈谈切比雪夫在数论方面的其他论著.

在《论素数》(1850年)这一论文中切比雪夫导出了数论函数$\theta(x)=\sum\limits_{p\leqslant x}\ln p$(对于小于或等于 x 的一切素数求和）并进行研究. 他借这个函数来证明贝特朗推测(我们在 §14 中曾提到过它)："当 $a>3$ 时至少必有一个素数位于 a 与 $2a-$

2之间”. 切比雪夫就 $a>160$ 的诸数来证明它. 当 $a\leqslant 160$ 时这个推测是可以直接加以检验的.

在这一论文中下述定理也得到证明:“若对于相当大的 x,函数 $F(x)$ 是正的,则使级数 $\sum_p F(p)$(这里 p 遍历一切素数)收敛的必要且充分条件是级数 $\sum_{m=2}^{\infty}\frac{F(m)}{\ln m}$($m$ 从 2 起遍历一切自然数)收敛.”

因此可得,级数 $\sum_p \frac{1}{p}$ 是发散的,而级数 $\sum_p \frac{1}{p\ln p}$ 是收敛的.

朗道(Landau)曾经指出,由切比雪夫的结果尚可得到较之贝特朗推测更为广泛的定理,即:当 $\varepsilon>\frac{1}{5}$ 时,从某个一定的 x 起,在 x 与 $(1+\varepsilon)x$ 之间至少必有一个素数. 从某个一定的(更大的)x 起,在 x 与 $(1+\varepsilon)x$ 之间至少必有两个素数;依此类推. 而对于随便多大的自然数 q 来说,总可从某个一定的 x 起,使在 x 与 $(1+\varepsilon)x$ 之间至少有 q 个素数. 由此可见,若 p_n 是第 n 个素数,则

$$\limsup_{n\to\infty}\frac{p_{n+1}}{p_n}\leqslant\frac{6}{5}$$

在1896年阿达玛(Hadamard)与德拉瓦莱·布桑(de la Vallee-Poussin)几乎同时独立地证明了极限: $\lim\limits_{x\to\infty}\frac{\varphi(x)\ln x}{x}$ 与 $\lim\limits_{x\to\infty}\frac{\theta(x)}{x}$ 存在,从而更丰富了切比雪夫的结果. 从切比雪夫的研究可知,若是这两个极限值存在的话,则它们两个都为1.

而从这两个极限的存在可见

$$\lim_{n\to\infty}\frac{p_{n+1}}{p_n}=1$$

这里 p_n 和上面一样,是第 n 个素数.

切比雪夫在《论二次形式》(1851年)一篇论文中,讨论形如 x^2-Dy^2 的形式并提出了下面这个问题:求一个判别法以凭一个数 N 的这种形式表示法来决定它是不是素数. 他证明了下面两个定理:

(1) 若方程 $x^2-Dy^2=\pm N$ 在 x 的界限从 0 到 $\sqrt{\frac{(\alpha\pm 1)N}{2}}$ 和 y 的界限从 0 到 $\sqrt{\frac{(\alpha\mp 1)N}{2D}}$ 中有 x,y 的两组相异的整数解,则 N 是一个合数. 这里 α,β 是方程 $\alpha^2-D\beta^2=1$ 的最小正数解.

(2) 若形式 x^2-Dy^2 的所有约数有形式 $\lambda x^2-\mu y^2$,而与 D 互素的 N 有二

次形式$\pm(x^2-Dy^2)$之一约数的形式，则当x，y互素时，如果在界限$x=0$，$x=\sqrt{\frac{(\alpha\pm 1)N}{2}}$与$y=0$，$y=\sqrt{\frac{(\alpha\mp 1)N}{2D}}$中方程$\pm(x^2-Dy^2)=N$只有一个解的话，那么$N$便是一个素数. 在所有其他情形下，数$N$都是合数($\alpha$也和第一定理中一样).

切比雪夫导出一个当$D=2,3,\cdots,33$时形式$\pm(x^2-Dy^2)$的表，附载着界限$\sqrt{\frac{(\alpha\pm 1)N}{2}}$，$\sqrt{\frac{(\alpha\pm 1)N}{2D}}$及这些形式的一次因子. 最后，他借形式$3y^2-x^2$来研究8 520 191这个数，并且揭示出这个数是一个素数. 这个数目是切比雪夫从勒让德(《数论》，第二卷第四分册，§17)的一个例子中提取出来的. 勒让德照着数学家塔比特·伊丽·库尔(Табит. ибн. Курр，19世纪，生于美索不达米亚)构成"互完数"的法则(参看§17)导出了两数

$$A=2^8\times 8\ 520\ 191, B=2^8\times 257\times 33\ 023$$

若诸数257，33 023，8 520 191都是素数，则上面两数是互完数. 勒让德已经知道257与33 023是素数，但是不知道8 520 191这个数到底是不是素数. 而切比雪夫却证明了这个数是一个素数.

§80　卓洛塔廖夫

数论从研究整数的性质自然而然地就进而对别类的数加以研究. 分数并不是什么复杂的数，而且很早就已经被当作两个整数之商来进行研究了. 无理数要更加复杂得多. 很早以前就有人注意到了无理数有两类：一类是代数数，乃具有整系数的一个代数方程之根；另一类是超越数，乃不为任何具有整系数的代数方程之根. 欧拉早就在他的《分析引论》(1744年)一书中说出了这个断言：底为有理数a时，不为数a之有理数幂的任一有理数b，其对数甚至连"无理数"也不可能是(意即不可能是代数数)，而应该属于超越数的范畴. 这个断言到现在才得到了证明.

不过直到1844年由于刘维尔给出了一数为代数数的必要条件，从而也就给出了一数为超越数的充分条件，于是才证明了超越数的存在.

代数数比较简单，在19世纪已经被研究了. 同时，在论及代数数时，已经注意到一个具有整系数的代数方程的根，不管这些根究竟是实根也好或者是复根也好. 普通的有理数——整数或分数不过是代数数的特殊情形，即具有整系数

的一次代数方程式的根.对于代数数有下面的定理:

代数数的和、差、积、商仍然是代数数,即一切代数数组成一个域或体.

在代数数中有特别重大意义的乃是那些数:它们是系数为整数而最高次项系数等于1的代数方程式之根.这种方程式的根叫作代数整数,同时可以证明:代数整数的和、差、积仍旧是代数整数,即一切代数整数的集合成一个整环或整域.

两个代数整数的商未必是一个整数[①]。因此在代数整数的域中发生可约性的问题:若商数$\frac{\alpha}{\beta}$仍旧是一个整数,则整数α能被整数β除尽.但是在这里必须注意两种情况:

第一,在全部代数整数所成的域内没有任何与素数相类似的东西,即没有"不可分"数,因为若α是一个整数,则$\sqrt{\alpha}$也是一个整数,而$\alpha=\sqrt{\alpha}\cdot\sqrt{\alpha}$.因此在全部代数整数的集合中来讨论代数整数是不恰当的.通常乃讨论这些代数整数:它们是某一个具有整系数的不可约方程$F(x)=0$之根α的(具有有理系数的)有理函数;或者说是讨论由数α归并到全部普通有理数的域P中所得到的代数数域$P(\alpha)$中的诸整数.

第二,有这样的代数整数存在,它们是任一代数整数的约数.于是也就是1的约数,即是这样的整数ε,它使$\frac{1}{\varepsilon}$也是整数.这种数叫作"代数单位数".在整有理数域中这种单位数只有两个:1及-1.在代数数域$P(\alpha)$中代数单位数一般就有无数多个.在可约性问题中单位数因子不起作用,因为若整数α能被整数β除尽,而ε_1与ε_2是任意的代数单位数,则$\alpha\varepsilon_1$能被$\beta\varepsilon_2$除尽.像α与$\alpha\varepsilon_1$一样,彼此相差一个单位数因子的那种数,叫作相联数;在可约性问题中它们所起的作用相同,并且可以彼此代换.

在代数数域$P(\alpha)$中有"不可分"整数存在,即有这样的数存在:它们只能被"单位数"以及它自己的相联数所除尽.容易证明:$P(\alpha)$中的任一整数μ都可表示成这种"不可分"数的乘积.但是这种表示法一般说来并不是唯一的,因此这些不可分的数与普通素数不能一概而论.例如,在域$P(\sqrt{-11})$中数15就有两个分解式

$$15=3\times5=(2+\sqrt{-11})(2-\sqrt{-11})$$

---

① 按这里单说整数乃指代数整数而言,以下仿此.——译者注

诸数 $3,5,2+\sqrt{-11},2-\sqrt{-11}$ 都是不可分的而彼此又不是相联数.

在 1832 年,高斯早已在其著作《四次剩余论》中讨论过在域 $P(\mathrm{i})$ 中的整数,即形如 $a+b\mathrm{i}$ 的数(高斯复数),式中 a 及 b 是普通的整数.艾森斯坦①讨论过在域 $P(\omega)$ 中的整数,式中 $\omega=\dfrac{-1+\mathrm{i}\sqrt{3}}{2}$ 是所谓 1 的立方元根,也就是他讨论过形如 $a+b\omega$ 的数,式中 a,b 是普通的整数.

这两个理论 —— 高斯整数论与艾森斯坦整数论是和普通整数的可约性理论全相仿的.在这些理论的每一个中,关于带余数的除法诸定理都是成立的,欧几里得算法都是正确的②,也都有最大公约数这一概念,而分解一数成不可分因子之分解法的唯一性乃是以这一概念为根据的,从而在域 $P(\mathrm{i})$ 与域 $P(\omega)$ 中这个唯一性也都成立.我们注意,在域 $P(\mathrm{i})$ 中共有四个代数单位数:± 1 与 $\pm\mathrm{i}$,而在域 $P(\omega)$ 中共有六个代数单位数:± 1, $\pm\omega$, $\pm\omega^2$.

枯墨在 1847 年③由于对费马大定理的研究曾讨论过在域 $P(\varepsilon)$ 中的整数,这里 $\varepsilon=\mathrm{e}^{\frac{2\pi\mathrm{i}}{n}}$ 乃 1 的 n 次元根.发现当 n 为任一自然数时,在域 $P(\varepsilon)$ 中关于分解成不可分因子之唯一分解式的定理乃是不正确的.但是如果适当地引进不属于域 $P(\varepsilon)$ 的某一些代数数之后,这个定理的正确性又得以恢复.枯墨把这些代数数叫作“理想”数.

而卓洛塔廖夫在他的博士学位论文《整复数论及其在积分学上的应用》(1874) 中研究出在任意代数数域 $P(a)$ 中整数的一般理论.

卓洛塔廖夫在彼得堡成长,又在那里学习.1867 年在彼得堡大学毕业.从 1868 年起以讲师的资格在彼得堡大学任教,在 1876 年被选为彼得堡大学教授,

---

① 见 *Crelle* 杂志,卷 27 及 28.

② 在虚二次数域 $k(\sqrt{m})(m<0)$ 中不难验证只有五个欧几里得域(即存在着欧几里得算法的数域),这五个数域就是 $k(\sqrt{m})$,$m=-1,-2,-3,-7,-11$.要想定出所有实二次欧几里得域,问题便要困难得多.1935 年,培格(Berg) 以极简捷的方法证明 $m\equiv 2$ 或 3 (mod 4) 时只有有限个实二次数域 $k(\sqrt{m})$ 是欧几里得域.1938 年,柯召与爱多士(Erdös) 证明当 $m\equiv 1$ (mod 4) 且 m 是素数时,只有有限个域 $k(\sqrt{m})$ 是欧几里得域,同年,海尔布朗(Heilbronn) 用同一方法证明此结果对于一切的 $m\equiv 1$ (mod 4) 都是成立的.华罗庚与闵嗣鹤曾经先后定出:当 $k(\sqrt{m})$ 是欧几里得域时,整数 m 的一些上限.后来(1951 年) 达文波特(Davenport) 证明:若 $m>2^{14}=16\ 384$,则 $k(\sqrt{m})$ 不可能是欧几里得域.1949 年,恰特兰德(Chatland) 给出了实二次数域 $k(\sqrt{m})$ 中所有欧几里得域的一张表,即相当于 $m=2,3,5,6,7,11,13,17,19,21,29,33,37,41,57,73,97$ 的情形.但是其中尚有错误,1952 年巴勒士(Barnes) 与斯温纳顿 — 杜尔(Swinnerton-Dyer) 证明 $k(\sqrt{97})$ 实际上并非欧几里得域.于是问题遂告解决.—— 译者注

③ *Theorie der idealen Primfaktoren der komplexen Zahlen*... *Crelle* 杂志,卷 35,319 ~ 327 页.

同年被选为科学院副院士. 1878 年夏天，卓洛塔廖夫因跌倒在机车下而悲惨逝世.

卓洛塔廖夫把代数整数称为“整复数”. 卓洛塔廖夫的博士学位论文分四章：

第一章“论函数同余式”.

第二章“论复单位数”.

第三章“复数的理想数因子”.

第四章“复数论在积分学之一问题上的应用”.

最后一章与数论无关. 在第一章中陈述了分解整数多项式成为对于模 p 的素（即不可约）因子的一般理论（p 是素数）. 在第二章中卓洛塔廖夫给出了他自己对狄利克雷关于代数单位数定理的证明. 最重要的是第三章，它陈述了卓洛塔廖夫独到的研究.

若 $P(\alpha)$ 是所给的代数数域，α 是具有整系数且最高项系数等于 1 的不可约方程式 $F(x)=0$ 的一个根，而 p 是通常的素数，则可能发生这样的事情：$F(x)$ 是对于模 p 的素（不可约）多项式. 在这种情况下，如卓洛塔廖夫所证明的，$P(\alpha)$ 中整数之乘积能被 p 除尽的必要且充分条件是：其中一个因子能被 p 除尽，而数 p 也是域 $P(\alpha)$ 中的素数. 在适得其反的情况下将有

$$F(x)=V^m V_1^{m_1}\cdots V_s^{m_s}+pF_1(x)$$

式中，$V,V_1,\cdots,V_s$ 是对于模 p 的素多项式.

若诸方次数 $m,m_1,\cdots,m_s$ 中只要有一个是大于 1 的，则如卓洛塔廖夫所指出的，p 是多项式 F 之判别式 D 的约数. 若在判别式 D 的素约数当中有这样的素约数，使其对于模 p 来说 $F_1(x)$ 至少能被一个因子 V_l 除尽（当 $m_1>1$ 时），则这样的多项式 $F(x)$ 卓洛塔廖夫称之为“奇异”多项式.“奇异”多项式的情形他研究的较晚；这种情形在他的《论复数》(1878) 与《关于复数的理论》(1885——遗著) 两篇论文中曾阐述过.

若普通的素数 p 不是域 $P(\alpha)$ 中的素数，则卓洛塔廖夫用理想素因子所组成的乘积来表示 p

$$p=\pi^m\pi_1^{m_1}\cdots\pi_s^{m_s}$$

卓洛塔廖夫证明了：数域 $P(\alpha)$ 中的每一个整数所含的只是那些素数的理想数因子，这些素数就是这个整数的范数(Hopma) 之约数. 这就是说 $P(\alpha)$ 中的任一整数唯一地分解成素理想数因子.

卓洛塔廖夫以他这篇基本的论文奠定了代数数一般理论的基础.

我们将指出：在卓洛塔廖夫之后不过四载，至 1878 年戴德金又在另一基础

上树立了代数数论 —— 所谓《理想数论》(载于戴德金的《数论讲义》第三版附录). 彼得堡大学教授伊凡诺夫(I. I. Ivanovič) 在他的硕士学位论文《关于整复数的理论》(1893) 中建立了卓洛塔廖夫与戴德金两种代数数论的等价性.

我们早已提到过关于最小正二次形式卓洛塔廖夫与柯尔金(Korkin)[①] 合作的研究工作.

§ 81 伏隆诺依

伏隆诺依生于波尔塔瓦省,就职于彼得堡大学. 在他的两篇(硕士及博士)学位论文中他研究出立方无理数的理论,即为具有整系数的三次方程之根的代数数理论.

伏隆诺依的硕士学位论文《论由三次方程的根所决定的代数整数》(1894),由三章组成.

第一章"论对于模 p 的复数. 应用它们来解同余式 $X^3 - rX - s \equiv 0 \pmod{p}$,式中 p 是素数,表示某些辅助量."

在这里给出了对于素数模 p 的三次同余式

$$X^3 - rX - s \equiv 0 \pmod{p}$$

的解法. 引入了"对于模 p 的复数",即形如 $X + X'\mathrm{i}$ 的数,这里 X, X' 都是整数,i 满足同余式

$$\mathrm{i}^2 \equiv N \pmod{p}$$

而非实数,这里 N 是数 p 的平方非剩余. 下面这个定理得到证明:若所给三次同余式的判别式

$$-\Delta = 4r^3 - 27s^2$$

是数 p 的平方非剩余,则这个同余式恒有且仅有对模 p 的一个解;若这个判别式是数 p 的平方剩余,则这个同余式要么就有三个解,要么就一个解也没有.

第二章"求三个基本的代数数,使凡由方程式 $\rho^3 = r\rho + s$ 的根所决定的一切整代数数都由这三数相加与相减而得到."

在这里下述基本定理得到证明:"由不可约方程式 $\rho^3 = r\rho + s$ 的根所决定的代数整数完全可以概括于下面的形式中

① 柯尔金(Korkin) 曾任彼得堡大学教授. 我们在 § 53 中曾讲过他的同余式解法.

$$X+X'\frac{-\xi+\rho}{\delta}+X''\frac{\xi^2-r+\xi\rho+\rho^2}{\delta^2\sigma}$$

式中，X,X',X'' 是任意的整有理数，ξ 是同余式

$$\xi^3-r\xi-s\equiv 0\ (\bmod\ \delta^3\sigma^2)$$
$$3\xi^2-r\equiv 0\ (\bmod\ \delta^2\sigma)$$

对于模 $\delta\sigma$ 的唯一的解."（对于所给的域，为常数的 δ 与 σ 两整数由一定的方法即可求出）

第三章"由方程 $\rho^3=r\rho+s$ 的根所决定的代数整数的理想数因子."

在这里给出了分解三次域的一切整数成素理想数因子.

伏隆诺依的博士学位论文"关于连分数算法的一个推广"（1896）由序言与下面三部分组成.

第一部分"对于变数的整有理数值协变形式组 $\omega=X\lambda+X'\mu$ 与 $\omega'=X\lambda'+X'\mu'$ 的邻接相对极小".

在这里讨论了通常的连分数，但却是从一个新的观点来讨论的，连分数的推广就是以这个观点为基础的.

第二部分"对于变数的整有理数值协变形式组 $\omega=X\lambda+X'\mu+X''\nu$ 与 $\omega'=X(l'+l''\mathrm{i})+X'(m'+m''\mathrm{i})+X''(n'+n''\mathrm{i})$ 的邻接相对极小."

在这里导出了协变形式组为等价的必要且充分条件，并把所得的结果应用到由具有负判别式的三次方程之根所决定的形式组上面去. 证明了对于这种形式组的变换由伏隆诺依引入的算法便得到一系列循环出现的简化形式. 导出基本代数单位数的求法与在所给三次域中不等价的理想数的类数的定法.

第三部分"对于变数的整有理数值协变形式组 $\omega=X\lambda+X'\mu+X''\nu$，$\omega'=X\lambda'+X'\mu'+X''\nu'$ 与 $\omega''=X\lambda''+X'\mu''+X''\nu''$ 的邻接相对极小."

在这里给出了系数由具有正判别式的三次方程之根所决定的协变形式组变换的算法. 证明了：可得到一系列循环出现的简化系统. 导出了代数单位数基本组的求法以及所给域内不等价理想数的类数的定法.

伏隆诺依在他对于数论的研究中曾广泛地应用几何的方法. 这个几何方法在他另外的两篇论文中也曾应用过，例如《论协变正定形式的某些性质》（1907）以及《关于平移变换的研究》（1908）；具有 n 个变数的二次形式的理论就是在那里叙述的. 因此，伏隆诺依乃与闵科夫斯基（H. Minkowski）分享几何数论创始者的荣誉.

伏隆诺依的论文《关于渐近函数论中的一个问题》（1908）很有价值. 在这

里讨论了和数 $\sum_{k=1}^{m}\tau(k)$ 的近似计算法①,这里 $\tau(k)$ 是数 k 所有约数的个数(参看§16).在几何上这便归结成:确定在平面上由坐标轴与双曲线 $xy=n$ 的上面一支所限制的一部分中具有正整数坐标点的个数.狄利克雷曾给出下面的公式

$$\sum_{k=1}^{m}\tau(k)=m(\ln m+2C-1)+O(\sqrt{m})$$

式中 $C=0.577\ 21\cdots$ 即所谓的欧拉常数.

伏隆诺依借助一些相当繁复的计算曾导出一个更准确的公式

$$\sum_{k=1}^{m}\tau(k)=m(\ln m+2C-1)+O(\sqrt[3]{m}(\ln m))^{②}$$

苏联数学家中其工作与伏隆诺依的工作紧密衔接的有:维诺格拉多夫(I. M. Vinogradov)的最早一批论文和杰洛涅(Delone)、绥托弥斯基(Житомирский)、文科夫(Venkov)等人的某些论文.

应该指出,马尔科夫(Andrei Andreevič Markov)院士是"十月革命"以前时期数论方面的杰出人物;马尔科夫在数学的许多分支中,如代数连分数理论、有限差分理论、最小偏差的函数理论,尤其是概率论中,他都有着辉煌的成就.

---

① 这是所谓的狄利克雷的除数问题.和这相仿的有高斯的圆内整点问题,即求位于以原点为中心,r 为半径的圆内具有整数坐标的点数 T,伏隆诺依与希尔宾斯基(Sierpinski)导出公式

$$T=\pi r^{2}+O(r^{\frac{2}{3}}\ln r)$$

设 θ 是适合下述条件的最小正整数:对于任意 $\alpha>\theta$,恒有

$$T=\pi r^{2}+O(r^{2\alpha})$$

1906 年希尔宾斯基证明 $\theta\leqslant\frac{1}{3}$;1923 年科尔普特与瓦尔菲兹(Walfisz)证明 $\theta\leqslant\frac{37}{112}=\frac{1}{3+\frac{1}{37}}$;1931 年科尔普特与臬兰(Nieland)证明 $\theta\leqslant\frac{27}{82}=\frac{1}{3+\frac{1}{27}}$;1935 年蒂其马什(Titchmarsh)用双变数方次数函数和证明 $\theta\leqslant\frac{15}{46}=\frac{1}{3+\frac{1}{15}}$;而最好的结果则是华罗庚在 1935 年所证明的 $\theta\leqslant\frac{13}{40}=\frac{1}{3+\frac{1}{13}}$.另一方面,1915 年哈代(Hardy)与朗道已经证明了 $\theta\geqslant\frac{1}{4}$,即所谓 Ω 结果.至于如何来决定这个 θ 的数值,乃是一个数论上的难题.

与此相仿,对于狄利克雷除数问题其 θ 的值由科尔普特先后证明 $\theta\leqslant\frac{33}{100}$ 及 $\theta\leqslant\frac{27}{82}$.最好的结果是迟宗陶证明的 $\theta\leqslant\frac{15}{46}$(所用方法是闵嗣鹤所提出的).——译者注

② 记号 $O(g(x))$ 表示这样的函数 $f(x)$:使当 $x\to\infty$ 时,$\frac{|f(x)|}{g(x)}$ 保持有界,即有常数 $M>0$ 存在,使其 $\frac{|f(x)|}{g(x)}<M$.在这里 x 是实变量,$f(x)$ 是实函数或复函数,$g(x)$ 是大于 0 的实函数.

在数论上马尔科夫异常重要的论文是论不定二次形式极小值的上限.

§82 维诺格拉多夫

现代最伟大的数学家之一 —— 维诺格拉多夫乃是出类拔萃的数论专家. 维诺格拉多夫生于1891年,在彼得堡大学物理数学系毕业;在1915年曾写出他的第一篇论文:《论勒让德符号的数值求和》. 在1918—1920年间他住在皮尔蒙,先于皮尔蒙斯克大学任讲师,后任教授. 在1920年年底,维诺格拉多夫回到彼得格勒;从1925年起他担任列宁格勒大学教授;在1929年1月,当选为苏联科学院的正院士. 维诺格拉多夫和科学院一道迁移到莫斯科,在这里一直工作. 在1941年以《在解析数论中的新方法》一书之著而荣膺斯大林一等奖[①],在1945年他更获得了"社会主义劳动英雄"的荣誉称号.

维诺格拉多夫主要是在解析数论方面做研究工作,他在这块园地上首创了他的大有成效的新方法.

维诺格拉多夫的头一批论文是阐述关于计算含有各种数函数之近似公式的误差这些问题的. 譬如论及介于两坐标轴与双曲线 $xy=n$ 间的区域内整点个数的狄利克雷问题,以及关于圆 $x^2+y^2\leqslant n$ 内整点个数的问题等. 伏隆诺依曾解过这些问题,维诺格拉多夫给出了一个可应用到一类广泛边界的更加简捷的方法. 解这一类问题的第一个普遍方法乃是在维诺格拉多夫的论文《求数论函数的渐近式的新方法》(苏联科学院院报,1917) 中导出的.

维诺格拉多夫有一套论文,阐述已知乘幂、元根等的剩余与非剩余在算术数列中或在给定线段上之分布,维诺格拉多夫借助于三角和的估值导出了一系列与此有关的定理. 例如:

1. 素数模 p 的最小正平方剩余小于

$$p^{\frac{1}{2\sqrt{6}}}(\ln p)^2$$

2. 素数的最小正元根小于

$$2^{2k}\sqrt{p}\ln p$$

这里 k 是数 $p-1$ 的相异素约数的个数.

维诺格拉多夫在所谓的华林问题中曾得到极为重要的结果.

---

① 读者可参看《维诺格拉多夫选集》第 237 ~ 331 页. 这一段曾由越民义译成中文,标题为"数论中的三角和法",载于《数学进展》第 1 卷第 1 期(1955). —— 译者注

1770 年华林说出了这样一个断语:“对于任何整方次数 $n \geqslant 2$ 恒有 $r = r(n)$ 存在,使其任何整数 $N > 0$ 可表示成形式

$$N = x_1^n + x_2^n + \cdots + x_r^n \tag{192}$$

而诸整数 $x_i \geqslant 0$.”

这个定理的第一个普遍证明是到 1909 年才由希尔伯特所给出. 但是用他的方法所给出的 r 数值太大. 从 1920 年到 1926 年哈代与李特伍德(Littlewood)以“数之分解式的若干问题”为题发表了六篇论文,在这里应用了数论中堆垒问题之新的一般解法;论文 Ⅰ,Ⅱ,Ⅲ,Ⅳ 是论及华林问题的.①

我们用 $G(n)$ 来表示当 n 已知时 r 的最小值,即使对于任何的 $N > N_0$(即对于充分大的 N)当 $r = G(n)$ 时表达式(192)成立,但当 $r < G(n)$ 时表达式(192)对于无数多个数 N 不成立. 容易证明 $G(n) > n$. 哈代与李特伍德发现

$$G(n) \leqslant (n-2) \times 2^{n-1} + 5$$

维诺格拉多夫从 1924 年起就开始专攻华林问题. 在 1934 年他发明了 $G(n)$ 的估值急速下降的新颖方法. 维诺格拉多夫在《解析数论中的新方法》(1937 年)一书中对于这个方法做了系统的叙述. 维诺格拉多夫所导出的公式如下:

当 $n \geqslant 9$ 时

$$G(n) < 6n(\ln n + 1) \tag{193}$$

$$G(n) \leqslant 2\left[\frac{n(n-2)\ln 2 - 0.5}{1 + \frac{\nu}{2}}\right] + 2n + 5 \tag{194}$$

第二个公式当 $n < 9$ 时也是正确的,$\nu = \frac{1}{n}$.

公式(193)给出

$$G(n) = O(n\ln n)$$

由公式(194)得

$$G(3) \leqslant 13, G(4) \leqslant 21, G(5) \leqslant 31$$

$$G(6) \leqslant 45, G(7) \leqslant 63, G(8) \leqslant 81$$

当 $n \leqslant 17$ 时公式(194)比(193)准确;当 $n > 17$ 时则相反.

对于不太大的 n 值,函数 $G(n)$ 可以个别地来研究. 例如,在 1927 年朗道证

---

① 若充分大的正整数 N 已经给定,设将 N 表示成 r 个非负整数的 n 次方之和的方法共有 $I(N)$ 种,即 $I(N)$ 为不定方程(192)的非负整数解的个数,关于 $I(N)$ 的探讨,华罗庚所得的结果较好.

华罗庚对于华林问题曾推广到将 N 表示成整数值多项式之和的问题,例如他曾证明每一个大的整数可以表示成八个(满足必要的同余条件的)三次多项式之和.

在中国最早研究三次多项式之华林问题的是杨武之. 他用初等方法证明了:任一正整数是九个三角垛数之和. 他的方法后来被很多人用来研究其他的三次多项式的华林问题. —— 译者注

明了 $G(3) \leqslant 8$；在 1936 年埃斯托曼、达文波特、海尔布朗三人证明了 $G(4) \leqslant 17$. 在第四章 §74 中，我们曾看到 $G(2)=4$；因为形如 $8k+7$ 的数都不能表示成三个平方数之和的形式，所以这就是 $G(2)$ 的准确值.

最后，如在 §14 末曾提起过的，维诺格拉多夫在1937年证明了这样一个定理：大于某一限度 N_0 的任一奇数 N 是可以表示成三个素数之和的形式的，从而解决了有名的哥德巴赫问题. 由此直接可得：大于某一限度 N_1 的任一偶数 N 是可以表示成四个素数之和的形式的.

这个定理在将近两百年的时间中，不知多少专家都曾钻研过，但没有解决，于是 1912 年朗道就发表言论说："哥德巴赫问题乃是当代数学家力所不逮的[①]."

在1930年苏联数学家须尼尔曼曾证明：大于1的任一整数是有限个素数之和，然而这个数的界限大得很. 后来这个界限曾减小到 67，但是维诺格拉多夫的结果却把它降低到 4.

维诺格拉多夫证明的要点如下：积分

$$\int_0^1 e^{2\pi i\alpha h} d\alpha \tag{195}$$

当 $h \neq 0$ 时等于零，当 $h=0$ 时等于 1，式中 h 是整数，乃是已经知道的.

设给了任一个偶数 $N>0$，并设 p_1, p_2, p_3 是小于 N 的三个素数. 我们取 $h=p_1+p_2+p_3-N$ 并代入式(195) 中，如果所得这样的积分是异于零的，那么这将意味着 $N=p_1+p_2+p_3$.

现在我们取和数

$$I_N=\sum_{p_1 \leqslant N}\sum_{p_2 \leqslant N}\sum_{p_3 \leqslant N}\int_0^1 e^{2\pi i\alpha(p_1+p_2+p_3-N)} d\alpha=\int_0^1 \Big(\sum_{p \leqslant N} e^{2\pi i\alpha p}\Big)^3 e^{-2\pi i\alpha N} d\alpha$$

这里 p 通过小于或等于 N 的一切素数. 如果我们证明了这个积分 I_N 是正的(不等于零的)，那么同样地也就可以证明：任一整数 $N>0$ 可以表示成三个素数的和. 此外，如果我们找到积分 I_N 的一个近似值，那么由此即可近似地找到把 N 表示成三个素数的和之形式的不同表示法. 维诺格拉多夫完成了 $I_N>0$ 的证明，并求得对于相当大的整数

---

① 关于哥德巴赫问题哈代与李特伍德实为先驱，他们基于黎曼(Riemann) 假设证明了：(1) 每一个充分大的奇数可以表示成三个奇素数之和；(2) 几乎所有的偶数都可以表示成两个奇素数之和. 但其所用的黎曼假设乃一著名难解的疑案，幸赖维诺格拉多夫的重要贡献，现在已可摒去黎曼假设不用，仍能证明了(1)(2) 两个命题. 首先证明(1)，同时有科尔普特、埃斯托曼与华罗庚等人. 而华罗庚的结果更进一步证明了(1) 每一充分大的奇数都是两个素数与一个素数的 k(k 为任一固定正整数) 次方之和；(2) 几乎所有适合必要的同余条件的正整数都是一个素数与另一素数的 k 次方之和. —— 译者注

$$N > N_0$$

I_N 的近似值.

关于数 N_0（“维诺格拉多夫常数”）波罗兹德金（К. Г. Бороздкин）在 1939 年发现了

$$N_0 \leqslant e^{e^{e^{41.96}}}$$

楚达可夫在 1938 年证明了:“几乎所有”偶数都可表示成两个奇素数的和.这就是说,若 $\nu(x)$ 是小于或等于 x 的那些偶数的个数,它们是不能表示成两个素数之和的,则 $\lim\limits_{x\to\infty}\dfrac{\nu(x)}{x}=0$.

林尼克在 1946 年给出了哥德巴赫－维诺格拉多夫定理的另一证明.

§83　盖尔方特

在 §80 开头我们曾提到超越数,它们的存在是刘维尔在 1844 年所证明的.康托(Cantor) 在 19 世纪 70 年代证明了:所有代数数的集合是可数的,然而甚至于只在一个所给的有限区间内(即使是从 0 到 1) 所有实数的集合却是不可数的,由此可见超越数不仅存在,而且它们的集合是不可数的也是事实,即是说:它们比之代数数要“多”得多.

1873 年厄忘特证明了:e(自然对数的底)是一个超越数.1882 年,林德曼证明了数 π 的超越性.数学家马尔科夫在 1883 年简化了这些证明.

此后四十多年的时间在超越数论的领域几乎是一无所成.1900 年达·希尔伯特(Hilbert) 在国际数学家会议上提出了 23 个数学问题,由于要解这些问题便激起了许多新方法的探求.希尔伯特问题的第七个如下:若 $\alpha\neq 1$ 是任一代数数,而 β 是任一代数无理数,则 α^{β} 究竟是代数数呢,还是超越数呢? 特殊情形,$2^{\sqrt{2}}$ 与 e^{π} 到底是不是超越数?

我们还要提一下波尔托夫斯可依的论文《关于超越数论》(1919),文中证明了方程

$$a_0 - a_1 x + a_2\frac{x^2}{(2!)^{2!}} - a_3\frac{x^3}{(3!)^{3!}} + \cdots = 0$$

之根的超越性,式中 a_i 全是正整数而 $F < a_i < E$(a_i 是有上界与下界的).

在 1929—1930 年间莫斯科的科学家盖尔方特(Gelfond) 曾证明了:若 α 是代数数,而 D 是正整数,则 $\alpha^{i\sqrt{D}}$ 是超越数.同时就在 1930 年列宁格勒的数学家库兹明证明了:盖尔方特的结果可以推广到实方次数的情形,即当 α 是代数数

而 D 是正整数时，数 $\alpha^{\sqrt{D}}$ 是超越数，借此即可证明数 $2^{\sqrt{2}}$ 与 e^{π} 的超越性(因为 $e^{\pi}=(-1)^{-i}$)[①].

1934 年盖尔方特将他的方法深入一步之后给出了数 α^{β} 超越性的证明，这里 α 是异于 0 与 1 的代数数，而 β 是代数无理数；于是希尔伯特第七问题已经由盖尔方特完全解决了.

§84　其他苏联数学家

在数论这一领域上做研究工作的其他苏联数学家当中，我们再说说下面几位：

杰洛涅早在 1922 年就证明了方程 $ax^3+y^3=1$(a 是整数) 除平凡解($x=0$, $y=1$) 以外至多只能有一组整数解，从而给出了这个方程全部的解. 杰洛涅在应用三元二次形式于结晶学这方面的一些研究，以及他在数的几何学这方面的研究(三十年一贯的工作)，不仅在理论上而且在实用上都是极有意义的.

切鲍塔列夫(Chebotarev) 是杰出的苏联数学家，他也有关于数论的论文. 他证明了在一代数数域中存在着无限多个素理想数属于所给的置换. 这是狄利克雷关于在算术数列中素数为无限多这一著名定理(参看 §15 末) 的推广.

辛钦(Hinčen) 在所谓丢番图(Diophantine) 迫近法的度量论上有许多重要的论文

文科夫(Venkov) 是数论大师，他在三元形式论与四元数方面有着重要的研究工作. 他的短篇专著《初等数论》(1937 年) 也是素负盛名的.

最后，向愿意详细了解苏联数学家在数论方面之成就的读者推荐一本书，即《三十年来的苏联数学》的“数论” 部分(1937—1947)[②].

---

① 盖尔方特已经证明了数 e^{π} 的超越性.

② 这部分已有中译本，赵民义译，科学出版社 1953 年出版. —— 译者注

◎编辑手记

据王元院士在一篇文章中讲:"有一次我在美国听了一次学术报告,报告人是美国科学院院士朗格·伦,他的第一句话就是:我们过去以为数论最没用,现在可以说它是最有用的一门数学."

这本书写于人们认为数论最没用的年代,那时哈代的观点大行其道:"有应用的数学是坏数学."而数论被人们认为是纯而又纯在数学中也是地位最高的分支之一.世界上一流的大数学家大都在从事数论研究.数论在中国的兴起依赖于华罗庚先生的倡导与号召.

1985年6月12日,华罗庚在日本东京大学倒下去的第二天,联邦德国在波恩的马普数学研究所的通告牌上,根据所长(世界著名数学家希策布鲁赫(Hirzebruch))的指示,挂上了华罗庚的照片,并把联邦德国一家主要报纸的有关报道剪贴在其下面,报道的标题为"中国最伟大的数学家华罗庚去世".正如美国《科学》(*Science*)期刊20世纪80年代初的一篇文章所说:"华罗庚在中国的地位,有如爱因斯坦之在美国."

这是一本斯大林时代的苏联教科书.人们有所不知,斯大林时代的苏联教科书也极短缺,而且在使用过程中又错误百出.据1937年1月11日的《真理报》报道,莫斯科和列宁格勒的官方出版社出版的教科书无法使用.据1936年9月17日的《真理报》报道:在一张发给学生的乘法表上,人们读到

$$8\times3=18,7\times6=72,8\times6=78,5\times9=43$$

人们很容易明白为什么苏联的会计们使用计算器特别频繁(见[法]A. 纪德著，从苏联归来·续篇，石定乐译，《读书之旅》林贤玲主编，广州，广东教育出版社，1998,93页). 但由于苏联的高等教育极受重视，所以高级教程质量在世界上质量较高. 中国在学习苏联的过程中曾批量引入.

“知识就是力量.”培根如是说. 的确，知识是重要的. 但是，人类如果仅仅拥有知识是不够的，还必须有思想. 知识、经验都必须转化为思想. 即如培根，他的代表性著作《新工具论》所给予我们的，就不是单纯的知识，而是掌握和运用知识的新方法、新工具. 我们凭借这个工具，可以更便捷地打开思想之门. 其实，方法论本身又何尝不是思想！思想产生于知识是一个事实，可是，知识是绝不可能囊括思想和代替思想的. 正因为如此，才有人申论学者的无知. 用赫尔岑的说法，那些没有思想的学者，其实处于反刍动物的第二胃的地位，他们咀嚼着被反复咀嚼过的食物，唯是爱好咀嚼而已.

中国目前的参考书多以习题集居多，大都为考生过关提供一时之需，过后便弃之如履. 苏联的教科书讲内容更注重讲方法，特别是最后一节不遗余力地宣传俄国及苏联时期他们自己数论学家的贡献.

中国香港中文大学授予华罗庚荣誉理学博士学位的赞词是：

> 数学向来被尊为科学中的皇后，而数论，则更被尊为数学中的皇后，其地位之崇高，不言而喻. 因此，有人认为以严格和简洁著称的数论只宜屹立于高不可攀的学问巅峰，供人叹赏，而不能携入尘世，加以应用. 但我国的华罗庚教授，就正是能攀上数论峰巅，又能将这门学问应用于实际问题的罕有的数学家.

我国数论学家经过几代人的努力终于在20世纪拥有了世界的声望，这也是我们要宣传和在今天学习的.

清华大学国学研究院副院长刘东在回答《出版人》杂志的访谈时说：

> 想要成就一项事业，不要太张狂，不要猴急地四处宣传，而要充满韧劲地挺住，把它苦苦地熬成传统，这个苦熬的时间相对漫长，对性情也是很大的磨炼.

谨以此作为我们数学工作室对自己的一点告诫！

刘培杰

2023年10月于哈工大